AF523758

Randolf Menzel, beschäftigt sich seit mehr als fünf Jahrzehnten mit Bienen. Der Zoologe und Neurobiologe ist eine Autorität der tierischen Intelligenzforschung und leitete über 30 Jahre das Neurobiologische Institut der Freien Universität Berlin.

Matthias Eckoldt veröffentlichte drei Romane und mehrere Sachbücher. Sein Werk »Eine kurze Geschichte von Gehirn und Geist« wurde für das Wissensbuch 2017 nominiert. Für seine Arbeit wurde Eckoldt mit dem idw-Preis für Wissenschaftsjournalismus ausgezeichnet. Zuletzt erschien von ihm »Leonardos Erbe – Die Erfindungen da Vincis und was aus ihnen wurde«.

Besuchen Sie uns auf www.penguin-verlag.de und Facebook.

Randolf Menzel
Matthias Eckoldt

Die Intelligenz der Bienen

Wie sie denken, planen, fühlen
und was wir daraus lernen können

PENGUIN VERLAG

Penguin Random House Verlagsgruppe FSC® N001967

3. Auflage

in der Penguin Random House Verlagsgruppe GmbH, Neumarkter Straße 28, 81673 München
Umschlag: bürosüd nach einem Entwurf von Favoritbüro
Umschlagmotiv: Siegfried Grassegger/Getty Images
Druck und Bindung: GGP Media GmbH, Pößneck
Printed in Germany
ISBN 978-3-328-10436-0
www.penguin-verlag.de

Dieses Buch ist auch als E-Book erhältlich.

Inhalt

Vorwort

Den eifrigen Honigsammlerinnen, die dem Menschen seit grauer Vorzeit als Nutztiere dienen, wurden in den letzten Jahren einige Bücher gewidmet. Bienenhaltung, Honigerzeugung und die unersetzliche Tätigkeit der Bienen als Bestäuberinnen sind zweifellos interessante und wichtige Themen, doch noch viel spannender ist die Frage: Wie machen sie das eigentlich? – Wie finden und erkennen Bienen ihre Futterquellen? Wie merken sie sich, wo es etwas zu ernten gibt, und wie stimmen sie sich mit ihren Schwestern ab, welche Blüten angeflogen werden sollen? Auf welche Weise orientieren sie sich im Gelände, und wie können sie tanzend den Weg beschreiben? Ist das alles Instinkt, oder kann man Bienen Intelligenz zusprechen? Im Mittelpunkt dieses Buches stehen daher die vielfältigen Sinnesorgane und die kleinen Hochleistungsgehirne, mit denen Bienen ihre so überaus wichtigen Aufgaben in der Natur wahrnehmen.

Mit siebentausend Punktaugen scannen die Bienen die Welt um sie herum ab. Blüten, Bäume, Felder und der Himmel sehen für sie aber ganz anders aus als für uns Menschen, weil sie ultraviolettes Licht verarbeiten können. Zudem nehmen sie die Polarisation des Lichts wahr, so dass sich ihnen der Himmel in einem kontrastreichen Muster darstellt, das ihnen die Orientierung ermöglicht. Fast noch erstaunlicher als ihr Sehsinn ist ihr Geruchsvermögen: Bienen können Substanzen auseinanderhalten, die sich chemisch in einem einzigen Kohlenstoffatom unterscheiden! Ebenso bemerkenswert ist ihre Kommunikationsweise: Sie verständigen sich – auch mithilfe elektrostatischer Felder – im dunklen Bienenstock über Orte, die kilometerweit entfernt sind.

Koordiniert werden all diese staunenswerten Fähigkeiten von

einem Organ, das kaum größer ist als ein Sandkorn. Wie ist das möglich?, fragt sich der Hirnforscher Randolf Menzel seit über fünfzig Jahren. Das vorliegende Buch berichtet aus seiner bewegten Forscherkarriere, in deren Verlauf er den Bienen einige Antworten auf die verschiedenen Wie-Fragen entlocken konnte. Von spektakulären experimentellen Durchbrüchen wird ebenso die Rede sein wie von nervenaufreibenden Durststrecken ohne erkennbaren Fortschritt, von kuriosen Begebenheiten am Rande und unerfreulichen Reibereien inmitten des Wissenschaftsbetriebs. Für die allgemeinverständliche Darstellung zeichnet der Autor und Philosoph Matthias Eckoldt verantwortlich, mit dem Randolf Menzel die Intelligenz der Bienen über anderthalb Jahre von immer neuen Seiten betrachtete. Im Zentrum standen dabei die naturwissenschaftlichen Erkenntnisse über die kleinen Insekten, während im Hintergrund der Vergleich zum Menschen, seinem Gehirn, seinem Denken, seinem Verhalten und Gewordensein mitlief.

Aus der Beschäftigung mit Bienen können wir einiges lernen, wenn uns auch ihr facettenreiches Verhalten zunächst einmal viele Rätsel aufgibt. Forscher haben das große Privileg, die Neugier, einen Trieb, der wohl in jedem Menschen mehr oder weniger stark ausgeprägt vorhanden ist, unter professionellen Bedingungen ausleben zu dürfen. Dafür sind Bienen besonders geeignete Partner, weil sie nicht nur hochintelligent sind, sondern ihre Fähigkeiten auch unter experimentellen Bedingungen auf beeindruckende Weise zeigen. Für die Neurowissenschaft heißt das konkret: Sie lernen selbst dann unvermindert intensiv, wenn ihr Gehirn gleichzeitig untersucht wird. Das Anliegen des vorliegenden Buches besteht darin, die Labortüren zu öffnen und zum einen die Prozesse, die sich im Bienenorganismus abspielen, wie in einem Vergrößerungsglas sichtbar zu machen. Zum anderen ergeben sich aus den Schilderungen auch tiefe Einblicke in die Vorgehensweise der Naturwissenschaft, in ihre Fragestellungen, in auftretende methodische Probleme und die kreativen

Wege, zu Lösungen zu kommen. Solche kreativen Wege werden zumeist in der Gruppe gefunden. Forschung ist ein interaktiver Vorgang, in dem Höhen und Tiefen gemeinsam erlebt, gefeiert und durchlitten werden. Dieses Buch ist daher auch ein hohes Lied auf die vielen beteiligten Mitforscher.

Die grandiose Idee, Bienen individuell zu kennzeichnen, eröffnete die Möglichkeit, Lernvorgänge und Verhalten bei einzelnen Tieren zu beobachten und aufzuzeichnen. Denn erst wenn sie als Individuen erkennbar sind, kann der wissenschaftliche Dialog im eigentlichen Sinne beginnen, weil der Forscher nun über Experimente konkrete Fragen an bestimmte Bienen mit ihren unterschiedlichen Erfahrungen stellen kann. Dass es unter Umständen eine Herausforderung sein kann, die Antwort, die man erhält, korrekt zu interpretieren, gehört ebenfalls zu den Erfahrungen eines langen Forscherlebens.

Im zweiten Kapitel geht es um die Frage, wie sich das Bienengehirn entwickelt hat. Sie wird in einem grundsätzlichen Sinn gestellt: Auf welche Weise konnten sich informationsübertragende Zellen überhaupt zu Nervennetzen verdichten, aus denen letztlich Gehirne entstanden? Schon relativ weit unten im Stammbaum des Lebens teilte die Evolution die Tiere in zwei verschiedene, große Entwicklungslinien auf: Am Ende der einen steht heute der Mensch, am Ende der anderen die Biene. Trotz gewaltiger Unterschiede in Gestalt und Komplexität verbindet alle Tiere dasselbe Prinzip der Informationsverarbeitung. Mit einer einzigen Ausnahme, den Schwämmen. Kleine Ironie der Wissenschaftsgeschichte: Ausgerechnet mit denen beschäftigte sich ein gewisser Robert von Lendenfeld – Menzels Urgroßvater.

Das dritte Kapitel widmet sich den Sinnesorganen der Bienen. Wie verschaffen sie sich einen Eindruck davon, was in der Welt los ist? Wie sie riecht und schmeckt, wie sie aussieht und wie sie sich anfühlt? Es wird deutlich, dass die Sinnesorgane als Filter wirken. Sie leiten jeweils nur bestimmte spezifische Aspekte an das Gehirn weiter, wo dann erst das Bild der Welt entsteht. Deswegen kann kein Organismus – nicht der Mensch und nicht einmal die Biene – sagen, wie die Welt an sich ist. Die Bienen verfügen beim Sehen und Riechen über ein anderes Spektrum als wir Menschen. Darüber hinaus können sie sich zweier Sinne bedienen, die uns kaum zugänglich sind: Sie nehmen das Erdmagnetfeld wahr und nutzen es zur Orientierung. Und mithilfe elektrostatischer Felder verständigen sie sich innerhalb des Stocks.

Im vierten Kapitel geht es ins Herz der Hirnforschung. Während wir Lernen gemeinhin als eine herausragende Fähigkeit höherer Säugetiere betrachten, belehren uns die Bienen darüber, dass man auch mit einem gerade einmal einen Kubikmillimeter kleinen Gehirn phantastisch denken kann. An dieser Stelle ist der findige Experimentator gefragt, der es versteht, die Bienen in ihrem Bewegungsspielraum einzuschränken, ohne dabei ihr Lernvermögen zu mindern. In der Arbeitsgruppe von Randolf Menzel gelang es, das für alle Lernprozesse zentrale Belohnungszentrum im Bienenhirn zu identifizieren. Ein einziges Neuron genügt! Die Wiederholung von Lernvorgängen ermöglicht die Festschreibung von Erfahrungen im Gedächtnis. Eine entscheidende Rolle dabei spielt der Schlaf, den sich die sprichwörtlich so fleißigen Bienen überraschend häufig genehmigen. So führt die Erforschung der Gedächtnisvorgänge in logischer Konsequenz ins Bienenschlaflabor.

Bienen leben in Völkern von mehreren Tausend Individuen. Das erfordert ein hohes Maß an Abstimmung und Koordination untereinander. Die wichtigste Kommunikationstechnik im Bienenstock ist der Schwänzeltanz, um den es im fünften Kapitel geht. Dieses seit fast 2500 Jahren bekannte, aber erst seit 100 Jahren untersuchte Phänomen ist noch längst nicht vollständig verstanden. Im Gegenteil tun sich immer neue Aspekte auf, nachdem es 2014 mit einer am Institut von Randolf Menzel entwickelten Methode gelang, die Bienen beim Schwänzeln zu belauschen. Die Bienen tauschen auf diese Weise nicht nur Informationen über den Nektar und Pollen aus, sondern auch über Wasserquellen und Harzstellen. Und nicht zuletzt nutzen die Bienen den Schwänzeltanz für die Abstimmung über einen neuen Nistplatz.

Aber den Bienen droht Gefahr. Wir Menschen scheinen manchmal zu vergessen, wie sehr wir von ihnen und ihren Aktivitäten profitieren und wie sehr wir auf Bienen als Bestäuberinnen angewiesen sind – gerade in der Erzeugung von Nahrungsmitteln. Das letzte Kapitel beschreibt, auf welche Weise die industrielle, chemielastige Landwirtschaft den Bienen zusetzt. Eine neue Generation von Pflanzenschutzmitteln, die in erster Linie Insektenvernichtungsmittel sind, machen bestimmte Neurone der Bienen funktionsunfähig. Möglicherweise aber lässt sich hier der Spieß umdrehen, denn die Bienen geben Hinweise auf die Quelle der von solchen Pestiziden verursachten Störungen ihrer Gehirne. So könnten die Bienen bald schon zu Umweltspähern werden, mit deren Hilfe man einen Gifteinsatz punktgenau feststellen kann.

An der Biene lernt die Neurowissenschaft nachzuvollziehen, wie ein – wenn auch kleines – Gehirn Entscheidungen trifft, wie es plant, indem es Regeln erkennt, anwendet und kombiniert, wie es unterscheidet und wie sich angeborene sowie erlernte Mechanismen verschränken. So wird die Biene zum Modellorganismus für den Menschen. Das Bienengehirn spiegelt uns universelle Prinzipien der Hirnfunktionen und hilft uns, sie an und in uns schärfer zu sehen. Lehrreich ist dabei jedoch nicht nur das Maß an Übereinstimmung, sondern auch das Nachdenken über die Grenzen der Übertragbarkeit und die Grenzen unseres Erkenntnisvermögens überhaupt.

Viele der in diesem Buch beschriebenen Experimente hätten nicht ohne Unterstützung durchgeführt werden können. Die Deutsche Forschungsgemeinschaft stattete Randolf Menzel und seine Arbeitsgruppen über fast 50 Jahre großzügig mit finanziellen Mitteln aus. Bienen fliegen allerdings über Äcker und Wiesen, die Bauern gehören. Einige von ihnen haben Randolf Menzel und seinen Mitarbeitern erlaubt, Versuche auf ihrem Grund und Boden durchzuführen. Dafür sei ihnen an dieser Stelle besonders gedankt, da diese Experimente eine unabdingbare Ergänzung der Forschung im Labor darstellen.

Randolf Menzel & Matthias Eckoldt,
Berlin im Herbst 2015

Annäherung. Wie man mit Bienen ins Gespräch kommt

Sehen, Staunen, Fragen – Bienenfleiß und Stetigkeit – Lernen als große Herausforderung – Wie erkenne ich meine Gesprächspartnerin? – Lebenslauf einer Biene – Das Experiment als Frage – Die Kunst, die richtigen Fragen zu stellen – Die Welt mit Bienenaugen sehen

Sehen, Staunen, Fragen

Ich erinnere mich noch sehr genau an den Sommer 1952 in Rheinhessen. Ich war 12 Jahre alt und hatte mir in den Kopf gesetzt, einen Teich zu bauen. Nicht zum Baden. Auch nicht, um Goldfische zu halten. Sondern aus purer Neugier. Ich wollte beobachten, welche Lebensformen sich scheinbar aus dem Nichts dort entwickeln würden. Wie ich bereits wusste, lassen sich in einem Einweckglas Pantoffeltierchen züchten, wenn man Wasser aus einem Tümpel und etwas Stroh hineingibt. Welche Ausbeute an Lebewesen wäre dann erst in einem eigenen Teich zu erwarten? Bei meiner Buddelei war ich allerdings ganz auf mich allein gestellt. Keines meiner fünf Geschwister hatte auch nur das geringste Interesse an Biologie, und meine Eltern ließen mich zum Glück kopfschüttelnd gewähren.

Nach ein paar schweißtreibenden Wochen und einigen Rückschlägen – bis der Teich dank praktischer Ratschläge aus der Nachbarschaft mit einem speziellen Glattstrich einigermaßen dicht war – konnte ich endlich Wasser einlassen. Um der Natur ein wenig unter die Arme zu greifen, holte ich ein paar Wasserpflanzen von einem nahegelegenen Tümpel. Dann hieß es abwarten. Neugierig ging ich jeden Tag zu meinem Teich. Eines Morgens bot sich mir ein ungeheuerlicher Anblick: Der Teich hatte sich über Nacht blutrot gefärbt. Wie war das möglich? Ein Streich eines Nachbarjungen oder ein Wunder der Natur? Ich war außer mir, als ich den blutroten Teich sah. Rasch holte ich eine Flasche, füllte etwas von dem Wasser ab und rannte zu meinem Biologielehrer. Als ich dort ankam, unterschied sich meine Gesichtsfarbe nur unwesentlich von der Probe in meiner Flasche. Meine Euphorie übertrug sich allerdings nicht. Der Biologielehrer zuckte nur mit den Schultern: »Vielleicht hat jemand Farbe reingegossen?!«

Doch so rasch ließ ich mir meine Begeisterung nicht nehmen. Nur vierzehn Tage vor der mysteriösen Rotfärbung des Wassers hatte mir mein Großvater sein Mikroskop vererbt, da ich als einziger seiner Nachkommen großes Interesse an Tieren und Pflanzen zeigte. Er hatte sich das gute Stück – ein Markenmikroskop für den professionellen Gebrauch von Leitz, Baujahr 1900 – einst in seiner Prager Studentenzeit durch Nachhilfestunden finanziert. Mithilfe dieses Forschungsinstruments hatte mein Großvater seine Doktorarbeit über Planktonorganismen, Schwämme im Meer und die Entwicklung verschiedener Tierarten erarbeitet. Heute steht dieses geschichtsträchtige Mikroskop (**Abb. 1**) auf einem Ehrenplatz in meiner Bibliothek.

Nach der enttäuschenden Reaktion meines Biologielehrers lief ich wieder nach Hause, setzte mich an mein Mikroskop, tropfte etwas von dem ominös verfärbten Teichwasser auf den Objekt-

Abb. 1 *Dieses Mikroskop, ein Geschenk meines Großvaters, hat mich in die Biologie geleitet. Mein Großvater hatte es für seine Studien an Planktonorganismen und Schwämmen verwendet.*

träger und deckte es mit einem Deckgläschen zu. Als ich durch das Okular sah und das Bild scharf stellte, eröffnete sich mir eine neue Welt: Ich blickte auf lauter tiefrote Kugeln. Hunderte. Tausende. Es war überwältigend. Eine bestechende Symmetrie. Jetzt war klar, dass die Verfärbung von Kleinstlebewesen herrührte: Einzellige rote Algen hatten sich in meinem Teich angesiedelt. Dazwischen sah ich allerhand andere eigentümliche Tierchen herumschwimmen und -hüpfen. Ich war hingerissen.

Dass die zwei für sich genommen schon zufälligen Ereignisse – das Erben des Mikroskops und der Rotalgenbefall – zeitlich derart kurz aufeinanderfolgten, war wirklich ein großer Zufall. Der Teich färbte sich danach nie wieder rot. Meine Neugier bekam zu einem guten Zeitpunkt die richtige Nahrung. So erlebte ich zum ersten Mal diesen prickelnden Moment des Staunens, nach dem sich die elektrisierenden Grundfragen des Forschens einstellen: Warum sind die Dinge ausgerechnet so und nicht anders? Oder sind sie vielleicht sogar noch ganz anders, als wir meinen?

Ein chinesisches Sprichwort sagt: »Jedes Ding hat drei Seiten: eine, die ich sehe, eine, die du siehst, und eine, die wir beide nicht sehen.« Mit diesem Aperçu ist die Grundlage des Staunens, für mein Empfinden, sehr gut beschrieben. Im Wissen darum, dass alles Wissen immer noch einmal zu wenden ist und von einer anderen Seite aus betrachtet werden kann, gibt es für den Forscher keinen Stillstand, sondern nur die Abenteuer des Denkens und Experimentierens. Für mich begann damit mein Weg in die Wissenschaft.

Bienenfleiß und Stetigkeit

Bereits von Aristoteles, dem ersten auch empirisch forschenden Gelehrten im alten Griechenland, wurde dieses ergreifende Erlebnis des Staunens überliefert: Ein Imker führte ihn einmal zu einem seiner Bienenkörbe, um ihm ein eigentümliches Schauspiel zu zeigen. Auf dem Weg zu den Bienenkörben durch die blühenden Wiesen beobachtete er das muntere Treiben der Immen. Sie saugten den Nektar aus der Tiefe der Blüten, schüttelten den Pollen aus den Staubgefäßen und kehrten wieder zum Stock zurück. Aristoteles verfolgte einzelne Bienen und bemerkte dabei, dass sie nicht auf beliebigen Blüten landeten, sondern jeweils nacheinander immer die gleiche Blumenart ansteuerten. Die eine Biene suchte die blauen Veilchen, die andere den gelben Hahnenfuß, eine dritte blieb den Kirschblüten treu, und wieder eine andere beschäftigte sich nur mit Löwenzahnblüten.

Den Imker freilich konnte Aristoteles mit seiner Beobachtung nicht beeindrucken. Der wusste längst um dieses »stetige« Verhalten der Bienen, er wollte dem Philosophen etwas weit Eigentümlicheres zeigen. Die beiden Männer näherten sich einem Bienenkorb, an dem besonders viel Flugverkehr herrschte. Nun bekam Aristoteles etwas wirklich Merkwürdiges zu sehen: Eine Biene drehte sich im Kreis, wackelte hin und her und wurde dabei von zahlreichen anderen Bienen genau beobachtet. Sie tasteten mit ihren Fühlern nach ihr und wichen nur ein wenig zurück, wenn sich die Biene um sich selbst drehte. Aristoteles konnte sich gar nicht losreißen von diesem Naturschauspiel. Zu seinen Schülern sagte er wenige Tage danach:

»Bei jedem Ausflug setzt sich die Biene nie auf artverschiedene, sondern nur auf artgleiche Blüten, fliegt zum Beispiel von Veilchen zu Veilchen und rührt keine andere an, bis sie in den Stock zurückgeflogen ist. Sobald sie in den Stock kommen, schütteln sie ihre Last ab, und einer jeden Biene folgen drei oder vier andere. Was diese in Empfang nehmen, ist schwer zu sehen, auch ist ihre Arbeitsweise noch nicht beobachtet worden.«[1]

2300 Jahre später hörte ich im Biologieunterricht von der »Blütenstetigkeit«. Demnach sollten sich alle Insekten, die Blüten besuchen, genau so verhalten, wie es Aristoteles seinen Schülern gegenüber beschrieben hatte. »Aber woher wissen die Insekten, welche Blüten sie anfliegen müssen? Warum nehmen sie nicht einfach die Blüten, die den meisten Nektar versprechen? Das wäre doch viel logischer!«, fragte ich meinen Biologielehrer, der mir wieder einmal keine befriedigende Antwort geben konnte. Meine am rot gefärbten Wasser entzündete Neugier trieb mich in die Natur, wo ich, wie einst Aristoteles, den Insekten hinterherlief. Ich konzentrierte mich dabei jedoch nicht auf Bienen, sondern auf Hummeln. Die waren von ihrem ganzen Verhalten her gemütlicher als Bienen und ließen sich somit besser verfolgen. Was geschah? Die Hummeln verhielten sich in der Regel wie beschrieben und blieben einer Blüte treu. Doch immer wieder unterliefen ihnen auch »Fehler«. Wenn eine saftige Blüte einer anderen Art in der Nähe war, wechselten sie einfach zu ihr, obwohl Farbe, Struktur und Geruch der Futterstellen teils erheblich voneinander abwichen. Diese Beobachtung beeindruckte mich tief. Denn die Hummeln konnten ja nichts wissen von den Verhaltensregeln, die Biologen ihnen unterstellten. Wenn sie sich also scheinbar fehlerhaft verhielten, hieß das doch letztlich, dass nicht die Hummeln mit ihrem Blütenbesuch, sondern die Menschen mit ihrer Beschreibung desselben einen Fehler gemacht hatten.

Die Frage der Blüten(un)stetigkeit blieb für mich unbeantwortet, bis ich das Studium bei Martin Lindauer, einem der bedeutendsten deutschen Verhaltensbiologen, aufnahm. Lindauer war Schüler von Karl von Frisch, der für die Entdeckung des Schwänzeltanzes der Bienen mit dem Nobelpreis ausgezeichnet wurde. Lindauer machte mich schließlich auf eine Arbeit von Bernd Heinrich aufmerksam. Der deutsch-amerikanische Biologe hatte in umfangreichen Studien Hummeln untersucht und tatsächlich festgestellt, dass Hummeln nicht oder nur bedingt blütenstetig sind. In einem seiner Bücher beschreibt Heinrich seine Beobachtungen:

»Einfache Experimente zeigten, dass das Sammeln an minder ertragreichen Trachtpflanzen (minors) manchmal die beste Weise darstellte, sich gegebenen Verhältnissen anzupassen. Wenn diese Pflanzen künstlich ertragreicher gemacht wurden, machten Hummeln aus ihren Nebenquellen ihre Hauptquellen (majors). Für eine Hummel mit der Hauptspezialisierung Goldrute reicherte ich zum Beispiel eine ihrer Nebenquellen, die Aster, mit Zuckersirup an. Darauf machte die Hummel die Aster zu ihrer Hauptquelle.«[2]

Die Genugtuung darüber, dass ich mir meine Beobachtungen im Odenwald und Taunus, als ich selbst den Hummeln hinterherjagte, nicht durch die Schulbuchweisheit hatte ausreden lassen, war nicht nachhaltig. Sie wich vielmehr rasch der nächsten Frage: Warum sind die Bienen blütenstet, aber die Hummeln nicht? Wenn man sich in das Problem vertieft, kommt man über kurz oder lang zu den Unterschieden im Verhalten der beiden Insektenarten: Was können Bienen, was Hummeln nicht können? Bienen können über den Schwänzeltanz miteinander »reden«, bei Hummeln wurde eine solche Kommunikationsweise nicht beobachtet. Das heißt, Bienen haben Mittel und Wege gefunden, sich untereinander mitzuteilen, welche der aktuell abgesammelten Blütenarten besonders ertragreich sind. Deshalb können sie als ganze Kolonie sammeln, und jedes einzelne Tier kann zu einer bestimmten Zeit Blüte um Blüte »sortenrein« abernten. Hummeln sind dagegen bei der Futtersuche auf sich selbst gestellt, weil sie sich untereinander nicht in dem Maß über ihre Erfahrungen austauschen können wie die Bienen. Jede einzelne Hummel muss also für sich allein herausfinden, wie der »Markt« gerade bestellt ist. Deshalb gehen sie zu ihrer Hauptblüte, naschen aber auch immer wieder woanders, um die Nektarlage zu sondieren. Das heißt aber nicht, dass sie weniger »intelligent« sind als Honigbienen. Sie wenden nur eine andere Sammelstrategie an. Die Hummeln verhalten sich eher wie Blüten-Scouts im eigenen Auftrag, während die Bienen einem gut koordinierten Heer von Erntearbeitern entsprechen, -arbeiterinnen, um genau zu sein, da die Arbeit im Bienenstock ausschließlich von weiblichen Tieren geleistet wird.

Lernen als große Herausforderung

Nachdem ich so gut wie jeden in meinem Teich herumschwimmenden Organismus unter mein Mikroskop gelegt, abgezeichnet und klassifiziert hatte, stürzte ich mich auf die Gewässer im hessischen Ried und untersuchte die Planktonorganismen in ihrem Jahresgang, in verschiedenen Tiefen und in der Abhängigkeit von dem Gewässertyp. Daraus entstand eine Jahresarbeit von mehreren Hundert Seiten mit einer Fülle von Zeichnungen (**Abb. 2**), die vom Deutschen Biologenverband mit dem ersten Preis prämiert wurde. Mir kam nie in den Sinn, etwas anderes zu studieren als Biologie, und so nahm ich 1960 in Frankfurt am Main ein Lehramtsstudium auf.

Später, nachdem ich schon ein paar Semester absolviert hatte, faszinierte mich mehr und mehr die Frage, wie Lernen in der Natur funktioniert – beim Menschen ebenso wie bei Tieren. Vielleicht widmete ich meine gesamte Forscherlaufbahn ausgerech-

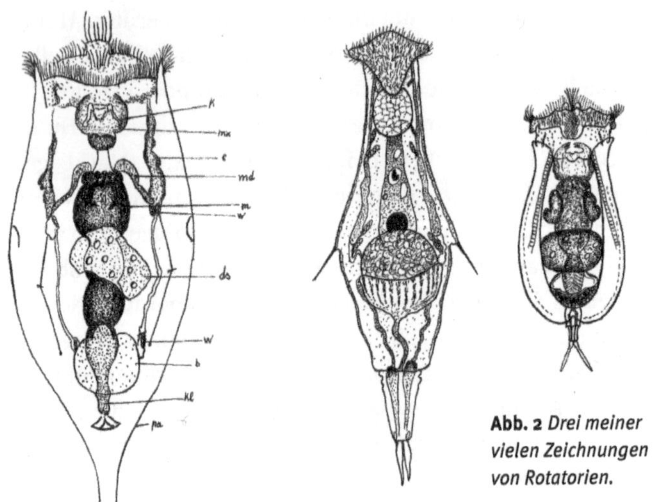

Abb. 2 *Drei meiner vielen Zeichnungen von Rotatorien.*

net diesem Thema, weil ich selbst große Schwierigkeiten mit dem Lernen hatte. Im ersten Schuljahr wussten die Lehrer so wenig mit mir anzufangen, dass sie mir nicht einmal ein Zeugnis ausstellten. Meine Leistungen waren derart miserabel, dass ich nur auf Probe in die zweite Klasse versetzt wurde. Auch das Gymnasium trauten mir meine Lehrer nicht zu, und ich habe es nur dem beherzten Auftreten meiner Mutter zu verdanken, dass ich überhaupt eine höhere Schule besuchen und somit am Ende die Hochschulreife erlangen konnte. Wahrscheinlich hat mir mein Vater eine bestimmte Form von Lernschwäche vererbt. Dieser hochgebildete Mann konnte sich partout keine Namen merken. Begegnete er einem Kollegen, begrüßte er ihn mit der Formel: »Guten Tag, Herr Kollege!«

Während meines Studiums hörte ich neben Biologie- auch Psychologie-Vorlesungen. Hier wurde ich mit den Arbeiten von Hermann Ebbinghaus bekannt, der als Pionier der modernen Gedächtnisforschung gilt. Ende des 19. Jahrhunderts hatte er nach Durchführung und Auswertung zahlreicher Selbsttests die später nach ihm benannte »Vergessenskurve« aufgestellt. Folgt man Ebbinghaus, so können wir schon nach zwanzig Minuten nur noch sechzig Prozent des Gelernten erinnern, nach einer Stunde weniger als die Hälfte und nach einem Tag lediglich noch ein Drittel. Nach einem Monat sind dann nur noch fünfzehn Prozent der Informationen im Hirn verfügbar. Mich reizte es, an einem von Ebbinghaus entwickelten Test teilzunehmen, um auf diese Weise mein Lernvermögen mit objektiven Methoden überprüfen zu lassen. Als ich an der Universität die Möglichkeit dazu bekam, war das Ergebnis verheerend. Man sollte sinnlose Silben wie »WUX«, »CAZ« oder »BIJ« lernen und wurde dann abgefragt. Ich konnte mir nicht eine dieser Silben merken und schnitt so schlecht ab, dass man mich schließlich sogar als »Outlier« einstufte und aus dem Test ausschloss. (»Outlier« nennt man in der Statistik die »Ausreißer«, die eliminiert werden, weil ihre Werte so fern des Erwartungshorizonts liegen, dass sie das gesamte

Experiment verfälschen würden.) Für mich war dieses Ergebnis zwar schockierend, aber nicht ganz unerwartet, erinnerte ich mich doch nur zu gut, wie schwer es mir gefallen war, in der Schule Gedichte auswendig zu lernen. Was mich tröstete – und dann doch zuversichtlich stimmte, was mein Gedächtnis und mein Lernvermögen angeht –, war, dass ich jeden einzelnen der 800 während meiner Schulzeit untersuchten Planktonorganismen mit Namen, Form und spezifischen Besonderheiten kannte und auch nicht vergaß.

Diese Lebewesen, beispielsweise die winzig kleinen und glasklaren Rotatorien, brachten mich schließlich auf eine Idee: Da das Nervensystem der Rotatorien unter dem Mikroskop sehr gut zu sehen war, müsste man bei diesen Tierchen doch auch jene Vorgänge gut beobachten und nachvollziehen können, die sich beim Lernen in ihrem Nervensystem abspielen. Ich ging mit dieser Idee zu dem Neurobiologie-Professor Franz Huber, den ich wegen seiner spannenden Vorlesungen über die Physiologie der Tiere sehr bewunderte. Nicht zuletzt seinetwegen war ich im Jahr 1964 von Frankfurt nach Tübingen gepilgert. Ihn also versuchte ich als Doktorvater zu gewinnen. Franz Huber aber war alles andere als begeistert, denn Lernvorgänge bei Tieren interessierten ihn nur mäßig, und außerdem bezweifelte er, dass Planktonorganismen überhaupt etwas lernten. Allerdings gab er mir den Rat, mich mit einem Tier zu beschäftigen, von dem nun wirklich bekannt war, dass es lernte: die Honigbiene. Dieser Vorschlag gefiel mir, denn meine früheren Beobachtungen an Hummeln und anderen Insekten, die Blüten besuchen, hatten bei mir schon die Vermutung aufkommen lassen, dass Insekten gut lernten.

Als ich dann an meine Heimatuniversität nach Frankfurt zurückkehrte, stellten sich die Weichen erneut günstig für mich. Dort war während meiner Abwesenheit Martin Lindauer zum Leiter des Zoologischen Instituts berufen worden. Er nahm mich in seine Arbeitsgruppe auf, und nur wenige Wochen später zeigte er mir, wie man mit Bienen redet. Schließlich war er auch bereit, meine Doktorarbeit zum Thema Farbenlernen von Bienen zu betreuen. Ich war glücklich, denn ich hatte mein Thema gefunden.

Wie erkenne ich meine Gesprächspartnerin?

Wenn man Bienen erforschen möchte, kann man mit den entsprechenden Vorsichtsmaßnahmen beziehungsweise der nötigen Tollkühnheit einen Bienenstock öffnen und beobachten, was die Bienen dort alles treiben. Man kann auch einem Bienenschwarm folgen und sehen, wie, ob und wo er sich wieder ansiedelt. Doch die wissenschaftliche Neugier wird dabei nur zu einem kleinen Teil befriedigt. Denn wenn man dem Flug der Bienen mit bloßem Auge und den eigenen Beinen nachgeht, verliert sich deren Spur spätestens, sobald sie im Stock verschwinden. Öffnet man einen Stock, zerstört man letztlich das, was man untersuchen will. Folgt man einem Schwarm, kann man ihn ebenfalls nur als Ganzes sehen und lernt nichts über die Funktionen, Aufgaben und Leistungen der einzelnen Bienen. Das aber ist der Forschungsanspruch – zumal wenn man Lernprozesse untersuchen möchte. Wie kann man das Einzelwesen Biene nach seinem Verhalten befragen, ohne es in genau diesem Verhalten zu stören?

Karl von Frisch hatte die ebenso einfache wie wirkungsvolle Idee, die Bienen, die er untersuchen wollte, zu markieren. Er tupfte ihnen dazu – ganz behutsam, damit die Flügel nicht verkleben – nach einem genau ausgetüftelten Code Farbe auf den Rücken: Weiß, Rot, Blau, Gelb und Grün stehen für die Zahlen 1, 2, 3, 4, 5, wenn sie zwischen den Flügeln im vorderen Bereich des Thorax (Brustabschnitt) der Biene angebracht werden, und 6, 7, 8, 9, 0, wenn sie im hinteren Bereich aufgetragen werden. Stehen sie auf der linken Seite, bedeuten sie Zehner, auf der rechten Seite Einer. Die Hunderter schließlich werden auf dem Hinterleib (Abdomen) markiert.

Der Vorteil dieser Art der Kennzeichnung besteht darin, dass der Forscher nach einer recht kurzen Eingewöhnungszeit 600 Bienen-Individuen auseinanderhalten kann. Heute verwenden wir meist kleine Nummernschilder, oder automatisch lesbare Codes, wobei wir mit fünf Farben und vier unterschiedlichen Ausrichtungen relativ zum Bienenkörper etwa 2500 Bienen individuell markieren können. Natürlich kann man auch elektronische Markierungen vornehmen, sogenannte RFID (*radio frequency identification devices,* »Funketiketten«). Diese haben jedoch den Nachteil, dass sie anders als die Nummerierungen nicht sofort vom Experimentator gelesen werden können. Außerdem sind sie bei Weitem nicht so zuverlässig wie die Farb- oder Nummernmarkierungen.

Lebenslauf einer Biene

Die Punkte auf dem Rücken der Bienen bedeuteten einen entscheidenden Fortschritt in der Bienenforschung, da es der Untersucher nun nicht mehr mit einem Haufen herumwuselnder, gleich aussehender Tiere, sondern mit Individuen zu tun hatte. Erst dieser Perspektivwechsel ermöglichte es, mit Bienen »zu reden«. Nun konnte man konkrete Fragen an die Einzeltiere stellen und bekam auch Feedback von den Bienen. Sie antworteten mit ihrem natürlichen Verhalten, da sie, von den Farbtupfern ungestört, weiterhin ihrem Tagwerk nachgingen. Dabei stellt sich in der Tat heraus, dass sich verschiedene Individuen unterschiedlich verhalten, je nachdem, was sie vorher erfahren haben.

Eine mögliche Frage an die Bienen ist die nach der Arbeitsteilung. Werden die Bienen – wie beispielsweise Menschen in der traditionellen indischen Gesellschaft – in verschiedene Kasten hineingeboren? Kommen sie auf die Welt und erledigen ihr Leben lang nur eine spezifische Aufgabe? Über die individualisierende Kennzeichnung konnten die Forscher solche Fragen stellen und zur Beantwortung den Lebensweg jeder einzelnen Bienen verfolgen. Dabei kam heraus, dass die Honigbienen in den dreißig bis sechzig Tagen ihres Erdendaseins während der Sommermonate alle Funktionen im Stock durchlaufen. Zunächst sind sie für die Versorgung der Königin zuständig, kümmern sich dann um den Nachwuchs, übernehmen als Nächstes die Säuberungsarbeiten im Stock, verteidigen das Volk am Stockeingang und stehen schließlich vor dem gefährlichsten Teil ihrer Laufbahn: Sie fliegen zum Nektar- und Pollensammeln aus. So verläuft ein »normales« Bienenleben.

In Notsituationen werden jedoch auch »Karrierestufen« übersprungen. Wenn der ganze Stock in Gefahr ist, weil es an Nektar fehlt, können jüngere Bienen, die vielleicht gerade erst auf dem Stand der Brutpflegerinnen sind, für das Sammeln rekrutiert werden. Eine der wundersamsten Einsichten, zu der die Kennzeichnung der Bienen der Wissenschaft verholfen hat, ist jedoch diese: Wenn eine neue Königin den Stock übernimmt, zieht die alte Königin mit einem Teil ihrer bisherigen Getreuen aus und bildet einen Schwarm, der sich eine neue Bleibe sucht. Glückt diese Umsiedlung, konnte beobachtet werden, dass die Lebensstufen der Bienen, anders als beim Menschen, nicht nur in einer Richtung verlaufen. Ausgeschwärmte Bienen können nämlich dann wieder Funktionen ausführen, die sie schon einmal ausgeübt hatten. Aus einer Sammlerin kann wieder eine Brutpflegerin oder eine Säuberungsbiene werden. Das allein wäre noch nicht unbedingt überraschend, da die jeweiligen Bienen ja bereits aus Erfahrung »wissen«, was in den vorherigen Lebensphasen zu tun war. Das wirklich Faszinierende ist, dass diese Tiere gleichsam in einen Jungbrunnen tauchen. Sie gewinnen Fähigkeiten wieder, die sie als junge Bienen hatten, etwa die, besser als alte Bienen lernen zu können. Allein dadurch, dass sie für das Wohl des Bienenvolkes eine bereits ausgeübte Funktion noch einmal übernehmen müssen, verlängert sich auch ihre Lebensspanne deutlich.

An diese Beobachtungen schließt sich gleich die nächste Frage an: Woher wissen die Bienen, wann sie welche Funktion im Bienenstaat auszuüben haben? So ist das mit der wissenschaftlichen Neugier. Sie erzeugt eine Kettenreaktion: Eine gefundene Antwort löst immer gleich die nächste Frage aus.

Ich sehe was, was du nicht siehst

Bei einigen Experimenten lernt man die einzelnen Bienen auch auf gleichsam persönlicher Ebene kennen. Wenn ich Experimente mit gekennzeichneten Versuchstieren durchführe, kenne ich nach ein paar Tagen tatsächlich so etwas wie den Charakter einiger Bienen. Da nähert sich die eine ihrem Ziel eher bedächtig, während es eine andere ohne Umschweife anfliegt. Wieder andere Bienen sind verspielt und nesteln erst noch an ein paar anderen Orten herum, oder sie sind das, was man nach Menschenbegriffen phlegmatisch nennen würde. Auch unter Bienen scheint es Gemütliche und Eifrige zu geben. Diese Charakterstudien amüsieren uns zwar eher, als dass sie Gegenstand wissenschaftlichen Interesses sind, gleichwohl wären auch diese Beobachtungen ohne die individualisierende Kennzeichnung der Bienen nicht möglich.

Wissenschaftliche Experimente dagegen müssen strenge Kriterien erfüllen, selbst wenn sich ihre Fragestellungen aus zufälligen Beobachtungen ergeben. Etwa wenn man, wie der englische Naturforscher John Dalton im 18. Jahrhundert, bemerkt, dass manche Menschen merkwürdige Farbenzuordnungen vornehmen:

»Ich war stets der Meinung, obwohl ich sie wohl nicht oft geäußert habe, dass einige Farben falsch benannt wurden. Die Bezeichnung ›rosa‹ oder ›nelkenfarbig‹ schien mir im Vergleich zur Farbe der Nelken wohl angebracht. Doch wenn der Ausdruck ›rot‹ statt ›rosa‹ verwendet wurde, hielt ich es für höchst unangemessen. Nach meiner Empfindung sollte es ›blau‹ gewesen sein, weil ›rosa‹ und ›blau‹ mir näher verwandt erschienen. Hingegen haben ›rosa‹ und ›rot‹ kaum eine Beziehung.«[4]

Ein Experiment muss die Beobachtung, die für Verwunderung gesorgt hat, in den Griff bekommen, damit man gezielte Fragen stellen kann: Welche Farben siehst du? Welche Farben siehst du nicht? Was siehst du anstelle der Farbe, die du nicht siehst? Wenn man weiß, dass die für den Menschen sichtbare Welt aus drei Farben besteht, kann man mit entsprechendem Geschick Tafeln herstellen, die sichtbar machen, was für manche Probanden unsichtbar ist. Wenn solche Tafeln aus verschiedenen Schattierungen von roten und grünen Flächen zusammengesetzt sind, können Rot-Grün-Blinde keine Muster sehen. Wenn das bei Ihnen der Fall ist, dann gehören Sie wohl zu den rund fünf Prozent der männlichen Bevölkerung.Wenn dem so ist, wissen Sie sicherlich bereits darum, und Sie wissen auch, dass Sie anhalten müssen, wenn das obere Licht an der Ampel leuchtet. In den USA und Australien müssen Sie noch einmal umlernen, da manche Ampeln dort horizontal angebracht sind: Das rote Licht befindet sich immer links. Eine Laufbahn als Pilot sollten Sie nicht anstreben, da die harten Eignungstests auch die Farbtüchtigkeit abfragen. Ansonsten dürfte es kaum Einschränkungen geben. Ihre Welt sieht halt ein wenig anders aus. Die Farben sind ja ohnehin nicht da draußen, sondern entstehen erst in unserem Kopf. Für die Bienen scheint die Sonne übrigens grün, da sie keine Rezeptoren für die Wellenlänge des roten Lichtanteils haben.

Wie kann man nun solche Dinge im Tierreich erforschen? Menschen kann man einfach bitten, sich die Farbtafeln anzuschauen. Aber Bienen? Wie redet man mit Tieren, die sich nicht um unsere Bitten scheren?

Das Experiment als Frage

Das Fragenstellen wird erheblich erleichtert, wenn man das Tier, mit dem man reden möchte, dressieren kann. Damit sind natürlich keine Zirkuskunststückchen gemeint, sondern eine Art von Konditionierung, wie sie durch den berühmten Versuch des russischen Physiologen Iwan Petrowitsch Pawlow sowie durch die Arbeiten der amerikanischen Psychologen Edward Lee Thorndike und Burrhus Frederic Skinner bekannt geworden ist.

Pawlow hatte immer dann, wenn er seinem Versuchstier Futter gab, eine Glocke geläutet. Sobald der Hund das Futter sah, reagierte er unwillkürlich mit Speichelfluss. Die Pointe des Experimentes lag nun darin, dass dem Hund nach einiger Zeit auch dann »das Wasser im Mund zusammenlief«, wenn er nur die Glocke hörte und gar kein Futter bekam. Diese mit dem Nobelpreis gewürdigte Entdeckung nannte Pawlow den »konditionierten« Reflex im Unterschied zum unwillkürlichen oder »unkonditionierten« Reflex, mit dem der Hund auf natürliche Weise reagiert, wenn sein Futter kommt. Diese Art der Dressur eröffnet uns nun die Möglichkeit, dem Versuchstier Fragen zu stellen, beispielsweise, ob ein Tier einen bestimmten Reiz von einem anderen unterscheiden kann. Dieser Versuchszugang benutzt die Probanden – Tiere wie Menschen – als eine Art Messgerät. So eröffnet sich ein ganz neuer Wissensraum, den man Psychophysik – die Vermessung der Wahrnehmung – nennt.

Wenn man den Bienen die Frage stellen will, ob und wenn ja welche Farben sie sehen können, dressiert man sie zuerst auf eine Farbe. Dazu nimmt man beispielsweise eine blaue Karte von vielleicht zehn mal zehn Zentimetern. Auf diese Karte wird etwas Zuckerlösung getropft. Die Biene fliegt nun die Karte an und wird mit der nahrhaften Substanz belohnt. Diesen Vorgang wiederholt man zwei, drei Mal, dann ist die Biene auf Blau dressiert, sie hat die Farbe gelernt. Wenn man ihr nun eine blaue Karte ohne

Zuckerlösung hinlegt, fliegt die Biene zu ihr, denn sie verbindet den blauen Farbton mit der Belohnung – wie der Pawlow'sche Hund die Glocke mit dem Fleisch. Soweit zur Dressur. Nun kann man der Biene weitere Fragen stellen, indem man um die blaue Karte herum verschiedene Graustufen platziert. In diesem Fall steuert das Versuchstier wiederum zielsicher die blaue Karte an. Auch wenn man grüne Karten hinzu nimmt und die Positionen austauscht, wird die Biene den blauen Karton finden. Die Biene wird allerdings Probleme bekommen, wenn man das Ganze mit Rot und Gelb durchspielt, denn Rot halten Bienen für Schwarz, da sie keine entsprechenden Rezeptoren haben, und Gelb können sie nicht von Grün unterscheiden.

Natürlich muss man bei solchen Experimenten sehr sorgfältig vorgehen. Der Platz, an dem die farbige Karte mit der Belohnung liegt, muss immer wieder gewechselt werden, um sicher zu gehen, dass die Biene nicht die Position, sondern die Farbe der Karte lernt. Auch die Duftmarken, die Bienen beim Anfliegen hinterlassen, müssen immer wieder entfernt werden, denn sonst könnten sie am Geruch erkennen, wo sie vorher eine Belohnung erhalten haben. Eine gewisse Sorglosigkeit bei der Durchführung dieses Experiments hat zu manchen falschen Interpretationen Anlass gegeben. Es ist das Verdienst von Karl von Frisch, die Versuchsdurchführung so ausgetüftelt zu haben, dass Fehlinterpretationen weitgehend ausgeschlossen sind.

Überraschende Antwort oder Fehlinterpretation?

Karl von Frisch hatte sich dieses Experiment zum Farbensehen ausgedacht, weil er bereits im Studium Zweifel an den rigorosen Äußerungen des berühmten Augenforschers Carl von Hess gehegt hatte, dass Fische und alle wirbellosen Tiere (im Gegensatz zu Wirbeltieren) farbenblind seien. Grundlage für diese Behauptung war unter anderem folgendes Experiment: Man versetzt eine Biene in eine bedrohliche Situation, indem man sie in eine Schachtel steckt und diese schüttelt. Dann öffnet man die Schachtel und beobachtet, wohin sie fliegt. Nun kann man der Biene »Fragen stellen«, indem man ihr verschiedene Helligkeiten und unterschiedliche Farben anbietet. Von Hess ging in seinen Experimenten einige Frequenzen des sichtbaren Lichtes durch und stellte fest, dass den Bienen auf ihrer Flucht die Farben egal waren. Sie kümmerten sich nicht um Rot, Gelb, Grün oder Blau, sondern flogen immer dorthin, wo es am hellsten war. Die Schlussfolgerung, die von Hess aus diesen Versuchen zog, ist nachvollziehbar: Bienen sind farbenblind.

»Es ließ sich zeigen, daß sowohl die älteren Angaben Lubbock's und Forel's wie auch die neueren v. Frisch's, nach welchen eine ›Dressur‹ der Bienen auf bestimmte Farben möglich sein sollte, sämtlich unrichtig sind. Sobald man den Bienen verschiedene Farben unter sonst gleichen Bedingungen sichtbar macht, erweist es sich als völlig unmöglich, sie an bestimmte Farben zu gewöhnen und durch solche anzulocken. ... Es ist bisher nicht eine einzige Tatsache bekannt geworden, die die Annahme eines dem unseren irgend vergleichbaren Farbensinnes bei Bienen auch nur wahrscheinlich machen könnte.«[6]

Von Frisch bewies nun mit seinem Experiment, dass die Bienen sehr wohl Farben wahrnehmen können. Daraus folgerte von Frisch wiederum triumphierend, dass er den berühmten von Hess widerlegt habe. Das allerdings stimmte nicht für das oben beschriebene Experiment. Wir haben an unserem Institut nachweisen können, dass von Hess für diese Versuchsanordnung Recht hat. Wie das?

Unser Experiment ähnelte dem, das von Hess durchgeführt hatte. Eine Biene wird in Stress versetzt, so dass sie fliehen möchte. Wie verhält sie sich nun in ihrer Flucht zum Licht? Der Fachbegriff dafür heißt »Phototaxis«. Ist die Biene positiv phototaktisch, fliegt sie ins Licht, ist sie negativ phototaktisch, fliegt sie ins Dunkle. Wir boten den Bienen nun verschiedene

Farben an. Die Bienen entschieden sich immer für die Farbe mit der größten Lichtintensität, wenn sie positiv phototaktisch gestimmt waren. Sie flogen selbst dann noch zu einer für unser Empfinden dunkleren Farbe, wenn diese intensiver leuchtete als eine uns an sich erst einmal heller erscheinende. Die Bienen entschieden sich gegen Gelb und für Blau, wenn Blau heller war. So konnten wir feststellen, dass von Hess sauber gearbeitet hatte: Die Bienen verhielten sich in ihrer Panik positiv phototaktisch, flogen also immer zum Licht. Dieser Nachweis gelingt auch, wenn man die natürliche Phototaxis der Biene ausnutzt. Wenn sie sich in einer dunklen Blüte – in unserem Test ein Kästchen mit Zuckerlösung – vollgesaugt hat und zum Stock zurückkehren will, dann läuft sie zum hellen Ausgang, weil sie positiv phototaktisch gestimmt ist. Auch in dieser Situation wählt sie immer, wenn man ihr verschiedene Ausgänge anbietet, den mit der helleren Farbe. Die Phototaxis ist übrigens ein Instinkt vieler Insekten, die – von Marlene Dietrich als Gleichnis für die Männer besungen – den Motten zum Verhängnis wird, wenn sie bei ihrer Flucht vor der Hitze der Kerze in Richtung der größeren Helligkeit fliegen und damit in die Flamme hinein, wo sie schließlich verbrennen.

Aus unseren Experimenten konnten wir also schlussfolgern, dass sich Bienen, wenn sie sich phototaktisch verhalten, tatsächlich nicht um Farben kümmern, so dass es den Anschein hat, als seien sie farbenblind. Das heißt, Karl von Frisch hatte mit seinem Nachweis des Farbensehens der Bienen zwar Recht, Unrecht hatte er jedoch darin, den Versuch von Carl von Hess als widerlegt zu betrachten. Von Hess lag richtig, das Problem war nur, dass er das richtige Experiment unter der falschen Fragestellung durchgeführt hatte. Seine Frage hätte lauten müssen: Wie verhalten sich Bienen auf der Flucht in Bezug auf die Lichtintensität? Und nicht: Können Bienen Farben sehen?

Als ich unsere Arbeiten zur Phototaxis in einer größeren wissenschaftlichen Arbeit zusammenfasste, konnte ich mich nicht enthalten, Carl von Hess zumindest soweit zu rehabilitieren, wie es unsere Untersuchungen zuließen, und zu schreiben, dass sich der Streit zwischen Hess und Frisch nach unseren Erkenntnissen erübrigte. Dafür wurde ich wiederum von einigen Kollegen angegriffen. Denn in der Frage des Farbensehens auch nur ein gutes Härchen an von Hess zu lassen, bedeutet nach der Kontroverse der beiden großen Geister, gleichsam automatisch, Karl von Frisch zu kritisieren. Wer so etwas tut, wird sofort als Nestbeschmutzer behandelt, egal, wie stichhaltig seine Argumente sind. Einer meiner von mir hochverehrten Lehrer nahm mich nach dem Erscheinen des Artikels beiseite und meinte: »Was Sie da über von Hess schreiben, mag ja richtig sein. Aber das hätten Sie einfach weglassen sollen!«

Die Kunst, die richtigen Fragen zu stellen

Da wir in den Wissenschaften auf Modelle angewiesen sind, laufen wir immer auch Gefahr, dass unser jeweiliges Modell falsch ist. Wenn wir den Bienen aufgrund unzureichender Modelle falsche Fragen stellen, bekommen wir dementsprechend auch Antworten, die uns in die Irre führen. Mir ging es einmal bei Navigationsexperimenten so.

Gemeinsam mit meinem Kollegen Rüdiger Wehner war ich der Auffassung, Bienen hätten kein Navigationssystem, mit dem sie sich anhand der räumlichen Struktur der Landschaft orientieren könnten wie mit einer Landkarte. Als nun ein Forschungsbericht in der hochangesehenen Zeitschrift »Science« das Gegenteil behauptete, wollten wir beweisen, dass die Kollegen aus den USA falsch lagen. Wenn Bienen tatsächlich eine kognitive Karte der Landschaft in sich trügen, so war unsere Überlegung, müssten sie auch dann auf direktem Weg zu ihrem Nest zurückfinden, wenn man sie ohne ihr Wissen versetzte. Wir führten also Experimente durch, in denen wir Bienen auf einen mehrere Hundert Meter vom Nest entfernten Platz dressierten und in dem Moment abfingen, in dem sie sich aufmachten, zum Stock zurückzufliegen. Dann transportierten wir sie in einem dunklen Kästchen ein paar Hundert Meter an einen anderen Ort und ließen sie dort losfliegen. Wie würden sich die Bienen nun verhalten? Wenn sie eine innere Landkarte hätten, müssten sie schnurstracks zum Nest zurückfinden. Verfügten sie jedoch nicht über ein derartiges Navigationssystem, würden sie den Rückweg so anlegen wie den Hinweg, nur in der umgekehrten Richtung. Da wir aber ihren Ausgangspunkt für den Rückweg verändert hatten, sollte es ihnen dann nicht gelingen, zum Nest zurückzufinden. Sie wären verloren in der Landschaft.

Wir beobachteten den Flug der Bienen an der Auflassstelle, so gut es ging. Man kann eine Biene etwa dreißig Meter mit dem Auge verfolgen, wenn man sich auf den Boden legt und in den Himmel schaut. Unsere Versuche zeigten, dass die Bienen ihre Versetzung ignorieren und in genau die Richtung fliegen, die sie genommen hätten, wenn sie nicht versetzt worden wären. Wir waren damals sehr begeistert, sehr ehrgeizig und vielleicht auch ein wenig überheblich. Wir schrieben einen Aufsatz über unsere Beobachtungen und folgerten aus den Experimenten, dass die Bienen mit ihren kleinen Gehirnen nur zu einer egozentrischen (auf sich selbst bezogenen) Navigation in der Lage sind und so den Rückweg nur auf der Grundlage des Hinflugs finden. Sie hatten offensichtlich keine räumliche Vorstellung von der Landschaft und konnten sich somit nicht in ihr zurechtfinden.

Das klang alles sehr eingängig und schlüssig. Aber leider war es falsch! Denn die versetzten Bienen, die wir verloren glaubten, haben alle zu ihrem Nest zurückgefunden. Ähnlich wie von Hess bei seinen Farbexperimenten, hatten wir die falsche Frage gestellt. Oder besser: Wir hatten das falsche Experiment zur richtigen Frage durchgeführt. Und umgekehrt: Wir hatten die falsche Frage zum richtigen Experiment gestellt. Mir wurde leider zu spät klar, dass wir die Bienen lediglich gefragt hatten, in welche Richtung sie nach ihrer unbemerkten Versetzung fliegen würden. Diese Frage haben uns die Bienen beantwortet: Sie fliegen in die Richtung, die sie eingeschlagen hätten, wenn sie nicht versetzt worden wären. Nachdem wir in unseren Experimenten die Versuchstiere nach etwa dreißig Metern verschwinden sahen, haben wir unzulässigerweise geschlussfolgert, dass sie verloren waren und ihr Nest niemals wiedersehen würden. Das hatten wir die Bienen aber gar nicht gefragt, sondern nur aus unseren Untersuchungen geschlossen! An genau diesem Punkt lag der Fehler, einer meiner größten Fehler in meiner Laufbahn als Wissenschaftler, der mir nur unterlaufen konnte, weil ich nicht mit kühlem Verstand, sondern mit einer zu großen Erwartung an die Versuche herangegangen war.

Um die Bienen zu fragen, ob sie trotz Versetzung vor dem Rückflug zu ihrem Nest zurückfinden, hätten wir das Experiment anders aufbauen müssen. Wir hätten die Bienen nur markieren brauchen, um zu sehen, dass sie irgendwann wieder zum Nest zurückfanden. Da wir uns aber im Vorhinein schon zu sicher waren, dass die Bienen mit einer nichtegozentrischen Navigation überfordert sein würden, war uns das gar nicht eingefallen.

Wahrscheinlich sind solche Fehler notwendig. Wichtig ist nur, dass man aus ihnen lernt und sich nicht auf seine Sicht der Dinge versteift. Denn dann bleibt der Forschung nur noch der Weg, den der Wissenschaftstheoretiker Thomas Kuhn einst beschrieben hat: Ihm zufolge verlieren manche wissenschaftliche Theorien nicht dadurch an Wirkmächtigkeit, dass sie widerlegt werden, sondern dadurch, dass jene, die sie vertreten, aussterben. Ich habe aus dem beschriebenen Fehler viel gelernt. Beispielsweise, dass man für jede experimentell gestellte Frage auch über die angemessene Methodik verfügen muss. So haben wir an unserem Institut die Beobachtung der Bienen mithilfe eines besonderen Radargeräts eingeführt. Wie der Fluglotse das ihm überantwortete Flugzeug, können wir mittlerweile punktgenau jede entsprechend ausgestattete Biene verfolgen, so dass wir nicht nur die Frage stellen können, ob die Bienen nach ihrer Versetzung irgendwann wieder zu ihrem Nest zurückfinden, sondern auch, wie sie das bewerkstelligen.

Die Welt mit Bienenaugen sehen

Indem wir die Bienen dressieren und ihnen dann Fragen stellen, können wir auf unsere Weise mit ihnen reden. Die Antworten der Versuchstiere dürfen wir jedoch nicht als Hinweis auf ihre Empfindungen deuten. Was die Biene wirklich fühlt, wird wohl auf alle Zeiten ihr Geheimnis bleiben. Das innere Erleben liegt jenseits der Wissenschaft. Der amerikanische Philosoph Thomas Nagel veranschaulichte die Unzugänglichkeit der Empfindung einmal, indem er seine Leser einlud sich vorzustellen, wie es ist, eine Fledermaus zu sein:

»Es wird nicht helfen, sich vorzustellen, dass man Flughäute an den Armen hätte, die einen befähigten, bei Einbruch der Dunkelheit und im Morgengrauen herumzufliegen, während man mit dem Mund Insekten finge; dass man ein schwaches Sehvermögen hätte und die Umwelt mit einem System reflektierter akustischer Signale aus Hochfrequenzbereichen wahrnähme. Und dass man den Tag an den Füßen nach unten hängend in einer Dachkammer verbrächte. Wenn ich mir dies vorzustellen versuche, bin ich auf Ressourcen meines eigenen Bewusstseins eingeschränkt, und diese Ressourcen sind für das Vorhaben unzulänglich.«[7]

Was immer wir über Fledermäuse und Bienen herausfinden werden, die »Erste-Person-Perspektive« – also, wie es sich anfühlt, ein solches Wesen zu sein – wird uns verborgen bleiben. Aber immerhin können wir mithilfe der Psychophysik nach und nach ein Wahrnehmungsmodell erstellen, das uns Auskunft darüber gibt, *was* Bienen sehen. Sie verfügen, ebenso wie wir Menschen, über einen dreifarbigen Sehraum. Der gestaltet sich allerdings anders als der unsrige. Während wir Blau, Grün und Rot wahrnehmen, sehen die Bienen Ultraviolett, Blau und Grün. Da wir Menschen keine Rezeptoren für UV-Licht haben, können wir uns die Bilder, die sich die Bienen von der Welt machen, ebenso wenig vorstellen wie die Töne, die eine Fledermaus mithilfe ihrer Ultraschallwahrnehmung hören kann. So wird noch einmal besonders deutlich, dass jeder Organismus in einer anderen Wirklichkeit lebt und andere Bilder von der Welt konstruiert. Dass wir unsere menschlichen Wirklichkeitskonstruktionen für verbindlich halten und nur allzu gern mit der Welt selbst verwechseln, scheint aus dieser Perspektive ziemlich eitel.

Nun kann man aber in einer Simulation das Farbensehen der Bienen in unser Farbensehen übersetzen. Dazu werden die Signale in den UV-Rezeptoren der Bienen blau darstellt, die in den Blau-Rezeptoren grün und die der Grün-Rezeptoren rot. Mit diesem Trick verschieben wir das dreifarbige Farbensehen der Biene in das dreifarbige Farbensehen des Menschen. Eine gelbe Blüte, die UV reflektiert, zum Beispiel sieht nun für uns purpur (oder pink) aus, weil die Reflexion von UV und Grün (die Bienen sieht Gelb als Grün) im Farbsehsystem der Biene zu einer Addition der Signale vom kurzwelligen UV- und vom langwelligen Grün-Rezeptor führt; dem entspricht – nach »Übersetzung« in den menschlichen Farbraum – die Mischung der Signale vom kurzwelligen (menschlichen) Blau- und vom langwelligen (menschlichen) Rot-Rezeptor, die wir als Purpur oder Pink wahrnehmen.

Zukunftsmusik: die Robobiene als Dolmetscher

Neben der Möglichkeit, die Versuchstiere zu dressieren, um ihnen bestimmte Fragen stellen zu können, gibt es für Bienenforscher noch eine sehr exklusive Möglichkeit, mit ihren Versuchstieren ins Gespräch zu kommen. Indem wir den Schwänzeltanz untersuchen und die darin zwischen den Bienen übermittelten Botschaften dechiffrieren, können wir die Bienen direkt belauschen. Im Vergleich etwa mit den Grunzlauten der Affen ist die Kommunikation in einem Bienenstock weitaus reichhaltiger. Makaken können sich gegenseitig nur über verschiedene Gefahren informieren und sich zur gegenseitigen Fellpflege, dem sogenannten Grooming, verabreden. Bei Bienen dagegen haben wir gute Gründe anzunehmen, dass sie auf symbolhafte Weise miteinander »reden« können. Wie das im Einzelnen geschieht, werden wir später sehen. Hier nur soviel: Die Symbole, die Bienen in ihrer Tanzkommunikation verwenden, zuzuordnen und verstehen zu können ist nur der erste Schritt, den wir heute bereits zu einem großen Teil getan haben. Hier eröffnet uns die Computertechnik enorme Horizonte. Allein im Sommer 2014 ist es meinem Mitarbeiter Uwe Greggeis gelungen, 600 000 Schwänzeltänze zu registrieren. Dass wir den Code der Bienenkommunikation aber wirklich geknackt hätten, können wir noch nicht sagen.

Der entscheidende zweite Schritt wäre nun, dass wir lernen, mithilfe einer künstlichen Biene selbst den Schwänzeltanz auszuführen. Würde uns das gelingen, dann könnten wir tatsächlich mit den Bienen reden. Wir könnten sie sogar zu täuschen versuchen und sie fragen, ob sie eine Lüge als solche erkennen. Wir könnten auch testen, ob die Versuchstiere eine Botschaft von einem unzuverlässigen Sender anders beurteilen als von einem zuverlässigen. Werden sie den Informationen eines Senders auch dann noch Glauben schenken, wenn seine Angaben sie wiederholt aufs offene Meer hinausschickten, wo es ganz offensichtlich keine Blüten gibt?

Das allerdings ist noch Zukunftsmusik. Kollegen[9] von uns haben zwar bereits einen Roboter gebaut, der den Schwänzeltanz ausführt, aber leider interessieren sich unsere Bienen zurzeit nur sehr eingeschränkt für ihn. So werden wir unsere Fragen bis auf

Weiteres über die Dressur stellen und die Antworten durch Beobachten »erlauschen« – wozu auch das von Hightech unterstützte Datensammeln mit elektrophysiologischen Methoden zählt, über das wir gleich ausführlich sprechen werden.

Einblicke ins Bienengehirn, oder der andere Weg zur Intelligenz

---

Bits und Bytes im Honigtopf – Die Urgroßväter des Nervensystems – Zwei Strategien bei der Entwicklung von Gehirnen – Was wir nicht wissen können – Fünf Gründe für die besondere Intelligenz der Biene – Eine neue experimentelle Fragetechnik und die Einsamkeit des Elektrophysiologen – Können Bienen Schmerz empfinden? – Wie das Bienengehirn aufgebaut ist

---

Bits und Bytes im Honigtopf

Es ist schon erstaunlich: Obwohl Karl von Frisch mit dem Schwänzeltanz eine der faszinierendsten Kommunikationsformen im Tierreich überhaupt entdeckte, hatte er keine sehr hohe Meinung vom Gehirn der Honigbiene. Mit Mitte siebzig schrieb er über die Gattung, deren Fähigkeiten er seinen Nobelpreis verdankte: »The brain of a bee is the size of a grass seed and is not made for thinking. The actions of bees are mainly governed by instinct.«[1] Bezeichnend für Frischs Überzeugung, das Verhalten der Biene sei instinktgesteuert und ihr grassamenkleines Hirn tauge nicht zum Denken, ist auch die Tatsache, dass man in seinem großen Standardwerk »Tanzsprache und Orientierung der Bienen«[2] das Stichwort »Gehirn« im an sich gut sortierten Register vergeblich sucht.

Lassen Sie mich versuchen, die Ehre der Bienen mit ein wenig Mathematik zu retten! Hier ein paar Eckdaten, um die Effektivität dieses Denkorgans in Zahlen auszudrücken: Für einen Liter Honig sind 2500 Bienen etwa 3 Wochen lang unterwegs. Da eine Biene im Mittel 3 Kilometer fliegen muss, um Nektar für 17 Milligramm Honig zu sammeln, werden für ein Kilogramm Honig etwa 170 000 Flugkilometer absolviert. Dabei besuchen die Sammlerinnen circa 6 Millionen Blüten und treffen also mindestens 6 Millionen Entscheidungen. Wie viel Energie ihr Gehirn für diese Entscheidungen aufwendet, lässt sich ebenfalls abschätzen. Im Ruhezustand verbraucht eine Biene 1–2 Milliwatt. Wenn 25 Prozent davon für den Betrieb des Gehirns verwendet werden, kommt dieses Organ mit 0,5 Milliwatt aus. Berücksichtigt man alle Sinneszellen und Gehirnzellen der Biene (insgesamt etwa 1,5 Millionen), so sind wiederum zwei Drittel all dieser Neurone im Nervensystem mit der Verarbeitung der Sinnesreize, dem Speichern und der Aktivierung des Gedächtnisses, kurz dem Bienen-Nachdenken beschäftigt.

Vergleicht man diese Daten mit denen eines Computers, ergibt sich ein interessanter Schluss.[3] Seit den siebziger Jahren gilt in der Elektronikbranche das sogenannte Moore'sche Gesetz, das besagt, dass sich die Transistordichte der komplexesten Chips alle 18 Monate verdoppelt. Moderne Mikroprozessoren, wie sie beispielsweise in Tablets Verwendung finden, enthalten bereits an die 3 Milliarden Transistoren, mit Strukturen, die mit 20 Nanometer (20 Millionstel Millimeter!) Genauigkeit in Silizium »gemeißelt« werden. Das sind bereits heute 2000-mal mehr Transistoren, als die Biene Neurone und Sinneszellen hat. Allerdings verbrauchen solche Prozessoren bis zu 7 Watt, das ist 14 000- bis 28 000-mal mehr als ein Bienengehirn. Doch werden Prozessoren immer sparsamer. Der langfristige Trend geht dahin, dass sich der Energieverbrauch pro logische Operation alle 18 Monate halbiert. In wenigen Jahren wird ein Transistor so wenig Energie verbrauchen wie ein Neuron. Vielleicht erreicht ein Tablet dann einmal die Energieeffizienz des Bienengehirns …

Aber lassen sich Transistoren wirklich mit Neuronen gleichsetzen? Eigentlich nicht! Neuronen im Bienengehirn integrieren Informationen aus Hunderten oder gar Tausenden von angekoppelten Nervenzellen und können ihre Entscheidung an 10 000 andere Neuronen weiterleiten. Der Grad der Vernetzung im Gehirn übertrifft bei Weitem den eines Computers. Obwohl Transistoren sehr schnell sind (und Neuronen vergleichsweise langsam), arbeiten Mikroprozessoren sequenziell, bewältigen also die anstehenden Aufgaben nacheinander, während Neuronennetze überwiegend parallel organisiert sind. Deswegen bezeichnet man die Arbeitsweise des Gehirns auch als holistisch, also ganzheitlich. Die Architektur ihres Gehirns macht Bienen daher intelligenter als jeden Rechner. Um wie viel intelligenter ist allerdings schwer abzuschätzen, weil das nicht nur von der Vernetzung abhängt, sondern vor allem von den darin arbeitenden Programmen. Die

Simulationen parallel arbeitender neuronaler Netzwerke brechen im Moment noch bei der Beteiligung von etwa 10 000 Neuronen zusammen, während das Bienengehirn mit über 100-mal mehr Nervenzellen problemlos arbeitet.

Die Urgroßväter des Nervensystems

Mein Großvater setzte jenes Markenmikroskop, das er mir schließlich vererbte (**Abb. 1**), überwiegend für die Untersuchung kleiner Wasserorganismen ein. Seine Doktorarbeit schrieb er 1908 bei dem bedeutenden österreichischen Zoologen Robert von Lendenfeld, der bis zu seinem Tod im Jahr 1913 Direktor des Zoologischen Instituts und Rektor der Prager Universität war. Lendenfelds Institut war weltweit führend auf dem Gebiet der Mikroskopie der Schwämme und wurde daher mit der Auswertung vieler Anfang des 20. Jahrhunderts durchgeführten Meeresexpeditionen betraut. Das bedeutete wissenschaftlichen Ruhm, vor allem aber enorm viel Arbeit. Lendenfeld führte ein strenges Regiment und ließ seine Angestellten rund um die Uhr mikroskopieren und die dabei gefundenen biologischen Strukturen zeichnen und klassifizieren. Zu diesen Arbeiten wurden jedoch nicht nur Angestellte wie mein Großvater herangezogen, sondern auch Familienmitglieder wie Lendenfelds Tochter. Sie sollte meine Großmutter werden. Irgendwo zwischen Objektträgern und Zeichenblöcken muss es passiert sein. Mein Großvater, Ferdinand Urban, verliebte sich in die ebenso kluge wie schöne Tochter seines Chefs. Robert von Lendenfeld gab den beiden seinen Segen, und so kann ich in meiner Familie auf mehrere Ahnen mit biologischem Verstand und Geschick zurückblicken.

In Bezug auf mein Fachgebiet, die Erforschung des Nervensystems, leistete mein Urgroßvater etwas ganz Besonderes. Ihm blieb es vorbehalten, die einzige Ausnahme zu entdecken, die sich die

Evolution bei der Informationsverarbeitung innerhalb der Organismen im Laufe von 3,5 Milliarden Jahren leistete.

Die Rede ist vom internen Informationssystem der Schwämme. Haben Sie schon einmal beobachtet, was passiert, wenn man einen sich im Wasser wiegenden lebenden Schwamm mit dem Finger berührt und ihn ein wenig kitzelt? Es geschieht erst einmal nichts. Wenn man jedoch geduldig ein paar Minuten wartet, kann man sehen, wie sich der Schlund des Schwammes als Reaktion auf den äußeren Reiz zusammenzieht. Auf welche Weise reagiert der Schwamm, und warum dauert das eigentlich so lange? fragte sich mein Urgroßvater.

Die Schwämme stehen in der evolutiven Entwicklung zwischen Einzellern und Mehrzellern. Streng genommen sind sie ein gut organisierter Haufen von Einzellern, eine Art Kolonie einzelliger Lebewesen. Könnte man aber nicht auch die höheren Lebewesen als Ansammlung von Einzellern beschreiben? Schließlich bestehen wir ebenfalls aus lauter einzelnen Zellen. Ein klares Nein. Das entscheidende Kriterium für einen Organismus ist, dass dessen Zellen je nach Funktion anders beschaffen, spezialisiert sind. So weisen Haar- und Herzzellen sehr große Unterschiede auf und sind nicht austauschbar. Anders als bei mehrzelligen Organismen unterscheiden sich die einzelnen Zellen der Schwämme nur wenig, und es gibt auch keine spezifischen Zellen wie etwa Nervenzellen, die in einem Netzwerk von Verbindungen zusammengeschaltet sind. Trotzdem aber erwecken Schwämme den Eindruck, Organismen zu sein, und reagieren auch wie solche – nur eben langsamer. Doch wie kann ein Informationsfluss innerhalb des Schwammes zustande kommen, wenn es überhaupt kein ausgebildetes Netzwerk von Nervenzellen gibt?

Mein Urgroßvater hielt sein Institut immer auf dem neuesten Stand der Technik, und so verfügte es auch über das erstmals 1885 zur Färbung biologischer Fasern eingesetzte Methylenblau. Der Vorteil dieser bis heute in der Biologie unverzichtbaren Chemikalie ist, dass sie Färbungen lebender Strukturen erlaubt, vor allem solcher, die ähnlich denen in Nervenzellen sind. Robert von Lendenfeld kam nun auf die Idee, die von außen gereizte Stelle eines Schwammes mit Methylenblau einzufärben und zu beobachten, was dann passiert. Er traute seinen Augen nicht: Die Färbung bewegte sich gaaaanz langsam von der gereizten Stelle fort, bis hin zu jenen Zellen, die anschließend den Schlund schlossen. Nach einigen Wiederholungen war die Sache klar: Die Zelle, die den Kitzelreiz aufgenommen hatte, machte sich auf den Weg. Sie wanderte die für Zellen gewaltige Strecke von mehreren Zentimetern durch den Schwamm. Wenn sie die Zellen am Schlund erreicht hatte, schüttete sie offenbar einen Botenstoff aus, der dann die entsprechende Reaktion hervorrief (**Abb. 3**). Um sicherzugehen, dass der Informationsweg innerhalb des Schwammes wirklich auf diese Weise lief, ließ sich mein Urgroßvater noch einen weiteren Versuch einfallen. Er vergiftete die gereizten Zellen mit Narkosemitteln. Resultat: Der Schlund blieb offen. Wie weit mein Urgroßvater mit diesen Versuchen seiner Zeit voraus war, zeigt sich daran, dass seine Entdeckung erst 1959 bestätigt wurde.

Man kann sich den Unterschied bei der Signalverarbeitung im Tierreich gut verdeutlichen, wenn man einerseits an einen Boten, andererseits an ein Telefon denkt. Der Bote nimmt, wie die gereizte Zelle der Schwämme, eine Information und bringt sie an den Ort, für den sie bestimmt ist. Die Geschwindigkeit der Informationsübertragung hängt in diesem Fall davon ab, wie rasch der Bote vorankommt. Bei den Schwämmen dauert dieser Prozess mehrere Minuten. Im übrigen Tierreich aber läuft die Informationsübermittlung innerhalb des Organismus ähnlich wie beim Telefon ab. Die Nachricht wird in elektrische Signale umgewandelt und damit quasi »unkörperlich« vom Absender an den Empfänger übermittelt. Da sich niemand mehr auf den Weg machen muss, verbraucht der Übertragungsprozess nur wenig Zeit. Unsere Gegenwart ist nicht zuletzt deswegen so viel schnelllebiger geworden, weil die meisten Nachrichten in Form von Bits und

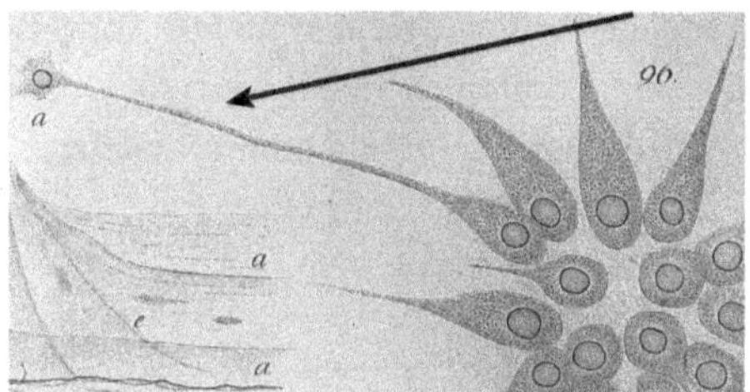

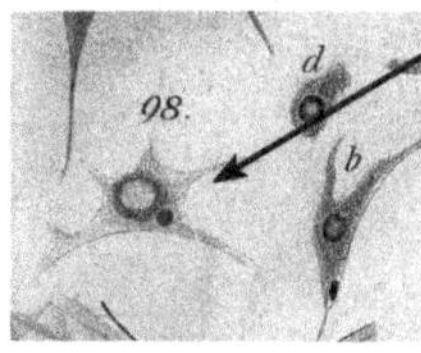

Abb. 3 *Schwämme besitzen noch kein richtiges Nervensystem. Wir beobachten lediglich Ketten von verschmolzenen Zellen (Syncytien), die sich zwischen den skelettartigen Stützen der Kanäle erstrecken und mehrere Kerne besitzen (oben, Pfeil). Diese Zellen bilden Erregung in Form von Aktionspotentialen. Sternförmige Zellen, die sich wie Nervenzellen färben lassen, wandern zwischen den Epithelzellen zu den Öffnungen der Kanäle und bewirken dort, dass sich die Kanäle bei Störung schließen (unten, Pfeil). Von Lendenfeld fand, dass sich dieser Vorgang mit Nervengiften stören lässt. Heute weiß man, dass sie keine Erregbarkeit besitzen, ihre Wirkung aber wahrscheinlich über eine Substanz (Transmitter) übertragen.*[4]

Bytes übertragen und nur noch wenige von Postboten auf dem Fahrrad gebracht werden.

Der Versuch der Schwämme, die interne Kommunikation zu regeln, blieb im gesamten Tierreich ohne Nachahmer und steht deswegen in der Evolution einzigartig da. So originell ihre Idee auch war, sie stieß rasch an Grenzen. Nicht nur, weil ihre Reaktionsgeschwindigkeit zu wünschen übrig ließ, sondern auch, weil sich ihre Körperstruktur nicht weiter verdichten ließ, da innerhalb des Schwammes genug Platz für die Wanderwege der Zellen bleiben musste. Dennoch besteht kein Anlass anzunehmen, dass sich die Schwämme im evolutionären Sinn nicht bewährt hätten. Sie sind sogar außerordentlich erfolgreich. Schwämme gibt es bereits seit 760 Millionen Jahren. Wird es Menschen so lange geben? Die letzte verbliebene Art, *Homo sapiens*, hat es noch nicht einmal auf eine halbe Million Jahre gebracht. Übrigens gehören die Menschen zu den wenigen natürlichen Feinden der

Schwämme. Angeregt von den Untersuchungen meines Urgroßvaters, konnte ich in meiner Jugend noch Süßwasserschwämme im Rhein kitzeln und beobachten, wie sie sich zusammenzogen. Doch schon seit vielen Jahren sucht man sie in unseren Flüssen vergeblich.

Zwei Strategien bei der Entwicklung von Gehirnen

Das, wenn man von den Schwämmen absieht, im gesamten Tierreich konkurrenzlos herrschende Prinzip der Informationsverarbeitung beruht auf der Herausbildung von Nervenzellen, die untereinander verbunden sind. Wo die Nervenzellen aneinanderstoßen, bilden sie sogenannte Synapsen aus, über die blitzschnell Signale weitergeleitet werden können. Auf diesem Mechanismus beruhen alle Formen der Nervensysteme, die in der Evolution entstanden sind. Es ist immer wieder das Gleiche, egal ob bei Quallen, Menschen oder Honigbienen: In den für Umweltreize empfindlichen Zellen entsteht bei Erregung eine elektrische Spannungsänderung, die sich über die Membran der Zellen ausbreitet und über die Synapsen von Nervenzelle zu Nervenzelle fortgeleitet wird.

Bei den einfachsten Mehrzellern, wie etwa den Hohltieren, zu denen unter anderem die Quallen gehören, bilden sich Nervennetze aus, die in gewisser Weise mit dem Internet unserer Tage vergleichbar sind. Hier wie da gibt es kein Zentrum, an das die Erregung gesendet wird und von dem Instruktionen ausgehen. Eine solche hierarchielose Struktur steht somit immer vor der Aufgabe, sich selbst vor dem Chaos zu bewahren. Denn wenn eine Erregung beziehungsweise eine Information an einer Stelle eingespeist wird, gibt es in einem Netz naturgemäß viele Wege, die sie nehmen kann. Sowohl schnellere als auch langsamere. Wenn nun dieselbe Botschaft mit entsprechender Zeitverzögerung immer wieder an derselben Stelle ankäme, würde verständlicherweise Verwirrung entstehen. Im Fall des Internets würde der Empfänger mehrerer identischer E-Mails im besten Fall am Übertragungsmedium, im ungünstigsten Fall an sich selbst zweifeln. Beides wäre kontraproduktiv. Die Nervennetze der Hohltiere verhindern diese Konfusion durch die Feinabstimmung der Synapsen nach einem ebenso einfachen wie wirkungsvollen Prinzip: Starke Erregung wird verstärkt, schwache Erregung abgeschwächt. Im Internet wird das Problem übrigens dadurch gelöst, dass die Gesamtinformation in mehrere Pakete verpackt und für jedes verschickte Paket – wie auf dem Postamt – Protokolle angelegt werden.

Im weiteren Verlauf der Evolution wurde dieses Problem, das die Nervennetze mit sich brachten, durch Zentralisierung gelöst und eine »Kommandozentrale«, das Gehirn, entwickelt, das die Befehlsgewalt über die Erregungsströme übernahm. Es entstand aus der Konzentration von Nervenzellen am Vorderende des Körpers. Schon bei den Quallen kann man die Vorstufen in Form von Nervenknoten beobachten. Diese bildeten sich besonders in der Nähe der sensorischen Eingänge, also an den Stellen, an denen Sinnesreize in den Körper eintreten. Einige Quallenarten verfügen bereits über Augen und ein Gleichgewichtsorgan, deren Informationen verrechnet werden müssen, damit sich diese zum Teil sehr prachtvollen Tiere fortbewegen können. Alle höheren Arten sind diesem Zentralisierungsprinzip treu geblieben. Wenn Sie sich den Sitz Ihres Gehirns vergegenwärtigen, so liegt es inmitten von Sensorik: Nase, Mund, Augen und Ohren gruppieren sich geradezu um unser Gehirn herum. Auch das Bienengehirn ist umgeben von circa 100 000 Riechrezeptoren, etwa 70 000 Sehzellen und einer fast ebenso hohen Zahl von Zellen für Tastsinnesreize. Wegen der kurzen Leitungswege – und auch, weil er am nächsten zu den einkommenden Sinnesreizen liegt – hat sich das Vorderende für die Gehirnentwicklung im Tierreich als der praktischste Ort erwiesen.

Die ursprünglichen Mehrzeller – bleiben wir beim Beispiel der

Quallen – hatten kein Vorder- bzw. Hinterende und auch keine Bauch- bzw. Rückenseite. Sie waren dreh- oder radiärsymmetrisch. Das heißt, egal wie herum und wie lange man eine Qualle um ihre eigene Achse dreht, man wird keinen Unterschied in ihrem Aussehen feststellen können. Lediglich oben und unten lässt sich bei solchen Tieren unterscheiden. Doch irgendwann kam es in der Evolution der Mehrzeller zur Aufspaltung in zwei Entwicklungslinien.

Für diese beiden ausgesprochen erfolgreichen Wege der tierischen Evolution wurde das Prinzip der Drehsymmetrie zugunsten der Seitensymmetrie aufgegeben. Das heißt, hier finden wir nur noch eine Symmetrieachse, die ein Tier in zwei spiegelbildliche Hälften teilt (und nicht mehr beliebig viele wie bei den Quallen). Stellen Sie sich vor, Sie betrachten eine Eidechse oder eine Libelle von oben: Die Mitte des Rückens stellt dann die Symmetrieachse dar. Da alle Tiere, die entwicklungsgeschichtlich jünger sind als die drehsymmetrischen Mehrzeller, diese zweiseitige Symmetrie aufweisen, bezeichnet man sie auch als »bilaterale« Tiere. Und all diese Tiere haben daher eine Bauch- und eine Rückenseite sowie ein Vorder- und ein Hinterende.

Wenn es so etwas wie ein Evolutionsteleskop mit eingebautem Zeitraffer gäbe, könnte man sehen, in welcher Weise die Tiere, die in der Evolution nach den Quallen entstanden sind, die Idee der Seitensymmetrie verwirklicht haben. Denn die Embryonalentwicklung der bilateralen Tiere gibt Hinweise auf das, was sich vor Urzeiten abgespielt haben könnte: In einem kugelförmigen Embryonalstadium entsteht eine tiefe Einstülpung (so, als ob Sie die Oberfläche eines Luftballons mit dem Finger eindrücken würden). Die Stelle, an der die Einstülpung beginnt, wird als »Urmund« bezeichnet, die Einstülpung selbst als »Urdarm«; an der Stelle, die dem Urmund gegenüberliegt, entsteht ein Ausgang für den Urdarm. Das ganze Gebilde ähnelt nun weniger einer runden Kugel als vielmehr einer kurzen, dicken Wurst – mit zwei Enden (**Abb. 4**).

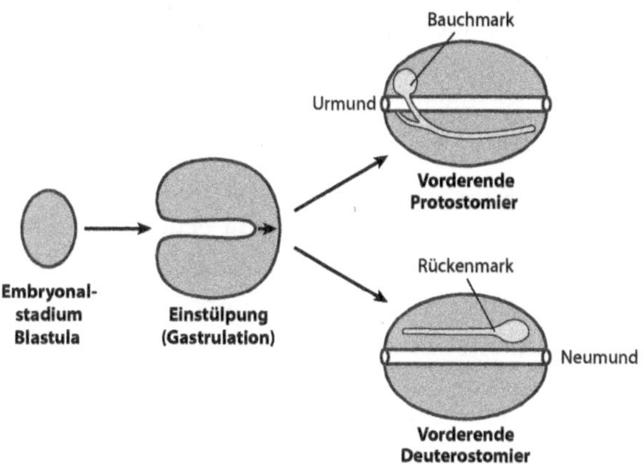

Abb. 4 *Die Entstehung von Ur- und Neumündern (Proto- bzw. Deuterostomiern), den Linien im Stammbaum der Tiere, an deren Ende hochentwickelte Gehirne stehen.*

Aus Gründen, die wir nicht kennen, gehen die bilateralen Tiere ab hier getrennte Wege: Bei den einen wird das Körperende mit dem Urmund zum Vorderende. Sie heißen folgerichtig Urmundtiere oder Protostomier, und zu ihnen gehören neben Würmern, Schnecken, Tintenfischen, Krebsen und Spinnen auch die Insekten, also das Gros der wirbellosen Tiere und damit natürlich auch die Bienen. Bei der anderen Gruppe wird das dem Urmund gegenüberliegende Körperende zum Vorderende und der »Darmausgang« zum Neu- oder Zweitmund, weshalb die Gruppe den Namen Neumundtiere oder Deuterostomier erhielt. Hier findet man alle Wirbeltiere – Vögel, Fische, Reptilien, Amphibien, Säugetiere – und letztlich auch den Menschen.

Proto- und Deuterostomier unterscheiden sich zwar in ihrer Definition des Vorderendes (und noch in vielen anderen Eigenschaften mehr, die uns hier aber nicht weiter interessieren), aber beide haben an dieser Stelle Nervenansammlungen entwickelt, die man in späteren Entwicklungsstufen als Gehirn bezeichnen darf und die immer leistungsfähiger werden. Etwas salopp ausgedrückt könnte man sagen, die Protostomier sind bei der Evolution auf den Bauch gefallen und die Deuterostomier auf den Rücken. Das hat zur Folge, dass das Gehirn der Protostomier oberhalb des Darms zu liegen kommt und ihr übriges Nervensystem unterhalb des Darmes (Bauchmark). Die Verbindung zwischen diesen beiden Teilen ihres zentralen Nervensystem muss also auf beiden Seiten um den Darm (genau genommen den Schlund) herumziehen. Bei den Deuterostomiern bleibt das Gehirn wie das weitere zentrale Nervensystem oberhalb des Darmes (Rückenmark), und sie brauchen keine Umrundung um den Schlund. Nun versuchen wir als Deuterostomier mit extrem leistungsfähigem Gehirn die extreme Leistungsfähigkeit von Protostomier-Gehirnen zu verstehen.

Was wir verstehen und erklären – und was wir nicht wissen können

Warum die Ur- und die Neumundtiere zwei derart unterschiedliche Strategien gewählt haben, wissen wir nicht. Überhaupt kann man die Warum-Frage in der Evolution nur schwer beantworten. Die Arten überraschen uns durch ihren Erfindungsreichtum, und wir können erforschen, *was* sie im Einzelnen tun und welche Evolutionsvorteile ihnen das bringt. Die Frage nach dem Grund führt uns eher in die Gefilde der Philosophie. Warum leben wir? Warum gibt es überhaupt *Etwas* und nicht viel mehr *Nichts?* An dieser Stelle wird der zentrale Unterschied zwischen Natur- und Geisteswissenschaft besonders deutlich. Bereits die Jünger des Aristoteles hatten eine Trennung der Fragen zur Natur und der zum Geist im Sinn, als sie die Werkausgabe des Meisters im 1. Jahrhundert in acht Bände unterteilten, die sich mit der Physik beschäftigten, und die restlichen sechs Bücher, die sich mit den philosophischen Fragen nach den allgemeinen Prinzipien der Wirklichkeit befassten, danach folgen ließen. Dieses »Danach« – griechisch »meta« – gab dann auch der ganzen Disziplin ihren Namen: Metaphysik. Die strikte Trennung von Natur- und Geisteswissenschaft datiert aber 1800 Jahre später. Der deutsche Philosoph Wilhelm Dilthey ordnete den beiden Grundrichtungen der Wissenschaft in der zweiten Hälfte des 19. Jahrhunderts jeweils ein anderes Prinzip zu. Demnach geht es der Naturwissenschaft um das *Erklären* und der Geisteswissenschaft um das *Verstehen.* Kann man denn etwas erklären, ohne es verstanden zu haben?, fragt man sich da vielleicht. Im Dilthey'schen Sinne geht das. Die Naturwissenschaft kann zwar erklären, welche physikalischen Gesetze gelten und auf welche Art und Weise sie wirken, aber ihr wird es nicht gelingen, zu den eigentlichen Ursachen vorzustoßen, da diese nicht vom Menschen gemacht und damit nicht von ihm zu ergründen sind. So können die Physiker alles über die Gravitation herausfinden und eine Sonde so geschickt ins All manövrieren, dass sie Jahre später auf dem Mars ankommt, aber sie werden nie erfahren, warum es Gravitation eigentlich gibt. In ähnlicher Weise werden wir Biologen nicht verstehen können, aus welchen Gründen die Evolution die Wege eingeschlagen hat, die sie gegangen ist. Anders die Geisteswissenschaft. Ihr Gegenstand sind die Produkte des menschlichen Geistes, der zweifelsfrei vom Menschen hervorgebracht und daher – zumindest prinzipiell – verstanden werden kann.

An zwei Stellen treffen sich diese beiden Denkweisen jedoch: in der Kosmologie und in der Hirnforschung. Die Fragen nach dem Ursprung des Weltalls sind Grenzfragen der Naturwissenschaft, und auch die Frage nach den Beziehungen zwischen Gehirn und Geist geht über die Neurowissenschaft hinaus. Erklären und Verstehen durchdringen sich in der Neurowissenschaft in einzigartiger Weise, denn hier will das Gehirn seinen Geist erklären und verstehen. Kann das überhaupt gelingen? Emil Du Bois-Reymond, einer der bedeutendsten Neurowissenschaftler des 19. Jahrhunderts und Entdecker der Elektrophysiologie, war in dieser Frage äußerst skeptisch:

»Gegenüber den Rätseln der Körperwelt ist der Naturforscher

längst gewöhnt, mit männlicher Entsagung sein ›Ignoramus‹ auszusprechen. Im Rückblick auf die durchlaufene siegreiche Bahn trägt ihn dabei das stille Bewusstsein, dass, wo er jetzt nicht weiß, er wenigstens unter Umständen wissen könnte, und dereinst vielleicht wissen wird. Gegenüber dem Rätsel aber, was Materie und Kraft seien, und wie sie zu denken vermögen, muss er ein für allemal zu dem viel schwerer abzugebenden Wahrspruch sich entschließen: ›Ignorabimus.‹«[5]

»Ignoramus et ignorabimus!« Wir wissen es nicht, und wir werden es niemals wissen. So sicher ist sich die Neurowissenschaft da mittlerweile nicht mehr, und die Frage, wie das Gehirn den Geist erzeugt, ist eine legitime und intensiv erforschte Thematik. Einen wichtigen Zugang dazu bietet die Einsicht in den Prozess der Evolution der Gehirne von Tier und Mensch, weil man auf diese Weise die Entstehung des Geistes in vielfältigen Ausprägungen sehen kann. Wenn wir also im weiteren Verlauf über den »Geist« der Biene nachdenken, dann machen wir uns auf den Weg einer solchen evolutionsbiologischen Unternehmung.

Fünf Gründe für die besondere Intelligenz der Biene

Dass wir überhaupt solche Überlegungen anstellen können, gibt uns das Recht, den Menschen ans Ende der Entwicklung der Neumünder zu setzen. Ans Ende der zweiten großen Entwicklungslinie im Tierreich möchte ich die Honigbiene setzen. Vielleicht wird der eine oder andere meiner Kollegen da widersprechen. Das ist sein gutes Recht. Ich werde meine Argumente an dieser Stelle kurz und über das gesamte Buch hinweg immer wieder ausführlich darlegen:

Von allen Insekten, Tausendfüßern, Krebsen, Spinnentieren, Schnecken und Tintenfischen, die mir je untergekommen sind, schreibe ich den Bienen die höchste Intelligenz zu, weil sie *erstens* über die größten sensorischen Fähigkeiten und *zweitens* über die ausgefeiltesten motorischen Fertigkeiten unter den wirbellosen Tieren verfügen. *Drittens* zeigt sich die außerordentliche Intelligenz der Bienen in der sozialen Organisation ihres Staates sowie *viertens* in ihrem Lernvermögen. *Fünfter* Grund für meine Annahme und zugleich absolutes Alleinstellungsmerkmal der Honigbiene ist, dass sie nicht nur in einer einfachen, im Wesentlichen mit Aufmerksamkeitsreizen arbeitenden Weise kommuniziert, sondern sich – in gewisser Weise wie wir Menschen auch – sogar über ein Symbolsystem verständigen kann. Die Fähigkeit, voneinander zu lernen, haben die Bienen in ihrem Sozialgefüge zur Perfektion gebracht.

Ein Einwand, den man gegen meine Einordnung der Honigbiene erheben könnte, wäre die Neuronenzahl. Zwar finden wir in ihrem Gehirn mit einer Million Neurone 5-mal mehr als bei Fruchtfliegen, aber erstaunliche 40-mal weniger als bei Tintenfischen. Wenn man noch die Neurone in den optischen Bereichen der Kraken mitzählt, kommt man bei diesen Tieren sogar auf 150 Millionen. Die Tatsache, dass sich in ihrem Hirn so viel weniger Neurone finden, gegen die Honigbiene auszuspielen wäre jedoch unfair. Denn das Verhältnis von Körpermasse zu Hirngewicht gestaltet sich quer durch alle Tierarten ungefähr gleich. Immer gilt: Je schwerer ein Tier ist, desto mehr Hirn hat es. Von der Spitzmaus bis zum Pottwal kommt man durchweg auf einen Wert von etwa 2 Prozent, die das Hirn in Relation zum gesamten Körper wiegt (**Abb. 5**). Auch beim Menschen: Wir messen 1245 Gramm bei weiblichen und 1375 Gramm bei männlichen Gehirnen, was bei einem durchschnittlichen Körpergewicht von 60 Kilo bei Frauen und 70 Kilo bei Männern recht genau 2 Prozent ausmacht.

Da wir gerade bei den Prozenten sind: Es ist schon bemerkenswert, dass 98 Prozent Körpermasse im Wesentlichen von 2 Prozent Körpermasse gesteuert werden. Ebenso entscheidend scheint mir die Energiebilanz: Das Hirn verbraucht mit seinen 2 Prozent Anteil an der Gesamtmasse ganze 20 Prozent der in Form von Glucose und Sauerstoff zur Verfügung stehenden Energie! Während geistig anstrengender Handlungen, bei denen das Bewusstsein maßgeblich gefordert ist (wie Forschen oder Bücherschreiben), zieht das Hirn sogar bis zu 40 Prozent der Energie ab.

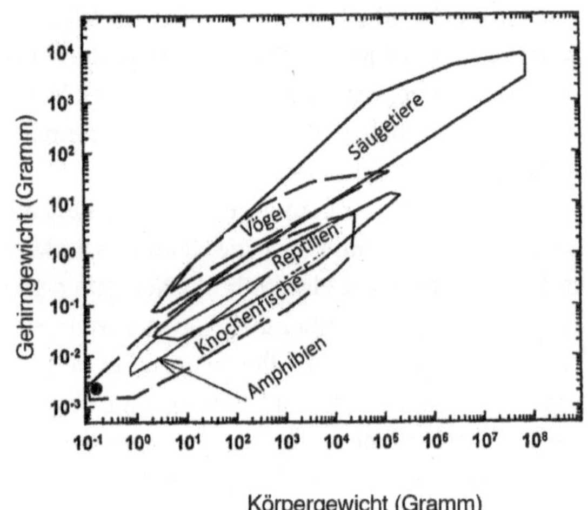

Abb. 5 *Zusammenhang zwischen Körpergewicht (x-Achse) und Gehirngewicht bei Wirbeltieren.[6] Unten links (dicker schwarzer Punkt) ist die Honigbiene eingetragen.*

Das Verhältnis von Hirngröße zu Körpergewicht bezeichnet man als Enzephalisationsquotient. Meist wird dieser nur für Wirbeltiere berechnet. Ich möchte das hier nun auch für die Biene tun:

Eine Biene wiegt im Mittel 80 Milligramm. Ihr Gehirn hat ein Gewicht von 1 Milligramm. Das würde einen Prozentsatz von lediglich 1,25 ergeben. Wenn man nun in die Rechnung aber noch das nervenzellendichte Bauchmark der Bienen einbezieht, kommt man auf 2 Milligramm und damit einen Wert von 2,5 Prozent. Das heißt, die Biene kann in punkto Enzephalisation mit den Wirbeltieren durchaus mithalten.

Allerdings gibt es auch Insekten, bei denen die Regel versagt. Die Ameisen der Gattung Pheidole beispielsweise haben eine eigene Kriegerkaste herausgebildet. Diese Soldaten weisen eine besondere Anatomie auf: In ihrem vergleichsweise großen Kopf befindet sich nur ein sehr kleines Gehirn, dafür aber umso mehr Muskeln, die dem scharfen, dreieckigen Kiefer eine enorm hohe Bisskraft verleihen. Mit dieser körpereigenen Waffe gelingt es den Soldaten, ihren Gegnern einzelne Gliedmaßen, Körperteile oder gleich den ganzen Kopf abzutrennen. Da die Krieger außerdem noch einen recht großen Körper besitzen, liegt ihr Enzephalisationsquotient unter 0,5.

Wie hängen Größe, Struktur und Leistungsfähigkeit von Gehirnen miteinander zusammen?

Was sagt die Neuronenzahl nun über die Intelligenz aus? Sind Tintenfische 150-mal schlauer als Bienen? Ist der Mensch 100 000-mal intelligenter, als Bienen es sind? Und können wir immerhin noch 667-mal besser denken als Kraken, während wir im Vergleich zu Delphinen und Elefanten kaum Vorteile haben? Ein klares Nein! Die pure Anzahl der Neurone sagt fast nichts über die Intelligenz aus.

Es gibt zwar keine Maßeinheit für Intelligenz, aber ich finde es sehr nachvollziehbar, den Grad der Lernfähigkeit als Maß anzunehmen – wohlgemerkt, nicht den Grad der Merkfähigkeit. Für die Intelligenz eines Organismus ist eher entscheidend, welche Aktivität sein Arbeitsgedächtnis aufweist, also jene Ebene, auf der die Lerninhalte mit bereits Gelerntem verknüpft werden. Damit hängt die Intelligenz wesentlich von der Geschwindigkeit ab, mit der Informationen verarbeitet und abgerufen werden können. Außerdem natürlich von der Reichhaltigkeit der zur Verfügung stehenden Informationen selbst. Was uns der Alltagsverstand nahelegt, hat die Neurowissenschaft beweisen können: Je näher die Neurone beieinanderliegen, desto höher ist die Übertragungsgeschwindigkeit zwischen ihnen. Deshalb kann sich ein so winzig kleines Gehirn wie das der Bienen trotz seiner verhältnismäßig geringen Neuronenzahl zu derart hohen Intelligenzleistungen emporschwingen. Im Elefantenhirn dagegen findet man zwar sehr viele Neurone, die sind aber recht luftig gepackt, so dass die Kommunikation zwischen ihnen nicht sonderlich hoch ist. Im menschlichen Gehirn kommt es zu einer Kombination der beiden Vorzüge: Unter unserer Schädeldecke feuern sehr viele Neurone, sie sind zudem sehr eng geschichtet und weitreichend verknüpft. Deshalb kann sich der Mensch – in der Regel – nicht nur sehr viel merken, sondern vor allem das Gespeicherte blitzschnell mit neuen Informationen verknüpfen. Die Struktur, in der diese Wunderdinge der Intelligenz vor sich gehen, heißt beim Menschen »Großhirnrinde«. Dem entspricht im Bienenhirn eine Region, die wir als »Pilzkörper« bezeichnen. Auf diese spezielle Struktur im Bienengehirn werde ich noch ausführlicher zu sprechen kommen.

Vergleicht man Menschen- und Bienenhirn, fällt einem zuerst die völlig andere Bauweise auf. Die Evolution ist auch hier wieder verschiedene Wege gegangen, um ähnliche Effekte zu erzielen. Während unser Gehirn, wie das aller Säugetiere, aus einzelnen Schichten besteht, weist das Bienengehirn eine kompakte Struktur auf. Dieser grundsätzliche Unterschied hat jedoch nichts mit dem noch grundsätzlicheren Unterschied zwischen Ur- und Neumundtieren zu tun. Denn auch die Vögel, die im Gegensatz zu den Insekten auf dem Ast der Neumundtiere sitzen, so wie wir Menschen, fliegen mit einem kompakten Gehirn herum.

Ein weiterer Unterschied zwischen Säugetier- und Insektengehirn besteht in den Hohlräumen (Ventrikeln). Das Nervensystem der Wirbeltiere hat sich entwicklungsgeschichtlich aus dem sogenannten Neuralrohr entwickelt, dessen hinterer Teil bei Säugetieren zum Rückenmark wird, während sich am oberen (vorderen) Ende die Hirnstrukturen bilden. Dort, wo sich das Neuralrohr in verschiedene Schichten aufzufalten beginnt, bleiben die Ventrikel als eine Art Überbleibsel der ursprünglichen Rohrstruktur erhalten. Bis ins 18. Jahrhundert hinein nahm man übrigens an, dass in diesen Hohlräumen die Intelligenz sitze, während die restlichen, an eine Walnuss erinnernden Strukturen, lediglich für die Versorgung der Ventrikel zuständig seien. Die Aktivierung der Muskeln erklärte man sich so: Die Flüssigkeit aus den Ventrikeln sollte über feinste Röhrchen bis zum Muskel fließen und dort die entsprechende Bewegung auslösen.

Das miniaturisierte Bienengehirn von gerade einmal einem Kubikmillimeter Größe kann sich den räumlichen Luxus von Hohlräumen nicht leisten. Oder andersherum: Da sich das Nervensystem der Urmundtiere nicht über ein Neuralrohr, sondern aus der plattenartigen Struktur der bauchseitigen Zellschicht des Keims entwickelt hat, konnte der Bau derart kleiner und dicht gepackter Gehirne ausprobiert werden. Damit wurden auch schwer zugängliche Lebensräume wie der Luftraum für kleine Lebewesen erschlossen. Fliegen verlangt nicht nur einen leichten Körper, sondern auch eine hohe Energieeffizienz und eine sehr gute Steuerung der Bewegungen. Keine andere Tiergruppe hat derart akrobatische Flieger entwickelt wie die Insekten. Ihr Außenskelett besteht aus einer dünnen, aber sehr stabilen Schicht. Die Sauerstoffversorgung erfolgt durch ein filigranes Röhrensystem, durch das die Luft direkt bis an die Zellen transportiert wird. Die Muskeln bestehen zumeist aus dünnen Strängen, die von innen an den röhrenförmigen Gliedmaßen ansetzen. Trotz der kompakten Bauweise des Gehirns und des Bauchmarks der Bienen, erstrecken sich die Ausläufer der Nervenzellen häufig über das gesamte Gehirn und die Bauchmarkknoten und können somit leicht Verbindungen zu vielen anderen Nervenzellen aufnehmen.

Unter den Talaren – der Muff von tausend Jahren

Ich begann mich im folgenreichen Jahr 1968 mit dem einen Milligramm Gehirnmasse der Biene zu beschäftigen. Nach meiner Promotion über das Farbsehen bei Bienen hatte mir mein Doktorvater Martin Lindauer eine Stelle als wissenschaftlicher Mitarbeiter im Zoologischen Institut der Universität Frankfurt verschafft. Dort erlernte ich die gerade entwickelte Methode der intrazellulären Registrierung von elektrischen Potentialen in Sinnes- und Nervenzellen. Dabei sticht man die Neurone mit der mikroskopisch dünnen Spitze einer Glaskapillare an und misst, wie sich die elektrische Spannung als Ausdruck der Nervenerregung im Laufe eines Experiments verändert (**Abb. 6**). Wenn ich im Folgenden von »Ableitungen« spreche, ist diese Art der Messung gemeint.

Solche Messungen wurden erst seit wenigen Jahren an Vertretern der Urmundtiere wie Tintenfischen, Krebsen, dem urtümlichen Limulus und Insekten durchgeführt. Intrazelluläre Ableitungen erlauben genaue Aussagen über die Aktivität einzelner Sinneszellen und Neurone. Ich konzentrierte mich auf die Sehzellen im Komplexauge der Biene. Zu meinem Glück gab es im Institut zu dieser Zeit eine Arbeitsgruppe um Dietrich Burkhardt, der solche Registrierungen in den Sehzellen des Fliegenauges entwickelt hatte. Die Methode war allerdings nicht unproblematisch. Das Herstellen der feinen Glaskapillaren und das Befüllen mit einer Salzlösung waren ein ziemliches Geduldsspiel. Wenn man dann in die Nervenzellen hineinstach, wusste man nie genau, welche der Zellen man wirklich getroffen hatte. Ableitungen direkt im Bienengehirn haben wir uns zu dieser Zeit noch nicht zugetraut, denn es gab noch keine genaue Karte des Bienengehirns, von dem phantastischen 3-D-Modell unserer Tage ganz zu schweigen.

Während meiner Tätigkeit als Postdoktorand bereitete ich

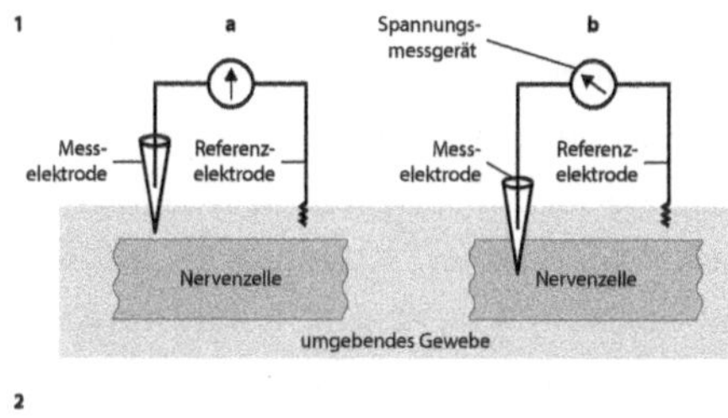

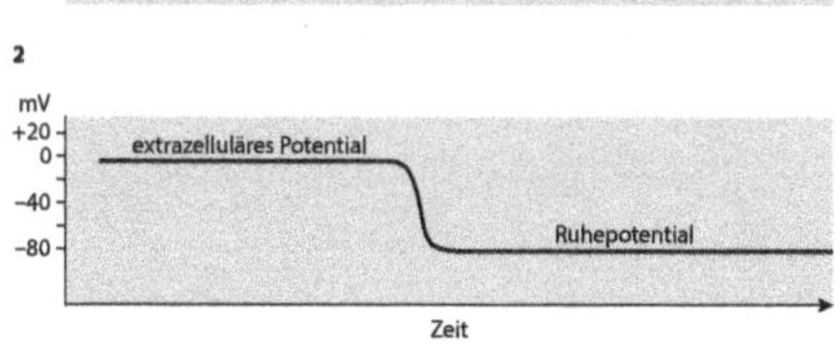

Abb. 6 *Messung des Membranpotentials: Bei einer intrazellulären Messung (b) zeigt das Messgerät eine Spannungsdifferenz zwischen innen (im Inneren eines nicht erregten Neurons) und außen (im umgebenden Gewebe) von −80 Millivolt an, das sogenannte Ruhepotential (unten).*

mich innerlich bereits auf ein Leben jenseits der Universität vor: Wie mein Vater und mein Großvater – die beide von ihren Fähigkeiten und ihren Ansprüchen her Professorentypen gewesen waren – würde ich letztlich als Lehrer in einer Schule arbeiten und mich an trübsinnigen Tagen hin und wieder mal hinwegträumen in eine Universitätskarriere. Ich hatte mir bereits eine Schule in Michelstadt im Odenwald ausgesucht. Dorthin würde ich nun aus dem umtriebigen Frankfurt mit meiner gerade gegründeten Familie gehen und Abschied nehmen von jenem Geist des Umbruchs, der in der Universität jener Tage herrschte. So dachte ich. Doch es sollte anders kommen.

Nachdem ich meine Lehramtsprüfungen absolviert hatte, zitierte mich Hubert Markl in sein Büro. Er leitete im Zoologischen Institut in Frankfurt eine Arbeitsgruppe zur Verhaltens- und Neurophysiologie und war für seine Arbeiten über die akustische Kommunikation von Insekten weltbekannt. Für uns junge Forscher am Institut war er so etwas wie ein Held, jemand, dem wir zutrauten, einfach alles zu wissen und zu können. Markl eröffnete mir, dass er einen Ruf an die Technische Hochschule Darmstadt angenommen habe und mich gern als seinen Assistenten mitnehmen würde. Ob ich mir das vorstellen könne?

Ob ich mir das vorstellen konnte? Ich weiß gar nicht, wie ich meinen Gefühlszustand beschreiben soll. Eine überbordende Freude, eine Euphorie, die mich tagelang nicht schlafen ließ, zugleich aber auch Angst und Selbstzweifel. Sollte mir vergönnt sein, was sich mein Vater und mein Großvater, die ich sehr bewunderte, so inniglich gewünscht hatten? Ausgerechnet mir, den man aus dem Ebbinghaus'schen Gedächtnistest rausgeworfen hatte? Das konnte doch eigentlich nur ein Irrtum sein. Nachdem ich mich überzeugt hatte, dass es wirklich kein Versehen war, sagte ich zu meiner Frau: »Jetzt muss ich rennen, so schnell ich kann, damit niemand merkt, wie dumm ich bin!«

Wann immer ich mich in vertrauensvollen Gesprächen dazu hinreißen ließ, diese Geschichte zu erzählen, erstaunten mich die Reaktionen. Mein jeweiliges Gegenüber wusste oft von einer Situation in seinem Leben zu berichten, in der es ihm ganz ähnlich ergangen war. Offensichtlich werden wir unter bestimmten Umständen aus unseren Defiziten heraus besonders produktiv. Als Neurowissenschaftler ist mir dieses Phänomen bekannt. Versetzt man ein Versuchstier in eine missliche Lage, aus der es sich nur befreien kann, wenn es rasch eine Aufgabe löst, schüttet das interne Belohnungssystem beim Gelingen eine höhere Dosis aus, als wenn dieselbe Leistung ohne Stress erbracht worden wäre. Menschlich gesehen, finde ich diesen Mechanismus allerdings nicht gerade sympathisch.

1968 kämpften wir ja gerade für mehr Freiheitsgrade. In den einschlägigen Frankfurter Protestzirkeln, zu denen ich gehörte, war unser Feindbild die Ordinarienuniversität. Unser Motto lautete: »Unter den Talaren – der Muff von tausend Jahren«. Damit nahmen wir die NS-Vergangenheit vieler Ordinarien ins Visier, über die in der Bundesrepublik der fünfziger und sechziger Jahre nicht gesprochen wurde, aber auch ihr Herrschaftsgebaren und ihre kategorische Weigerung, die längst überfällige Öffnung der Universität einzuleiten. Wie wenig der Nationalsozialismus aufgearbeitet war, zeigte sich deutlich bei der ersten Aktion mit diesem Leitspruch an der Hamburger Universität. Als die Studenten

Gert Hinnerk Behlmer und Detlev Albers ihr Transparent während der Rektoratsübergabe im November 1967 entrollten, rief der Ordinarius Bertold Spuler: »Ihr gehört alle ins KZ!«

Aber es ging uns gar nicht so sehr um die Vergangenheit, sondern vielmehr um die Gegenwart. Wir wollten eine andere Universität, eine, in der die Geschicke der Hochschule nicht hinter verschlossenen Türen zwischen den Ordinarien verhandelt wurden. Wir traten für eine umfassende und durchgreifende Demokratisierung von Studium, Lehre und Forschung ein, für Mitbestimmung der Studenten und Mitarbeiter. In meinem Verständnis ging es jedoch niemals darum, sich der Leistung zu verweigern und das Primat der Wissenschaft infrage zu stellen. Mir wäre nie in den Sinn gekommen, dass die Universität zu etwas anderem als zur Wissensproduktion da sein könnte. Nur die Art und Weise, in der Traditionen unhinterfragt in elitären Klüngeln weitergeführt wurden, widerstrebte mir. Also protestierte ich heftig, aber forschte zugleich mit mindestens derselben Intensität. So kam es denn auch, dass ich für meine Promotion mit dem Jahrespreis der Universität Frankfurt geehrt wurde und die Auszeichnung von ebenjenen Ordinarien überreicht bekam, die ich tags zuvor und tags darauf heftig attackierte. Einige meiner Mitstreiter verlangten von mir, dass ich den Preis nicht annehmen sollte, doch für mich bestand kein Widerspruch zwischen Protest und Forschung.

An der Universität in Darmstadt ging ich diesen Weg weiter. Ich forschte in meinem Labor am Bienengehirn und forderte an allen möglichen und unmöglichen Stellen eine Umstrukturierung der Hochschule. Rasch war ich dort als aufsässiger Linker verschrien. Hubert Markl stieg an der Universität sehr schnell auf, war erst Vizepräsident, dann Präsident der Deutschen Forschungsgemeinschaft (DFG), später Gründungspräsident der Berlin-Brandenburgischen Akademie der Wissenschaften und anschließend Präsident der Max-Planck-Gesellschaft. So kam es, dass er auf wissenschaftlicher Ebene mein Verbündeter und persönlicher Freund, aber auf institutioneller Ebene sozusagen mein »Feind« war. Das jedoch völlig zu Unrecht, denn Markl war als Ordinarius sehr fortschrittlich und praktizierte im Institut bereits Demokratie und Mitbestimmung. Bald gewöhnte ich es mir deshalb an, bei meinen Protestsprüchen gegen die Ordinarien Markl erklärtermaßen auszunehmen. Damals war ich viele Male auf seine Duldsamkeit und Hilfe angewiesen.

Endlich, eine neue experimentelle Fragetechnik!

Zu dieser Zeit beeindruckte mich auch eine Revolution in der Wissenschaft nachhaltig. Auf einem Kongress in München wurde eine neue Methode für die Elektrophysiologie vorgestellt. Einer Arbeitsgruppe um Friedrich Zettler am Zoologischen Institut der Universität München war es gelungen, die winzig kleine Spitze, mit der man bei der intrazellulären Ableitung die Neurone anstach, zugleich als Mikropipette zu benutzen und einen Farbstoff in die Zelle zu injizieren. Damit wurde es möglich, das Neuron, an dem man gemessen hatte, anschließend zu färben. Ein Durchbruch für die gesamte Hirnforschung, denn von nun an konnte man die Messwerte konkreten Neuronen zuordnen. Ich erinnere mich an diese Sternstunde der Wissenschaft noch, als wäre es gestern gewesen. Als Zettler 1971 seinen Vortrag beendet hatte, geschah etwas, was ich nie wieder auf einem wissenschaftlichen Kongress erlebt habe: Das Licht ging an, alle versammelten Wissenschaftler erhoben sich von ihren Plätzen und applaudierten.

Eine unglaubliche Euphorie, eine siegesgewisse Aufbruchsstimmung lag im Raum. Erstmals konnte man Anatomie und Funktion zugleich erkennen. Am Horizont tauchte damals die Vision eines umfassenden Verständnisses des Gehirns auf. Nach und nach würden wir jeder einzelnen Nervenzelle – vom Fliegengehirn bis zu dem des Menschen – ihr Geheimnis entlocken und sie in ein Modell einbauen. Was brauchte man mehr, um Struktur und Funktion des Gehirns zu verstehen? Eine Menge, wie sich herausstellen sollte. Aber davon ahnten wir damals noch nichts.

Die neue Methodik half mir dabei, meine Forschungsthematik zu präzisieren und gab mir eine Idee für den einzuschlagenden Weg. Ich suchte im Netzwerk der Neurone nach Änderungen, die durch Lernprozesse hervorgerufen wurden. Die größte Hoffnung bestand darin, entsprechende Neurone zu identifizieren und gewissermaßen unter dem Mikroskop zu verfolgen, wie sie Gedächtnisinhalte speichern. Ein entscheidendes Teil im Puzzle fehlte unserer Arbeitsgruppe aber noch. Um Prozesse auf neuronaler Ebene registrieren zu können, mussten die Versuchstiere vollkommen bewegungslos verharren, damit wir messen konnten. Wie aber konnte eine Biene unter solchen Umständen lernen? Wir setzten sie auf kleine Laufräder und dressierten sie auf bestimmte Farbreize. Das war aber nur mit sehr geringem Erfolg verbunden. Obwohl wir die Bienen bei einem Farbreiz viele Male belohnten, war ihre Bereitschaft, nur noch auf diesen Farbreiz hin zu laufen, enttäuschend gering.

In dieser schwierigen Zeit hielt ich einen Vortrag am Max-Planck-Institut für Verhaltensphysiologie in Seewiesen, dem berühmten Institut von Konrad Lorenz. Inzwischen war dort auch mein bewunderter akademischer Lehrer Franz Huber Leiter einer Arbeitsgruppe geworden. Sein Kollege Dietrich Schneider stellte mir einen seiner Doktoranden, Ekkehard Vareschi, vor. Der verwendete eine Methode, mit der er Bienen auf Düfte dressierte und von der ich sofort ahnte, dass sie die Lösung unseres Problems sein könnte. Dabei wird das Versuchstier in einem kleinen Röhrchen eingeklemmt und auf Pawlow'sche Art konditioniert. Wenn die Biene hungrig ist, streckt sie den Rüssel heraus, sobald ihre Antennen einen Tropfen Zuckerlösung berühren. Gibt man der Biene kurz vorher einen Duft zu riechen, streckt sie ihren Rüssel auch heraus, wenn sie nur mit dem gelernten Duft angeblasen wird, ohne dass Zuckerlösung in der Nähe ist. Dieser Lernvorgang erfolgt sehr schnell und zuverlässig. Da die Biene während des Versuchs in einem Röhrchen feststeckt, kann man ihr Gehirn für die Registrierung der Neurone freilegen (siehe FAbb. 2-3). Das genau war es, wonach ich gesucht hatte.

Von der Einsamkeit des Elektrophysiologen

Jahrelang haben wir mit dieser Experimentieranordnung die Änderungen der neuronalen Aktivität im Bienengehirn bei Lernvorgängen und der Gedächtnisbildung untersucht, die Netzwerkstrukturen charakterisiert und dabei viel Spannendes herausgefunden. Der Arbeitsvorgang lief im Einzelnen folgendermaßen ab: Wir dachten uns zuerst ein Experiment aus. Beispielsweise das Erlernen eines Duftes. Als nächsten Schritt legten wir die Region des Bienenhirns fest, über deren Beteiligung an Lernvorgängen wir etwas erfahren wollten, stachen ein Neuron im Bienenhirn an, führten das Lernexperiment durch und sahen an den elektrischen Messwerten, ob wir die richtige Nervenzelle erwischt hatten. Wenn dem so war, färbten wir das Neuron und fertigten hauchdünne Schnitte des Bienengehirns an. Die wurden dann unter einem Fluoreszenzmikroskop fotografiert und als Dia so projiziert, dass wir die Struktur nachzeichnen konnten.

Dieser Prozess war allerdings sehr mühsam. In den Anfangszeiten gelang nur etwa jedes zehnte Experiment. Ein großer Nachteil der Methode lag außerdem darin, dass man zwar das entsprechende Neuron, nicht jedoch das Netzwerk, in dem es arbeitete, sehen konnte. Die Frage aber, welche Nervenzelle mit welcher im Hirn redete und wie diese Kommunikation ablief, wurde immer entscheidender für das Verständnis der neuronalen Prozesse beim Lernen. Denn die Information steckt nicht in dem einzelnen Neuron, sondern in dem Muster, das sich über das gesamte Netzwerk ausbreitet und sich während des Lernens und der Gedächtnisbildung verändert. Um derart komplexe Prozesse untersuchen zu können, mussten weitere neue Methoden entwickelt werden, die es ermöglichten, eben jene Netzwerke der Neurone zu erkennen. Viel Gedankenarbeit lag auf dem Weg dorthin – und mindestens ebenso viel Verzweiflung.

Wie überhaupt die Arbeit des Elektrophysiologen eine besondere psychische Robustheit erfordert. Vergleicht man sie mit anderen Disziplinen, wie etwa der Verhaltensforschung oder biochemischen Untersuchungen, wird das besonders deutlich. Verhaltensforscher und auch Biochemiker arbeiten meist in Teams, sind über Wochen und Monate mit einem Experiment beschäftigt und müssen für die Auswertung schließlich noch die gesamte Statistik bewältigen. Am Schluss dieses Gesamtprozesses steht dann das Ergebnis ihres Experiments. Ganz anders der Elektrophysiologe. Er kann sich bei der täglichen Arbeit mit niemandem austauschen, denn er sitzt alleine in seinem dunklen Labor und starrt auf die Messgeräte oder seinen Computermonitor. Anders als der Verhaltensforscher oder der Biochemiker weiß er in jedem Moment, ob sein Experiment glückt oder nicht. Doch da selbst bei einer erprobten Methodik die Erfolgsaussichten bei gerade einmal 20 Prozent liegen, geht man an vier von fünf Tagen mit dem frustrierenden Gefühl nach Hause, dass die eigenen Anstrengungen nichts gebracht haben. Wenn man neue Wege gehen will, stehen die Chancen noch wesentlich schlechter. Da kann es sein, dass man ein halbes Jahr lang in jeder einzelnen Stunde seinen Misserfolg vor Augen hat. Stellen Sie sich bitte vor, dass Sie Ihren Arbeitsalltag fast immer alleine absolvieren müssten und Ihnen andauernd mitgeteilt wird, dass Sie keinerlei positive Resultate erzielt haben. Ohne weiter klagen zu wollen, würde ich mich sogar zu der Hypothese hinreißen lassen, dass die psychische Belastung eines Elektrophysiologen noch größer ist als die eines Schriftstellers. Der ist zwar auch sehr einsam, wenn er an einem Buch arbeitet, aber er erfährt wenigstens erst am Ende seiner mehrjährigen Tätigkeit, ob sein Text geglückt ist oder nicht.

Können Bienen Schmerz empfinden?

Ich will an dieser Stelle nicht kommentarlos über den Tod der Versuchstiere hinweggehen. Nachdem das entsprechende Neuron im Experiment markiert worden ist, erzwingt der weitere Ablauf, dass die Tiere getötet werden, damit man ihr Gehirn sezieren und die Ergebnisse auswerten kann. Damit stellt sich hier die ethische Frage, ob wir das tun dürfen, um unsere wissenschaftliche Neugier zu befriedigen. Mein Berufszweig antwortet darauf erst einmal mit einem grundsätzlichen Ja. Wir müssen sezieren und präparieren, um die Vorgänge im Organismus erklären zu können. Am effektivsten gelingt das natürlich, wenn wir den Tieren auf neuronaler Ebene zusehen können, wie sie bestimmte Aufgaben lösen. Dazu müssen sich die Versuchstiere aber ganz normal verhalten. Wir sind also geradezu darauf angewiesen, während des Experiments Bedingungen zu schaffen, die von den Bienen weder als bedrohlich noch als irritierend empfunden werden.

Wenn wir beispielsweise untersuchen wollen, welche Effekte Lernvorgänge im Geflecht der Neurone zeitigen, dürfen die Versuchstiere nicht in Fluchtstimmung sein, weil sie dann nicht lernen könnten. Sie müssen im Gegenteil kooperativ sein und sich im Fall der belohnenden Konditionierung motiviert zeigen, Zuckerlösung zu lecken. Sobald sie das tun, verspüren sie eine Belohnung. Wäre dem nicht so, würde die Konditionierung gar nicht funktionieren. Wenn wir unsere Experimente also überhaupt mit Erfolg durchführen können, liegt die Vermutung nahe, dass unsere Versuchstiere die ganze Zeit über in einer Stimmung sind, die sie selbst als nicht weiter bedrohlich empfinden. Wenn das Experiment zu Ende ist, müssen wir das Tier töten, um den

Versuch auswerten zu können. Wir legen das Tier dann inklusive der Apparatur in das Tiefkühlfach, wo es innerhalb weniger Sekunden stirbt. Danach beginnen wir zu sezieren. Wie, ob überhaupt und wenn ja in welcher Weise das Tier diesen Tod empfindet, können wir nicht sagen. Allerdings ist Kälte für Bienen im Herbst und Winter eine ganz natürliche Todesursache.

Meines Erachtens stellt sich jedoch noch eine zweite ethische Frage: Können Bienen Schmerz empfinden? Karl von Frisch war in dieser Frage sehr entschieden:

»Eine Biene sitzt am Futterschälchen und schlürft Zuckerwasser. Man trennt mit einem Scherenschnitt durch ihre schlanke Taille den Hinterleib ab. Kopf und Brust bleiben sitzen, und die Mahlzeit nimmt ihren Fortgang, nur dass – wie bei Münchhausens Pferd – hinten alles wieder herausläuft. Es entsteht ein kleiner See von Zuckerwasser da, wo der Hinterleib hingehört, und er wird allmählich größer, denn die Biene wird nicht satt und saugt über die übliche Zeit hinaus, bis sie ermattet umsinkt und im Genießen ihr Dasein beschließt. Derartiges Verhalten ist mit einer Schmerzwahrnehmung schwer vereinbar. Eine solche wäre ja auch bei Tieren, die in einem harten Hautpanzer stecken, kaum sinnvoll. Nur bei unserer weichen Haut ist der Schmerz der lebenswichtige Warner, der gebieterisch dafür sorgt, dass wir uns vor Verletzungen gehörig in Acht nehmen.«[7]

Diese Aussagen von Karl von Frisch galten – wie fast alles, was er sagte – in unserem Fach lange Zeit als sakrosankt. Die Autorität des Nobelpreisträgers gab ihnen den Stellenwert von Lehrbuchweisheiten. Nun aber hatte ich seit den Erlebnissen mit meinem Biologielehrer in früher Jugend ein gespaltenes Verhältnis zu feststehenden Wahrheiten und fragte mich immer wieder, ob Bienen tatsächlich keinen Schmerz empfinden können. Folgendes Experiment brachte mich ins Grübeln:

In Extremsituationen reagieren Bienen mit dem Herausstrecken ihres Stachels, sie sind dann bereit zuzustechen. Wenn sie stechen, setzen sie ihr Leben für die Verteidigung ihres Volkes ein, da sie den Stachel beim Stich verlieren und dabei ein wichtiger Knotenpunkt ihres Nervensystems mitherausgerissen wird. Eine solche Reaktion wird bei Bienen hervorgerufen, wenn sie etwa den Angriff eines Bären auf den Stock befürchten, weswegen Imker übrigens immer helle Kleidung tragen, um nicht mit dem Nestplünderer verwechselt zu werden. Die Bienen fahren in der Gefahrensituation nicht nur ihren Stachel aus, sondern animieren zudem ihre Artgenossinnen zum Mitkämpfen, indem sie einen speziellen Duftstoff, das Stachelpheromon, freisetzen. Wenn wir die Bienen im Labor mit diesem Geruchsstoff anblasen, strecken sie sofort ihren Stachel aus. Das kann man aber auch mit einer elektrischen Stimulation erreichen. Wenn man die sprichwörtliche Wespentaille zwischen dem Brustabschnitt und dem Hinterleib elektrisch reizt, reagieren die Tiere so, als würden sie lebensbedrohlich attackiert. Vom menschlichen Nervensystem weiß man außerdem, dass der chemische Stoff Naloxon die Schmerzwahrnehmung verstärkt, weil es die Andockstellen für Endorphine blockiert.

Soweit zum Hintergrund, nun endlich zum Experiment: Man legt dem Versuchstier zwei Elektroden an die Taille, auf die man eine elektrische Spannung gibt. Diese wird bis zu dem Wert erhöht, bei dem die Biene durch Herausstrecken des Stachels signalisiert, dass sie sich lebensbedrohlich attackiert fühlt. Wenn man nun der Biene Naloxon injiziert, reagiert sie bereits auf sehr viel niedrigere elektrische Stimulation mit Stachelausstrecken. Naloxon macht sie also schmerzempfindlicher. Das könnte nun wiederum bedeuten, dass es im Nervensystem der Biene ein Schaltungsprinzip gibt, das – ähnlich dem Endorphinsystem beim Menschen – eine Art von Schmerzregulation leistet. Denn die Biene erwartet ja, zu Tode zu kommen, wenn ein so starker Reiz auf sie wirkt, dass sie den Stachel ausfährt. Der entscheidende Punkt aber kommt jetzt: Wenn man nämlich das Versuchstier mit dem Stachelpheromon anbläst, benötigt man höhere elektrische Reizstärken, um die Stachelreaktion auszulösen. Der elektrische Reiz wird also weniger schmerzhaft empfunden. Naloxon hebt diesen Effekt auf, was wiederum bedeutet, dass der durch das Stachelpheromon erzeugte Reiz über ein System gesteuert wird, das unserem Endorphin-System ähnelt.[8] Möglicherweise verfügen die Bienen also nicht nur über die Möglichkeit, Schmerz zu empfinden, sondern sogar über Mittel und Wege, ihr Schmerzempfinden herunterzuregulieren, wenn es um die Verteidigung ihres Volkes geht.

Wir könnten es uns einfach machen und mit der Autorität Karl von Frischs weiterhin behaupten, dass Insekten kein Schmerzempfinden haben. Für mich ist es jedoch viel zu spannend weiterzufragen. Nehmen wir nur einmal an, die Hypothese von der Schmerzerfahrung der Insekten bestätigt sich. Das würde nicht nur zum Überdenken unserer Versuchsanordnungen führen, sondern auch aufregende Folgefragen nach sich ziehen. Um tatsächlich Schmerz zu empfinden, müsste sich das Gehirn so stark mit dem eigenen Körper identifizieren, dass man beispielsweise von einer Art Ich-Erfahrung der Biene reden könnte, da sie den Schmerz ja verorten würde und dafür eine Wahrnehmung von dem haben müsste, was zu ihr gehört und was nicht. Damit aber wäre die entscheidende erkenntnistheoretische Grenze gesetzt – die von einem Innen nämlich, das sich gegenüber dem Außen aktiv abgrenzt. Das ist die erste Voraussetzung für jede Form der Selbstwahrnehmung, die man dann den Bienen zusprechen könnte.

Für mich gilt bei allen Experimenten, die ich durchführe, eine klare Richtlinie: An erster Stelle steht die Frage, ob der Versuchsablauf gut genug durchüberlegt ist und das Experiment Aussicht auf Erfolg hat. So lasse ich in der Planungsphase all meine bisherige Erfahrung einfließen und betreibe ausgiebig Literaturstudium, um auf dem neuesten Stand zu sein, was meine Kollegen an vergleichbaren Arbeiten bereits vorgelegt haben. Weiterhin ist mir wichtig, dass die Versuchstiere keine Schmerzen empfinden, während wir sie auf unsere Experimente vorbereiten. In dieser

Beziehung können wir ganz sicher sein, weil wir sie durch Kälte narkotisieren. Unterhalb einer Temperatur von zehn Grad Celsius schalten die Neuronen der Bienen nicht mehr, so dass keinerlei Informationsübertragung im Nervensystem und somit auch keine Schmerzwahrnehmung möglich ist. Deswegen wählen wir nach Abschluss des Experiments auch den Kältetod für die Tiere. Die Bienen fühlen sich während des Erfrierens offensichtlich nicht bedroht. Jedenfalls wurde noch nie beobachtet, dass sie mit dem Herausstrecken ihres Stachels reagierten, wenn man sie ins Kühlfach legte.

Wie das Bienengehirn aufgebaut ist

Wenn ich mir den heutigen Stand der Methoden und Erkenntnisse vor Augen halte, sind uns phantastische Fortschritte gelungen. Wir können jetzt Lernvorgänge bis in die einzelnen neuronalen Reaktionsketten hinein verfolgen. Uns ist es gelungen, Muster in den beteiligten Netzwerken zu analysieren, und wir verfügen über ein dreidimensionales Modell des Bienenhirns. Restlos erklären können wir es jedoch noch nicht. Noch lange nicht! Wir wissen nicht, wie angeborene Verhaltensweisen mit erlernten zusammenwirken, wir haben keine Ahnung, wie Gedächtnisinhalte gespeichert, wie sie aufgerufen und miteinander verglichen werden, und was es eigentlich auf neuronaler Ebene bedeutet, wenn wir sagen, die Bienen treffen Entscheidungen auf der Grundlage erwarteter Folgen ihres Verhaltens. All diese Unkenntnis teilen wir mit unseren neurowissenschaftlichen Kollegen, die an anderen Tieren und am Menschen arbeiten. Aber vielleicht haben wir es etwas weniger schwer als unsere Kollegen, denn wir studieren ein Tier mit einem wirklich kleinen Gehirn.

Wenn man sich das Bienengehirn anschaut, fällt zunächst auf, dass es symmetrisch aufgebaut ist. Links und rechts findet man die gleichen Strukturen in spiegelverkehrter Anordnung.

Die zwei großen nierenförmigen Gebilde (ME, LO) außen liegen anatomisch in der Nähe der Augen und sind auch für die Verarbeitung der Sehreize zuständig. Vom Volumen her nehmen sie etwa die Hälfte des Hirns ein. In der Mitte des Bienenhirns befindet sich, wie bei allen Insektengehirnen, ein Loch für den Schlund. Links und rechts daneben fallen zwei runde Strukturen auf (AL), die wiederum aus lauter kleinen Kugeln aufgebaut sind und so ein wenig an Weintrauben erinnern. Sie werden Antennalloben genannt, weil sie in der Nähe der Fühler liegen. Hier verarbeitet das Hirn die Riech- und die Geschmackssignale, des Weiteren auch das Tasten sowie einen Sinn, den wir Menschen so nicht kennen: Die Bienen können nämlich elektrische Felder fühlen. Direkt über dem Loch, durch den Schlund und Rüssel hindurchgehen, befindet sich mit dem Zentralkörper (CB) die einzige nicht paarige Struktur im Bienengehirn. In dem eiförmigen Gebilde werden die Sehinformationen im Rahmen der Navigationsvorgänge abgeglichen und der Sonnenkompass errechnet, der den Bienen die Orientierung in der Landschaft ermöglicht. Darüber hinaus sitzt im Zentralkörper die Kommandozentrale für die grundsätzlichen Bewegungsprogramme beim Laufen und Fliegen.

Nun aber kommt die für mich interessanteste Struktur, die über den beiden Antennalloben liegt. Mit ein klein wenig Phan-

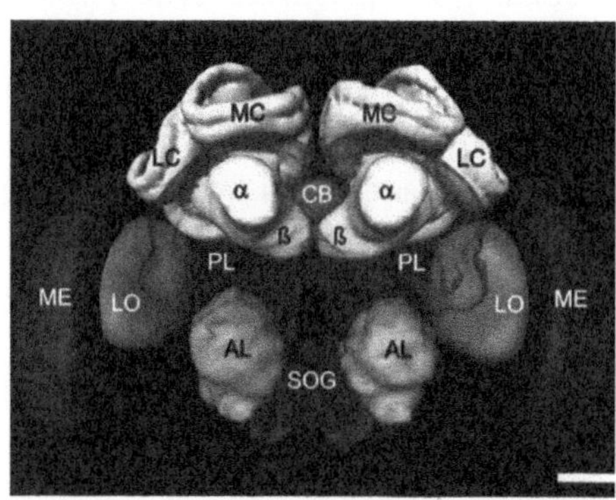

Abb. 7 *Das Bienengehirn. ME: Medulla, LO: Lobula, AL: Antennallobus, PL: laterales Protocerebrum, SOG: Suboesophagealganglion (Unterschlundganglion), LC: lateraler Calyx; MD: medialer Calyx; α: alpha Lobus; β: beta Lobus, CB: Zentralkörper.*

tasie kann man hier zwei paarig angeordnete Bereiche erkennen, die ein wenig wie Pfifferlinge aussehen (MC, LC, α, β). Die beiden Kappen der Pilze münden in einen gemeinsamen Stiel. Die naheliegende Bezeichnung »Pilzkörper« hat sich für diesen Bereich eingebürgert, der für die höheren Leistungen der Biene verantwortlich ist. Bei allen sozialen, staatenbildenden Insekten ist diese Struktur besonders stark ausgebildet. Die näheren Verwandten der Bienen, die nicht in Völkern zusammenleben, haben ebenfalls Pilzkörper, allerdings nicht in dieser Größe. Im Pilzkörper der Eintagsfliege etwa zählt man gerade einmal 5000 Nervenzellen, während bei den Bienen knapp 170 000 Neurone in dieser Region schalten und walten. Schaut man sich die Gesamtzahl der Nervenzellen an, wird der Unterschied noch deutlicher. Die Eintagsfliege legt von ihren insgesamt 200 000 Neuronen gerade einmal 2,5 Prozent in den Pilzkörper, während bei den Bienen fast 17 Prozent dort arbeiten.

Wir haben herausgefunden, dass alle Signale, die aus den Seh-, Riech- und Tastzentren des Hirns direkt in den Körper der Biene geleitet werden, zugleich auch zum Pilzkörper gesendet werden. Insofern nimmt der Pilzkörper eine besondere Stellung innerhalb des Bienenhirns ein, da er über alles, was im Organismus vor sich geht, Bescheid weiß, ohne über eine direkte Steuerungsgewalt zu verfügen. Er liegt parallel zu den Informationsströmen. So finden sich gute Gründe dafür, anzunehmen, dass der Pilzkörper eine reflektierende Funktion im Bienenhirn ausführt. Daher ist es nicht abwegig, den Pilzkörper mit den bewusstseinsfähigen Teilen der Großhirnrinde, dem präfrontalen Kortex, zu vergleichen. Auch unser Bewusstsein kann sich in fast alle Informationswege im Körper einschalten. Wir können bewusst erleben, dass wir atmen, dass wir sehen, dass wir tasten, dass wir hören und schmecken – zum Teil auch, dass wir verdauen. Es ist in der Regel nicht notwendig, all diese Informationen zu reflektieren, aber wir haben prinzipiell immer die Möglichkeit dazu. Wenn etwas nicht glatt läuft, schalten wir sofort das Bewusstsein ein;

wir setzen eine Sonnenbrille auf, sollte das Licht zu sehr blenden; wir nehmen Verdauungstropfen, wenn der Magen rumort; wir schalten die vergessene Herdplatte ab, nachdem wir uns die Finger verbrannt haben. Auf ganz ähnliche Weise agiert der Pilzkörper und schaltet sich in die rasch laufenden Kommunikationswege ein, sobald sich Unerwartetes ereignet. Pilzkörper und präfrontaler Kortex treten immer erst dann auf den Plan, wenn sich Lernanlässe auftun. Unter normalen Umständen aber gibt es nicht allzu viel zu lernen. Solange alles reibungslos läuft und sich die Erwartungen erfüllen, wird der erhöhte Energieaufwand vermieden, den das Lernen – und beim Menschen der Einsatz des Bewusstseins – bedeutet.

Gemutmaßt hatte man die Entsprechung von Pilzkörper und Großhirnrinde schon früher. Bereits 1850 veröffentlichte der französische Zoologe Félix Dujardin eine Abbildung des Pilzkörpers. Aufgrund der vielen Einfaltungen vertrat Dujardin die Hypothese, dass der Pilzkörper im Bienenhirn eine vergleichbare Funktion ausübt wie die ebenfalls eingefaltete bewusstseinsfähige Großhirnrinde beim Menschen:

»Das Gehirn oder Oberschlund-Ganglion enthält symmetrische Körper mit einer komplexen, aber genau umgrenzten Form, die ›corps pédonculés‹ [gestielte Körper], die durch eine gefaltete kortikale Substanz mehr oder weniger ganz eingeschlossen sind. Sie sind relativ stärker ausgebildet bei den intelligenteren Insekten, solchen, bei denen die Intelligenz nicht durch den Instinkt verdeckt ist, finden sich aber auch bei den Insekten, die keine anderen Fähigkeiten als den Instinkt haben.«[9]

Die Parallelitäten von Pilzkörper und Großhirnrinde dürfen allerdings nicht darüber hinwegtäuschen, dass es sich hier um zwei vollkommen verschiedene Wege der Evolution handelt und es keinerlei abstammungsgeschichtliche Ähnlichkeiten zwischen diesen Strukturen gibt, da der gemeinsame Evolutionsweg von Bienen und Menschen ja bereits vor langer, langer Zeit bei den Quallen endete.

Das Gehirn, mag es das des Menschen oder das der Bienen sein, weiß so viel über die Welt in der es agiert, wie ihm seine Sinnesorgane liefern. Was sie dem Bienengehirn liefern, soll uns im nächsten Kapitel beschäftigen.

Was wir über die 7 Sinne der Bienen wissen

Sehen: Rundumblick mit 3500 Pixeln

Komplexaugen und der australische
Way of Life –
Warum Bienen schlecht sehen und
trotzdem alles erkennen –
Polarisiertes Licht im Ofenrohr und
das Sternfolienmodell –
Blümchensex als Evolutionsfaktor? –
Farbräume bei Bienen, Pflanzen und Menschen –
Das Gegenfarben-Prinzip –
Wie Bienen räumlich sehen

Komplexaugen und der australische Way of Life

Was für ein Glück, dass wir keine Komplex- oder Facettenaugen haben wie die Bienen! Um genauso gut sehen zu können wie mit unseren Linsenaugen, müssten sie einen Durchmesser von etwa zwölf Metern aufweisen. Dann aber könnten wir unsere Augen weder schließen noch bewegen, andererseits bräuchten wir die Objekte, die wir betrachten wollen, nicht scharf zu stellen. Denn mit unseren mehreren Millionen Einzelaugen hätten wir stets einen Rundumblick, da jedes der beiden Facettenaugen einen Winkel von 270 Grad erfassen könnte. Wäre das Komplexauge nur mit der mittleren Auflösung unseres Linsenauges ausgestattet,

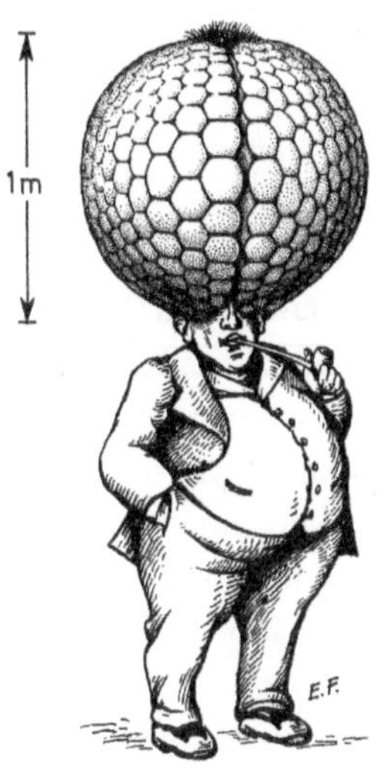

Abb. 8 *Ein Komplexauge, das mit der mittleren Auflösung unseres Linsenauges ausgestattet wäre, hätte immer noch einen Durchmesser von einem Meter. Und jedes Komplexauge bestünde aus einer Million Einzelaugen. Diese sind hier nur symbolisch dargestellt.*[1]

hätte es immer noch einen Durchmesser von einem Meter und enthielte eine Million Einzelaugen (**Abb. 8**).

So ungeeignet diese Art des Sehens für uns Menschen wäre, so vorteilhaft erwies sie sich für viele Insekten. Denn das Komplexauge benötigt nicht viel Platz, ist leicht und kann die notwendigen Daten während des Fluges rasch erheben, um sie an das Gehirn weiterzuleiten. Allerdings hat es einen großen Mangel: Es sieht die Welt recht grob gerastert.

Wie genau die Sehvorgänge auf neuronaler Ebene vor sich gehen, begann ich 1969 zu erforschen. Zuerst an der Universität in Frankfurt, dann an der TU Darmstadt, wo mir Hubert Markl eine eigene Arbeitsgruppe anvertraute, mit der ich mich an intrazellulären Ableitungen von den Photorezeptoren im Bienenauge versuchte. Diese Versuche gestalteten sich sehr mühselig und waren nur selten von Erfolg gekrönt. Es taten sich immer neue Schwierigkeiten auf. Besondere Probleme machten die Glaskapillaren, die wir zum Anstechen der Sehzellen und Neurone benötigten. Wie auch heute noch stellten wir diese hauchdünnen Röhrchen selbst her, aber die Apparate dafür waren noch sehr schlecht. Viele der Kapillaren, die wir mit eigens zusammengebastelten Geräten zogen, hatten entweder eine zu breite Spitze oder sie waren zu fein und brachen beim Einstechen ab. Das nächste Problem bestand in der Füllung des Arbeitsinstruments. Da der Eingang zum Verstärker über einen Faden aus elektrisch leitender Flüssigkeit hergestellt wird, mussten wir die Röhrchen mit Salzlösung füllen. Dazu aber brauchte man Kapillaren mit einem ganz bestimmten Innendurchmesser an der Spitze. War er zu dünn, drang die Salzlösung nicht bis nach vorn, war er zu dick, dann ergoss sich die Flüssigkeit ins Gewebe und vergiftete die Zelle. Eine Menge Tüftelei, aber wenig Effekt – so war das Resümee dieser Darmstädter Zeit, in der man Wissenschaftler und Werkzeugbauer in einer Person sein musste.

Nach zwei Jahren des sehr mäßigen Erfolgs brauchte ich unbedingt neue Anregungen und wollte mir diese im Ausland holen. Am liebsten in Australien. Dort arbeitete der – an der Vielzahl seiner Publikation gemessen – enorm produktive englische Neurobiologe Adrian Horridge. Bereits im Studium hatte ich sein Buch über die Nervensysteme bei wirbellosen Tieren gelesen, das er gemeinsam mit dem Begründer der Neuroethologie, Ted Bullock, geschrieben hatte, und war seitdem voll ehrfürchtiger Bewunderung für diesen Forscher. Als nun meine Arbeitsgruppe keine vorzeigbaren Resultate zustande bekam, fasste ich mir ein Herz und schrieb an Horridge. Er antwortete recht schroff, bestellte mich schließlich aber nach London, um mich kennenzulernen. Diese Begegnung in einem Pub werde ich nie vergessen. Horridge flößte mir nicht nur durch sein Renommee größten Respekt ein, sondern auch durch seine Erscheinung. Er maß bestimmt einen Meter neunzig und war alles andere als zuvorkommend. Sein recht drastischer britischer Humor machte ihn unnahbar. Vor lauter Aufregung stieß ich schließlich mein volles Bierglas um, dessen Inhalt ergoss sich über den Mantel meines Gegenübers, und ich sah die ohnehin geringen Chancen, an seine Universität nach Canberra eingeladen zu werden, gegen null sinken. Umso verwunderter war ich, als er mir bald darauf eine Stelle als wissenschaftlicher Mitarbeiter an seinem Institut für Neurobiologie an der Australien National University (ANU) anbot.

Mit der exzentrischen Art von Horridge hatte ich dann jedoch nur noch ein Mal zu tun. Als ich 1972 mit meiner gerade vierköpfig gewordenen Familie nach 52 Stunden Flug an einem Samstagmorgen auf dem Campus der ANU ankam, war zunächst niemand da, um uns zu empfangen. Nach einiger Zeit tauchte mein späterer Freund Ian Meinertzhagen auf und organisierte für uns den Transport in ein schönes Haus in Hughes, einem Vorort von Canberra. Als ich am darauffolgenden Montag in Horridges Büro ging, eröffnete er mir mit knappen Worten, dass er Australien schon sehr bald für ein Sabbatjahr verlassen werde. Als ich erwiderte, dass ich doch seinetwegen hierhergekommen sei, zuckte er nur die Schultern. Bevor er ging, blieb mir gerade noch genug Zeit zu fragen, wer denn jetzt das Institut leite. Ein Lächeln huschte über sein Gesicht, als er antwortete: »Sie!« Dann ließ er mich mit dem Institut, einer Arbeitsgruppe über die neuronalen Prozesse beim Sehen, mehreren Doktoranden und Diplomanden alleine. Wie ich später erfuhr, hatte er seine Mitarbeiter bereits zuvor mit den Worten »Die Führung hier im Hause übernimmt jetzt ein Hitlerjunge aus Deutschland« über den Wechsel in der Institutsleitung informiert.

Schon von meinem Geburtsjahr (1940) her war ich weit von einer Verstrickung in den Nationalsozialismus entfernt, und ein Teil meines Protestes an der Universität galt ja gerade der fehlenden Aufarbeitung der Hitler-Diktatur in Deutschland. Was Horridge zu seiner geschmacklosen Äußerung veranlasst haben mag, war vielleicht, dass ich meine Haare nicht nur nicht lang trug, sondern mich in regelmäßigen Abständen meiner Frau anvertraute, die mir einen gepflegten Schnitt angedeihen ließ. So gestaltete sich mein äußeres Erscheinungsbild Anfang der Siebziger geradezu provozierend normal im Vergleich zu den anderen Wissenschaftlern, mit denen ich bald sehr eng zusammenarbeiten sollte.

Da war Allan Snyder mit seiner wirren Mähne. Einer der unkonventionellsten Forscher, den ich je getroffen habe. Er praktizierte die Hippie-Ideale in vielen Ausprägungen, auch hinsichtlich der freien Liebe. Zugleich lernte ich Allan als genialen Mathematiker und Physiker kennen. In jungen Jahren bereits Professor, hielt er seine Vorlesungen und Seminare jedoch nie in den Hörsälen der Universität, sondern in Badehose unter Eukalyptusbäumen oder gleich direkt im Schwimmbad beziehungsweise am Strand. Sein Spezialgebiet waren Lichtwellenleiter. Später entdeckte er einen Mechanismus, der die Übertragungsrate in Glasfaserkabeln verzehnfachte. Das ließ er sich patentieren, wurde sehr reich und gründete ein eigenes Institut in Sydney, das sich die Steigerung der menschlichen Intelligenz mithilfe von Magnetstimulation auf die Fahnen schrieb. Dort ist er heute noch.

Direkt am Institut, dessen Leitung mir über Nacht anvertraut worden war, arbeitete auch Simon Laughlin. Ebenfalls mit in jenen Jahren wild wuchernden Haaren. Er war ein phantastischer Experimentator und zugleich ein hochbegabter Theoretiker, der später an die renommierte Universität von Cambridge berufen wurde, wo er noch heute als Professor für Neurobiologie forscht und lehrt. Simon wies mich damals in die Gepflogenheiten und Abläufe des Instituts ein und zeigte mir, wie er die Ableitungen vom Sehsystem bei Insekten hinbekam. Ihm gelang an Libellen, was uns in Darmstadt an Bienen versagt geblieben war. Ich lernte von Simon so viel wie wohl selten ein »Chef« von seinem »Angestellten«. In Horridges Labor arbeiteten eine Reihe von Doktoranden und wissenschaftlichen Mitarbeitern an der intrazellulären Registrierung der Spannungsänderungen in Nervenzellen. Sie stellten die Glaskapillaren mit besseren Geräten und erfolgreicheren Methoden her, aber auch hier war es, verglichen mit unseren heutigen Methoden, mühsam, die feinen Spitzen mit der Salzlösung zu füllen.

Perfekte Lichtausbeute dank Filtereffekt

Mit einer Arbeitsgruppe machten wir uns daran, dem Komplexauge der Biene seine Geheimnisse zu entlocken. Am Anfang stand wiederum das Sichwundern über einen Effekt, den wir erst einmal nicht erklären konnten. Nach herkömmlicher Forschungsmeinung sollte jedes der 3500 Einzelaugen (Ommatidien, Einzahl: Ommatidium) der Biene Photorezeptoren enthalten, die entweder im ultravioletten, im blauen oder im grünen Spektrum arbeiten. Außerdem berechneten wir unter Allan Snyders Regie die Lichtempfindlichkeit des Einzelauges. Aus den entsprechenden Gleichungen ergab sich, dass eine lichtleitende Struktur umso empfindlicher wird, je länger sie ist. Im Einzelauge der Biene ist der Lichtleiter so lang, dass wir einen enorm hohen Wert von 99 Prozent Lichtabsorption erhielten. Das heißt, so gut wie alle eintreffenden Lichtquanten werden im Bereich des für die Biene sichtbaren Lichtes auch aufgenommen. Das aber konnte unserer Meinung nach nicht stimmen, da jeder der drei Rezeptortypen nur die Farbe einer bestimmten, aber nicht die aller Wellenlängen registrieren kann: der UV-Rezeptor spricht nur auf ultraviolettes, der Blau-Rezeptor nur auf blaues und der Grün-Rezeptor auf grünes Licht an.[2] Um aber so nahe an die von uns berechneten 100 Prozent Lichtaufnahme heranzukommen, hätten die einzelnen Rezeptoren nicht nur in ihrem eigenen, begrenzten Wellenlängenbereich, sondern auch in dem der anderen aktiv sein müssen. Wenn aber jeder Rezeptor auf alle infrage kommenden Wellenlängen reagiert, kann nicht mehr zwischen den Wellenlängen unterschieden werden. Das heißt, solche Rezeptoren könnten nicht zum Farbensehen beitragen, sondern nur hell und dunkel unterscheiden. Nun war aber seit Langem bekannt, wie gut Bienen Farben sehen können. Karl von Frisch und vor allem sein Schüler Karl Daumer hatten das eindeutig nachgewiesen, und ich hatte mich zwei Jahre lang in meiner Doktorarbeit mit dieser Thematik intensiv auseinandergesetzt, ohne dass mir je Zweifel an der farbenfrohen Wahrnehmungswelt der Honigproduzenten gekommen wären. Es war schier zum Verzweifeln.

Um dem Geheimnis auf die Spur zu kommen, mussten wir unsere Methode der intrazellulären Ableitung verbessern. Simon und ich suchten uns mit den sogenannten Monopolarzellen ein besonders schwieriges Objekt für dieses Training aus, nämlich die ersten Neurone hinter dem Auge der Bienen, die den Signalweg ins Gehirn eröffnen. Simon war ein Meister darin, Ableitungen von solchen Neuronen im Libellengehirn herzustellen. Bei Bienen aber hatte das weltweit noch niemand geschafft. Als Motivationsanreiz stellte ich Simon eine Flasche des besten australischen Sekts in Aussicht, wenn er seine Erfolge bei der Ableitung vom Libellenauge auf das Bienenauge übertragen konnte. Er nahm die Sache sportlich, und wir schlossen schließlich eine Wette ab: Wem zuerst eine Ableitung von diesen Monopolarzellen glückte, der sollte die Flasche bekommen. Simon gelang es letztlich nicht, von dieser sehr dünnen Struktur abzuleiten. Doch während er es versuchte, schaute ich ihm über die Schulter und registrierte mit gesteigerter Aufmerksamkeit jede seiner Handlungen, bevor ich so manche Nacht in meinem Labor weiterarbeitete. Schließlich erhielt ich die ersten Signale – und die Flasche Sekt!

Als wir nun mit unseren verbesserten Methoden zu unserem eigentlichen Thema zurückkehrten, löste sich das Paradoxon nicht etwa auf, sondern es verdichtete sich sogar noch. Bei unseren Messungen stellten wir nun fest, dass jeder der drei Farbrezeptoren im Bienenauge sehr wohl nur die seiner Aufgabe entsprechende Wellenlänge registrierte. Wie aber sollten diese Rezeptoren dann 99 Prozent des Lichtes absorbieren?

Simon Laughlin, Allan Snyder und ich trafen uns nahezu jeden Tag zu intensiven Diskussionen unter den Eukalyptusbäumen im Universitätscampus. Wenn man in den Naturwissenschaften vor einer scheinbar unlösbaren Frage steht, erweist es sich oft als hilfreich, die Grundannahmen, von denen man ausgeht, infrage zu stellen. Eine unserer Grundannahmen war, dass sich in jedem Einzelauge nur eine Sorte von Rezeptoren befand. Was aber, wenn die neun Photorezeptoren in jedem Einzelauge der Bienen verschiedenartig waren? Kaum hatten wir diese Hypothese aufgestellt, ging uns selbst ein Licht auf: Die Farbrezeptoren könnten einen gemeinsamen Wellenleiter bilden. Das war Allans Domäne, denn er dachte schon lange über Wellenleiter nach und war zu dieser Zeit besonders interessiert an den Eigenschaften von Photorezeptoren in den Augen verschiedener Tiere. Während Simon und ich experimentierten, erstellte Allan Snyder ein mathematisches Modell. Das erforderte sein ganzes mathematisches Genie, denn die Lichtleiter im Bienenauge waren nur wenig dicker als die Wellenlänge des aufgenommenen Lichtes. Zur Verdeutlichung: ultraviolettes, blaues und grünes Licht hat Wellenlängen zwischen 300 und 600 Nanometer. Die lichtaufnehmende Struktur im Bienenauge liegt in der Größenordnung von etwa 2000 Nanometern und ist damit nur etwa drei- bis viermal größer als die Wellenlänge selbst. Ein solcher Wellenleiter lässt sich nicht mehr mit den Mitteln der geometrischen Optik beschreiben. Vielmehr muss Licht als elektromagnetische Welle betrachtet werden, und die zugrundeliegenden Maxwell'schen Gleichungen sind extrem anspruchsvoll, selbst für einen Mathematiker vom Schlage Allan Snyders. Es ist schwer vorstellbar, aber die Lichtwelle bewegt sich in einem so dünnen Wellenleiter nicht einfach nur innerhalb der leitenden Struktur, sondern zum Teil auch außerhalb und kann daher verlorengehen, wenn in unmittelbarer Nähe Licht absorbiert wird. Zudem verteilt sich die Energie der Welle nicht gleichmäßig in dem Wellenleiter, sondern konzentriert sich in Knotenpunkten, sogenannten Moden. (Auf die Berechnungen werde ich hier nicht weiter eingehen, da sie ein ganzes Buch füllen, das 1975 unter dem Titel »Photoreceptor optics« erschienen ist.)

Schließlich gelang es uns dreien, eine belastbare Theorie der

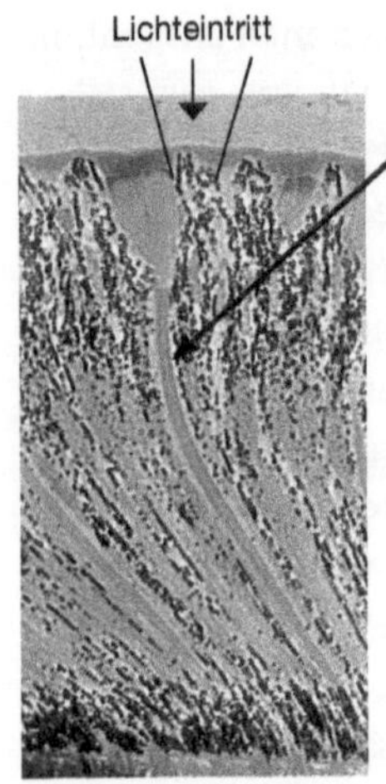

Die Licht absorbierenden Membranpackungen in jedem der vielen Einzelaugen bilden eine langgestreckte Struktur, das Rhabdom. Darin wird das Licht wie in einem Wellenleiter geleitet, weil der Brechungsindex im Medium außen herum kleiner ist als im Rhabdom.

Die Folge ist, dass das Rhabdom ein optisches System darstellt, mit einer optischen Achse und einem Öffnungswinkel für das wirksam werdende Licht.

Außerdem wirken die Photopigmente der drei verschiedenen Photorezeptoren (UV, B, G) innerhalb des Rhabdoms wie Farbfilter aufeinander (laterale Filter).

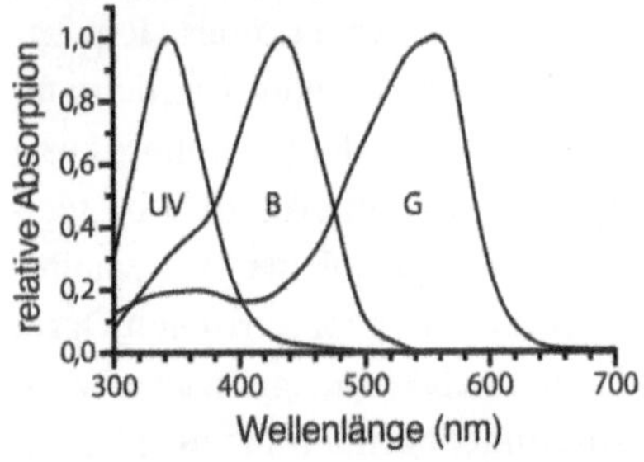

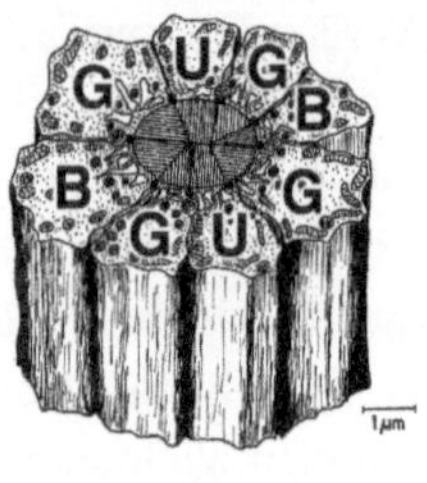

Auf diese Weise ist jedes Einzelauge sehr empfindlich (nahezu 100% Absorption aller einfallenden Lichtquanten), und trotzdem hat jeder der drei Farbrezeptoren eine schmale Absorptionsbande im UV-, im Blau- (B) bzw. im Grün- (G) Bereich des Spektrums.

Abb. 9 *Die Optik der Sehzellen im Einzelauge der Biene*

biologischen, physikalischen und neuronalen Prozesse im Bienenauge zu entwickeln. Wie sich herausstellen sollte, reichte sie weit über die Vorgänge im Bienenauge hinaus. Allan Snyder hat sie später zu einer Theorie der Funktionsweise von Photorezeptoren im Allgemeinen weiterentwickelt.

Auch ich blieb dem Thema treu. Ich nahm Margret Blakers, die in Australien als Studentin mit an dem Thema gearbeitet hatte, mit nach Darmstadt. Hier gelang es unserer Arbeitsgruppe, mithilfe der intrazellulären Färbung nachzuweisen, dass es tatsächlich in jedem Ommatidium jeweils neun Photorezeptoren gibt. Drei für die ultravioletten, zwei für die blauen und vier für die grünen Anteile des Lichtes (**Abb. 9**).[3] Damit war erst einmal die Frage nach dem Farbensehen beantwortet. Die Bienen können eine bunte Welt wahrnehmen, weil die verschiedenen Rezeptoren in jedem der mikroskopisch kleinen Einzelaugen das gesamte Lichtspektrum einfangen, das die Biene sehen kann. Die zweite Frage war jedoch noch offen: Warum wird nahezu alles Licht absorbiert, obwohl die einzelnen Rezeptoren nur den Anteil empfangen, der jener Farbe entspricht, für die sie zuständig sind?

Hier liegt die Lösung im Detail: Der Wellenleiter im Einzelauge der Biene ist aus Membranstapeln (dünnen röhrenförmigen Ausstülpungen) der drei verschiedenen Farbrezeptoren aufgebaut, die ihrerseits wie Farbfilter aufeinander wirken. Das heißt, der UV-Rezeptor filtert aus dem einfallenden Licht nur die UV-Anteile heraus und lässt die Energie der anderen Farben für die anderen Farbrezeptoren übrig. Genauso verfahren der Grün- und der Blau-Rezeptor, so dass schließlich alles Licht bis zum letzten Quant aufgenommen werden kann. Der lichtaufnehmende Bereich im Einzelauge der Biene ist also vollgepackt mit intelligenten Sensoren, die sich aufgrund ihrer optischen Filtereigenschaften gegenseitig unterstützen und ergänzen, indem sie den anderen Rezeptoren diejenigen Frequenzen des Lichtes zur Verfügung stellen, die sie selbst nicht verarbeiten können. Wir nannten das den »lateralen Filtereffekt«. Er ermöglicht die Miniaturisierung der Einzelaugen, weil das wenige Licht, das durch die extrem kleine, starre Linse dringt, vollständig genutzt werden kann. Eine wirklich höchst raffinierte Konstruktionsidee von Mutter Natur!

Warum Bienen schlecht sehen und doch alles erkennen

Wenn man solche lateralen Filter technisch nachbauen könnte, ließe sich die Bildqualität von Digitalkameras enorm verbessern. Bei den heutigen Modellen liegen die lichtempfindlichen Bildpunkte für verschiedene Farben nebeneinander. Sie können das Licht ihrer jeweiligen Farbe empfangen, die nicht genutzten Lichtanteile jedoch gehen – anders als bei den Photorezeptoren im Bienenauge – verloren. Das heißt, ein großer Teil des Lichtes bleibt ungenutzt. Deswegen müssen wir bei Innenraumaufnahmen oft schon einen Blitz zuschalten, um die Objekte fotografieren zu können, die wir selbst noch problemlos, ohne zusätzliche Lichtquelle sehen können. Hätten wir Digitalkameras, die nach dem Prinzip der lateralen Filter arbeiteten, könnten sie mit einer minimalen Lichtmenge – einige wenige Lichtquanten würden genügen – Farbbilder erstellen.

Die Bienen machen vor, wie man eine maximale Lichtausbeute erreicht. Der Vergleich des Komplexauges mit der Digitalkamera ist nicht abwegig. Beim Fotografieren mit solchen Kameras wird ein Bild in Pixeln (Bildpunkten) dargestellt, und auch im Ommatidium, dem Einzelauge der Biene, läuft der Abbildungsprozess ähnlich. Während beim menschlichen Auge das Bild des angeschauten Objekts spiegelverkehrt auf der Netzhaut erscheint und dann von dicht nebeneinanderliegenden Photorezeptoren aus sehr vielen Einzelpunkten (einzelnen Photorezeptoren) zusammengesetzt aufgenommen wird, arbeitet das Insektenauge mit relativ wenigen Einzelaugen, die mit mehreren Photorezeptoren jeweils nur einen Lichtpunkt wahrnehmen (**Abb. 11, S. 90**). In den 3500 Einzelaugen entsteht keine Abbildung des gesamten Objekts, sondern nur ein Lichtfleck eines jeweils sehr kleinen Ausschnitts der Welt da draußen. Aus den einzelnen Lichtpunkten wird dann das Bild zusammengesetzt. Ein Bild, das von der Auflösung her ziemlich schlecht ist, vergleicht man es nun wiederum auf dieser Ebene mit den Bildern von Digitalkameras. Denn die bringen eine Auflösung im zweistelligen Millionenbereich zustande, während das Komplexauge der Biene gerade einmal mit 3500 Pixeln (je eines pro Einzelauge) arbeitet und das über den gesamten Sehbereich. Würden wir ein Bild mit solcher Auflösung in geläufiger Fotogröße ausdrucken, könnten wir lediglich noch grob gerasterte Muster erkennen, aber schwerlich ein Objekt (**Abb. 10**). Wie kann es aber sein, dass eine Biene mit so einer schlechten Sicht so phantastische Flugleistungen vollbringt? Dass sie problemlos Blüten ansteuert, zu ihrem Stock zurückfindet und sich in jeder Art von Gelände orientieren kann? Schließlich findet sie ihr Nest auch noch nach einem Ausflug zu einem mehrere Kilometer entfernten Apfelbaum.

Mit dem Verhältnis von Auflösung und Sehvermögen verhält es sich ein wenig so wie mit dem von Neuronenzahl und Intelligenz: Viel hilft nicht unbedingt viel. Auch zu diesem Thema gibt es Messungen im Tierreich. Errechnet man das Verhältnis von Sehschärfe zum Körpergewicht, erhält man einen linearen Zusammenhang, das heißt, je schwerer ein Tier, desto schärfer sieht es (**Abb. 11, S. 90**). Warum ist das so? Die Auflösung einer Linse hängt von ihrem Durchmesser ab. Da große Augen große Linsen haben, ist ihre Auflösung besser als die von kleinen Augen. Große Tiere können große Augen tragen und versorgen, kleine Tiere nur kleine. Kleine Tiere haben deshalb ganz überwiegend

Abb. 10 *Durch das Komplexauge der Biene betrachtet würde Mona Lisa möglicherweise so aussehen. Jeder einzelne Sehpunkt in jedem Einzelauge ist nicht weiter strukturiert, da nur Helligkeit und Farbe in diesem Sehpunkt abgebildet sind.*

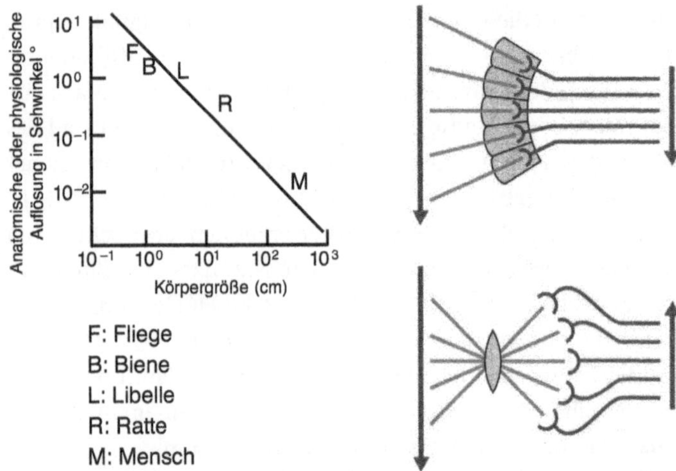

Abb. 11 *Links: Die Auflösung einer Linse hängt von ihrem Durchmesser ab. Da große Augen große Linsen haben, ist ihre Auflösung besser als die von kleinen Augen. Je größer das Tier, umso größer seine Augen und umso höher die visuelle Auflösung.*
Rechts: Komplexaugen bilden die Umwelt in einer aufrechten, verkleinerten und gerasterten Weise ab, Linsenaugen bilden die Umwelt umgekehrt und verkleinert ab.[4]

Komplexaugen und große Tiere Linsenaugen. Eine größere Linse kann mehr Lichtstrahlen aufnehmen und feinere Brennpunkte erzeugen, die zu einem besser aufgelösten Bild führen. Wenn die Photorezeptoren in der Netzhaut dann noch sehr dicht gepackt sind, hat eine größere Linse zwangsläufig eine höhere Auflösung zur Folge.

Es geht beim Sehen im Tierreich aber nicht nur um gute Auflösung, denn sonst hätten kleine Tiere kaum eine Chance; Elefanten und Wale würden über große Evolutionsvorteile verfügen, während das Überleben der Insekten an ein Wunder grenzte. Ihr großer Erfolg in der Evolution zeigt uns, dass Rundumsicht und Scharfsehen für alle Entfernungen auch große Vorteile bieten. Wenn nun dazukommt, dass die Verarbeitungsgeschwindigkeit im Sehsystem der Biene sehr hoch ist, so dass sie viele Veränderungen in der Zeit (beispielsweise während des Fliegens) auflösen kann, dann sieht man, dass es nicht nur um hohe Auflösung geht. Entscheidend ist immer, was eine Art mit ihren jeweiligen Anlagen erreicht. In dieser Beziehung können sich sowohl Bienen als auch Menschen und natürlich ebenso die Elefanten vor dem evolutionären Richter sehen lassen. Denn andernfalls wären sie bereits ausgestorben.

Polarisiertes Licht im Ofenrohr und das Sternfolienmodell

Unsere Entdeckung der besonderen Filtereigenschaften der Photorezeptoren im Komplexauge stand nicht im Widerspruch zu den bis dahin vorliegenden Daten. Sie stellte eine sinnvolle Erweiterung des bisherigen Modells vom Sehsystem bei Insekten dar und eröffnete ein ganz neues Forschungsgebiet, die Photorezeptor-Optik (**Abb. 9, S. 86**). Ganz anders war die Lage bei einem weiteren Forschungsresultat aus meiner Zeit in Australien. Es ging um eine Fähigkeit, die wir Menschen nicht besitzen und die für uns deshalb schwer nachvollziehbar ist. In solchen Fällen müssen wir unseren Intellekt bemühen, um uns Sachverhalte klarzumachen! Die Rede ist von der Wahrnehmung der Polarisation des Lichtes. Das nämlich können Bienen im Unterschied zu uns sehen.

Karl von Frisch führte in den sechziger Jahren sein sogenanntes Ofenrohrexperiment durch. Er wusste, dass die Bienen bei den Schwänzeltänzen, die sie auf den senkrecht stehenden Waben im Bienenstock ausführen, die Schwerkraft als eine Bezugsgröße für die Richtungsangabe verwenden. Deshalb drehte er den Stock mit seinen Versuchstieren aus der Vertikalen in die Horizontale, damit sie diese Bezugsgröße nicht verwenden konnten. Dann brachte er am Bienenstock ein Ofenrohr an, um den

Bienen gezielt bestimmte Ausschnitte des Himmels sichtbar zu machen. Wenn von Frisch das Ofenrohr auf die Sonne richtete, führten die Bienen ihre Schwänzeltänze in gewohnter Weise aus. Von Frisch vermutete nun, dass die Bienen sich am Sonnenstand orientieren und so die Richtung zur Futterstelle erschließen konnten. Denn wenn er das Rohr verschloss, tanzten die Bienen wild durcheinander, ohne ihre Informationen über die Flugrichtung zur Futterstelle an ihre Schwestern übermitteln zu können. Doch dann peilte von Frisch mit seinem Ofenrohr einen beliebigen Ausschnitt des blauen Himmels an, ohne dass die Bienen die Sonne sehen konnten. Zu seiner Überraschung tanzten die Bienen daraufhin wieder genauso »korrekt«, als sähen sie die Sonne. Es musste also einen Parameter am Himmel geben, den sie wahrnahmen und für ihre Orientierung nutzten. Er lieh sich eine Polarisationsfolie von einem Kollegen aus dem Physikalischen Institut der Münchner Universität, legte sie über den horizontal liegenden Beobachtungsstock und fand heraus, dass die Bienen die Tanzrichtung änderten, wenn er die Folie drehte. So kam von Frisch darauf, dass die Bienen das Polarisationsmuster des Himmels erkennen können.

Wie kann man sich die Polarisation des Lichtes vorstellen? Das von der Sonne abgestrahlte Licht beispielsweise ist nicht polarisiert. Es schwingt in alle Richtungen quer zur Ausbreitungsrichtung des Lichtes. Wenn das Sonnenlicht nun jedoch in die Erdatmosphäre eintritt, wird es gestreut und gebeugt, da die Erdatmosphäre voller kleinster Teilchen ist und damit eine höhere Dichte aufweist als das »luftleere« Weltall. Wie Licht gebeugt wird, kann man gut beobachten, wenn man im Wasser steht und an sich herabschaut. Bei klarer Sicht erscheinen uns die Beine kürzer als gewohnt, weil das Wasser das Licht ablenkt. Schaut man nun auf die Wasseroberfläche, merkt man an den Blendeffekten, dass ein Teil der Lichtstrahlen dort reflektiert wird. In der Atmosphäre werden die Lichtstrahlen nach demselben Prinzip gestreut, gebeugt und reflektiert. Streuung und Reflektion gemeinsam wirken wie ein Polarisationsfilter. In Abhängigkeit vom Winkel der Sonneneinstrahlung werden bestimmte Schwingungsrichtungen stärker zur Erde gelenkt und andere weniger.

Schaut man nun mit einem physikalischen Gerät, das die Richtung des polarisierten Lichtes analysieren kann, in den Himmel, dann ergibt sich ein charakteristisches Muster der Schwingungsrichtung des Lichtes an den verschiedenen Stellen des blauen Himmels (**Abb. 12**). Die Stärke der Polarisation ist dabei von der Winkelentfernung zur Sonne abhängig. Stellen Sie sich einen durchsichtigen Himmelsglobus vor, bei dem sich die Sonne entlang eines Längengrads (Meridian) bewegt: In der Nähe der Sonne ist die Polarisation immer nahe null, in einer Entfernung von 90 Grad, also einen Viertelkreis weiter auf demselben Längengrad, ist sie maximal. Somit wandern Polarisationsrichtung und -stärke mit der Sonne im Tagesverlauf über den Himmel. Das Muster der Polarisationsrichtung hat einige interessante Eigenschaften. Es steht stets senkrecht und spiegelsymmetrisch zu dem Kreis, der durch den aktuellen Sonnenstand und den Zenit geht (Großkreis). Außerdem ist der Polarisationsgrad am stärksten in einem Halbbogen, der den Großkreis in einer Entfernung von 90 Grad zur Sonne kreuzt. Da die Bienen Farben sehen, erkennen sie auch, dass in diesem Halbbogen der Himmel den größten UV-Anteil hat und immer mehr grün wird, je näher sie zur Sonne schauen; die Sonne selbst erscheint ihnen grün. Grund dafür ist die unterschiedliche Streuung des Sonnenlichts in der oberen Atmosphäre: Kurzwelliges Licht wird besonders stark gestreut, langwelliges Licht dagegen viel weniger.

Da die Sonne in präzisen Bahnen ihren Weg zieht und sich damit das Polarisationsmuster jeweils in charakteristischer Weise ändert, kann man daraus exakt die Himmelsrichtung ableiten und die genaue Richtung zu einer Futterstelle angeben. Zumindest wenn man, wie die Bienen, das Polarisationsmuster sehen

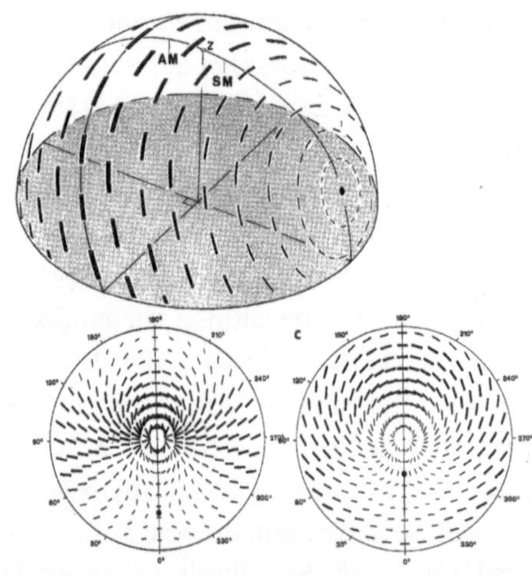

Abb. 12 *Das Muster des polarisierten Lichtes am blauen Himmel hängt vom Sonnenstand ab und wandert im Tagesverlauf über den Himmel. Die Sonne wird als schwarzer Punkt dargestellt. Im oberen Bild ist die Schwingungsrichtung des polarisierten Himmelslichtes an den verschiedenen Stellen des Himmels mit unterschiedlich dicken Balken dargestellt. Die Dicke der Balken nimmt mit dem Abstand der Sonne erst zu und dann wieder ab. Unter 90 Grad von der Sonne ist die Polarisation am stärksten (markiert durch einen durchgezogenen Halbbogen). Außerdem zeigt das Bild den Großkreis der Sonne. Das ist ein Halbbogen, der durch die Sonne und den Zenit (Z) geht. Die graue Fläche markiert die Erdoberfläche. In der rechten Abbildung steht die Sonne nahe dem Zenit. Der Großkreis durch die Sonne teilt das Muster des polarisierten Lichtes in zwei spiegelbildliche Hälften.*[5]

kann und die Farbverschiebung berücksichtigt. Wenn die Bienen im Experiment von Karl von Frisch durch das Ofenrohr auf verschiedene Stellen des blauen Himmels schauten, richteten sie ihre Tanzrichtung danach aus, machten dabei aber systematische und dadurch lehrreiche Fehler, deren Analyse zu einer Idee führten, wie Bienen das Polarisationsmuster für ihre Orientierung verwenden.[6]

Zu dieser Zeit, um 1960, wurden in anderen Instituten elektronenmikroskopische Schnitte vom Bienenauge angefertigt. Als von Frisch diese Bilder sah, kam er auf eine Idee. Er fragte sich, ob die sternförmigen Ausrichtungen der Membranröhrchen der Sehzellen nicht die Ursache für die Polarisationsempfindlichkeit der Sehzellen im Bienenauge sein könnten. All die Membranstapel der verschiedenen Sehzellen bilden ja gemeinsam das lichtleitende und lichtabsorbierende Rhabdom. In ihren Membranen liegen die Photopigmente, die für die Lichtabsorption zuständig sind. Von Frisch fühlte sich an einen sternförmigen Polarisationsfilter mit acht verschiedenen Segmenten erinnert (**Abb. 13**). Wenn man sich die elektronenmikroskopischen Aufnahmen genauer anschaut, fällt auf, dass die Ausrichtung der dünnen Membranröhrchen mit den Photopigmenten zwei Richtungen (nicht vier, wie von Frisch meinte) einnimmt. Dies ändert jedoch nichts an der Idee von Frischs, dass die Ausrichtung dieser Membranröhrchen die Ursache für die Polarisationsempfindlichkeit von Bienen sein könnte.

Von Frisch nahm an, dass die Bienen mit dieser Struktur das spezifische Himmelsmuster entschlüsseln können und nannte sein Konzept dementsprechend »Sternfolienmodell«. Das überzeugte die Wissenschaftlergemeinde allein aufgrund seiner suggestiven

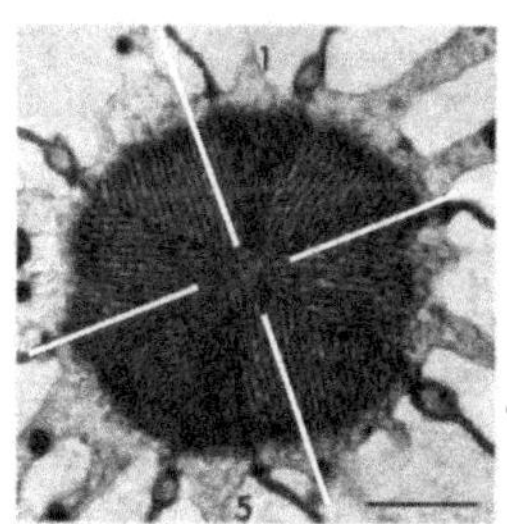

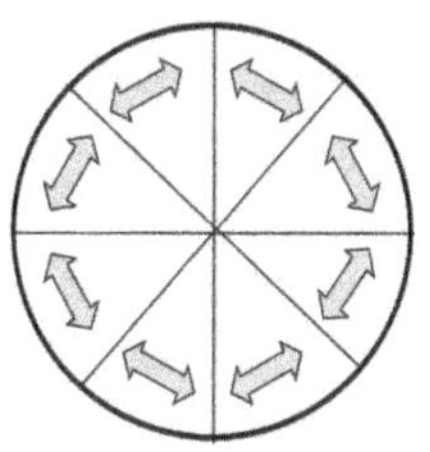

Abb. 13 *Sternfolienmodell von Karl von Frisch. Oben ist ein elektronenmikroskopischer Schnitt durch die lichtabsorbierende und lichtleitende Struktur des Einzelauges einer Biene dargestellt. Die Membranröhrchen (mit den weißen Linien markiert) mit den Photopigmenten sind in zwei Richtungen in einem Winkel von 90 Grad zueinander angeordnet. Die untere Abbildung zeigt das Sternfolienmodell von Karl von Frisch. Jedes Kreissegment entspricht den Sektoren der acht Photorezeptoren mit ihren röhrchenförmigen Membranstapeln. Die Doppelpfeile deuten an, welche Richtung des polarisierten Lichtes in den jeweiligen Sektoren bevorzugt absorbiert werden soll. (untere Abbildung nach von Frisch, 1965)*

Stimmigkeit. Es passte einfach sehr gut, dass die Membranröhrchen der Sehzellen wie Polarisationsfilter aufgebaut sein sollten.

Heureka! Sehzellen für polarisiertes Licht

Dieses Modell untersuchte ich nun in Australien mit experimentellen Mitteln. Nach einigen Fehlversuchen glückten mir Ableitungen von Sehzellen, und so konnte ich deren Polarisationsempfindlichkeit messen. Ich erwartete, dass sich die gemessenen Werte änderten, wenn ich eine Polarisationsfolie vor dem Auge der Biene drehte. Doch die Signale der Sehzellen änderten sich kaum oder gar nicht. Das konnte eigentlich nicht sein, denn es war offensichtlich, dass sich die Bienen mithilfe der Polarisation des Sonnenlichtes am Himmel orientierten. Sollte dieser Vorgang doch auf eine andere Weise vor sich gehen?

Bei der Lösung dieser Frage kam mir der Zufall zu Hilfe. Während einer der vielen Ableitung im Ommatidium registrierte ich plötzlich eine sehr hohe Polarisationsempfindlichkeit. Glücklicherweise gelang es mir, diese Zelle zu färben, so dass ich ihre Lage bestimmen konnte. Es stellte sich heraus, dass ich vom neunten, vergleichsweise kurzen Photorezeptor abgeleitet hatte, der ganz unten im Einzelauge sitzt. Diese Zelle ist einer der drei UV-empfindlichen Rezeptoren, mit denen die Biene die Welt abscannt. So gelang mir der Nachweis, wie, wo und auf welche Art die Bienen das polarisierte Licht empfangen. In jedem Einzelauge saß offensichtlich nur *eine* solche polarisationsempfindliche UV-Zelle. Da man für die Wahrnehmung der Polarisation jedoch mehrere solcher Zellen benötigt, um die verschiedenen Richtungen der Lichtwellen einzufangen, konnte das Einzelauge das Polarisationsmuster nicht abbilden. Das entstand erst aus der Kooperation mehrerer solcher UV-Zellen aus verschiedenen Ommatidien.

Diese Erkenntnis stand im krassen Widerspruch zu Frischs Sternfolienmodell, das behauptete, die Wahrnehmung der Polarisation fände im Einzelauge statt. Allan Snyder und ich schrieben dazu einen wissenschaftlichen Artikel.[7] In mir stiegen allerdings starke Bedenken auf, ob wir diese Arbeit überhaupt publizieren konnten. Denn von Frisch war *die* Autorität in diesem Wissenschaftsbereich, was durch den an ihn verliehenen Nobelpreis unterstrichen wurde. Welche Chancen also konnte man sich mit einer Publikation ausmalen, die bewies, dass sich von Frisch geirrt hatte und sein so einleuchtendes Modell falsch war? Wir reichten die Arbeit beim renommierten »Journal of Comparative Physiology« ein, das von Hansjochem Autrum herausgegeben wurde. Ein Mann, mit dem man sich gut stellen musste, wollte man in der deutschen Zoologie etwas werden. Außerdem war er ein hochgeachteter Experte auf dem Gebiet der Sinnesphysiologie der Tiere. Er leitete unsere Arbeit sofort an von Frisch weiter. Zugleich gab er sie dem amerikanischen Gutachter Donald Kennedy von der Stanford Universität, einem der einflussreichsten Sinnesphysiologen der damaligen Zeit. Ich schrieb auch noch einen Brief an von Frisch, in dem ich ihm mit aller gebotenen Vorsicht und dem entsprechenden Respekt mitteilte, dass wir in Australien ein neues Modell vom Polarisationssehen der Bienen entwickelt hatten, das seinem Sternfolienmodell widerspricht. Nun geschah etwas ganz Ungewöhnliches. Ich bekam Post von Donald Kennedy, der als von der Zeitschrift bestellter Gutachter eigentlich gar keinen Kontakt mit dem Autor einer von ihm beurteilten Arbeit aufnehmen sollte. Kennedy setzte sich über diese Konvention hinweg und begründete das mit seiner Begeisterung für unseren Artikel. Er gratulierte zu dieser »phantastischen Arbeit« und versicherte, dass sie sofort angenommen und umgehend gedruckt werde. Ich freute mich über diese Rückmeldung, war jedoch nur vorsichtig optimistisch, solange die Reaktion von Frischs noch ausstand. Schließlich kam sein Brief, mit dem er sich in meinen Augen als wirklich großer Wissenschaftler erwies. Von Frisch gratulierte uns ebenfalls zu unseren Erkenntnissen und gab seiner Freude darüber Ausdruck, dass wir in diesem Punkt der Wahrheit ans Licht geholfen hätten.

Aber warum war eigentlich die Polarisationsempfindlichkeit aller anderen Photorezeptoren so gering? Wir gingen der Sache auf den Grund und fertigten Schnitte der Einzelaugen an, die wir mit dem Elektronenmikroskop analysierten. Dabei ergab sich etwas Unglaubliches: Die Sehzellen in den Einzelaugen sind um ihre Längsachse verdrillt, sie lenken ihre Membranröhrchen über die Tiefe des Ommatidiums in verschiedene Richtungen (**Abb. 14**). Wie bei einer Wendeltreppe ist Schicht für Schicht versetzt. Weder der Licht- noch der Farbsensitivität kann diese Verdrehung etwas anhaben, dem Polarisationssehen aber sehr wohl, denn das ist nur möglich, wenn die Ausrichtung der Membranröhrchen über die ganze Länge der Sehzelle konstant bleibt. Die Bienen zerstören also fast neunzig Prozent ihrer Polarisationsempfindlichkeit, indem sie nur eine der neun Sehzellen pro Einzelauge für polarisiertes Licht empfindlich machen. Aber warum? Um Rechenaufwand zu sparen. Würden alle Sehzellen sowohl verschiedene Lichtintensitäten, Wellenlängen und Richtungen des polarisierten Lichtes melden, bedürfte es eines beträchtlichen Aufwands, all diese Informationen neuronal zu verschalten. Aus der Mathematik weiß man, wie kompliziert es ist, mit drei Variablen zu rechnen, während Gleichungen mit zweien gut handhabbar sind. Hier ist weniger ganz sicher mehr. Und offensichtlich genügt den Bienen eine einzige Sehzelle pro Einzelauge, um die Polarisation des Lichtes am Himmel zu erkennen.

Die Geschichte des Polarisationssehens im Bienenauge ist damit aber noch nicht zu Ende. Andere Autoren[8] fanden, dass die drei UV-Sehzellen in der nach oben blickenden Region des Komplexauges für die Polarisationsmuster des blauen Himmelslichtes zuständig sind. Diese Einzelaugen sind nicht verdrillt, und man muss annehmen (aber erst noch nachweisen), dass sie stark polarisationsempfindlich sind. Wenn sich die Biene nun im Flug

Abb. 14 *Darstellung der Verdrillung der Sehzellen in einem Einzelauge. Acht der neun Sehzellen sind als Segmente der säulenartigen Darstellung abgebildet. Zwei UV-Zellen wurden dunkelgrau markiert, die dritte ist hier nicht dargestellt.*

dreht, erkennt sie den Großkreis durch die Sonne sofort daran, dass bei der Ausrichtung der Körperlängsachse entlang dieses Großkreises die beiden Augen das gleiche Polarisationssignal geben. Das geschieht, weil das Polarisationsmuster des Himmels spiegelsymmetrisch zum Großkreis der Sonne angeordnet ist.

Das macht Wissenschaft in meinen Augen so spannend: Die Klärung eines Sachverhalts fächert ein neues Spektrum von Problemstellungen auf. In dem Moment, wo man die Möglichkeit bekommt, in das Einzelauge der Biene hineinzuschauen, erweitert sich der Fragehorizont mit jeder Antwort, die man bekommt. Nachdem wir erkundet hatten, auf welch raffinierte Weise das Polarisationssehen im Bienenauge vor sich geht und wie die Farbrezeptoren überhaupt in den Einzelaugen verteilt sind, wollte ich herausfinden, mit welchen Rezeptoren die anderen Bienenarten Farben sehen. Diese Frage konnte erst beantwortet werden, nachdem mit dem Einzug der Computer eine enorme methodische Revolution in der experimentellen Wissenschaft stattgefunden hatte.

Abenteuer im Outback – mit und ohne Bienen

Allerdings kann ich von Glück reden, dass ich beides überhaupt noch miterleben durfte. Zu meinen Doktoranden am Institut an der ANU gehörte auch Benno Meyer-Rochow. Ein umtriebiger, sehr vielseitiger Sehphysiologe, mit dem ich oft über unsere Untersuchungen am Bienenauge diskutierte. Eines Tages kam er in mein Büro und erzählte mir begeistert von einer Forschungsreise zu den Aborigines, die er soeben bewilligt bekommen habe. Sein Feuereifer wirkte ansteckend auf mich, und schließlich machten wir uns gemeinsam nach Zentralaustralien auf den Weg, wo es viele seltene Tierarten gibt – unter anderem auch sozial lebende stachellose Bienen und viele andere Wildbienenarten.

Die Landschaft war berauschend. Der rote Sand, das wilde Gestrüpp, die unendliche Weite mit einem immer strahlend blauen Himmel darüber. Bis heute sind diese Bilder in meinem Kopf. Allerdings konnte ich die Wüste nur genießen, wenn ich selbst hinter dem Lenkrad saß. Benno Meyer-Rochow raste nämlich so schnell und rücksichtslos, als wären wir nicht auf einer Forschungsreise, sondern bei der Rallye Dakar. Wir fuhren nur nach dem Kompass quer durch die endlose Steppe. Das war nicht ungefährlich. All meine Bitten, seinen Fahrstil zu mäßigen, blieben nicht nur erfolglos, sondern stachelten ihn offensichtlich sogar noch an. Am dritten Tag unserer Wüstenfahrt verlor er dann in einer Düne die Kontrolle über das Fahrzeug. Der Wagen kam ins Schleudern, wir drehten uns und kippten bedrohlich auf die Seite. Ich schloss die Augen und erwartete, dass sich das Auto im nächsten Moment überschlug. Niemand würde uns retten können. Hier draußen gab es nur Schlangen, Skorpione und tagsüber die erbarmungslose Sonne. Wie durch ein Wunder blieben wir unverletzt und das Auto in der Horizontalen. Als wir den ersten Schrecken verwunden hatten, fand ich rasch klare Worte. Auf keinen Fall würde ich mich von ihm durch seine verantwortungslose

Raserei umbringen lassen. Deswegen würde ich – und nur ich – ab jetzt fahren. Die Stimmung in unserem Zweierteam war von nun an gereizt. Aber wir gelangten zumindest sicher an unser Ziel.

Besonders spannend war es, gemeinsam mit den Aborigines in den Wurzeln eines Busches die unglaublich große Raupe einer Motte zu suchen. Wir haben so manchen Strauch ausgegraben, die Verdickungen in den Wurzeln gesucht und die fette Raupe herausgeholt, die den Aborigines gegrillt als Köstlichkeit gilt. Abends am Lagerfeuer boten sie uns die eiweißhaltige Nahrung an. Nachdem ich die erste psychologische Schwelle überwunden hatte, schmeckte sie tatsächlich. Beim Graben im Steppensand fanden wir auch immer wieder Nester der Honigtopfameisen, die ihre gesammelte Nahrung lebenden Vorratsbehältern anvertrauen. Das sind ihre Schwestern, die an der Decke der Höhle hängen und in ihren angeschwollenen goldgelben Hinterleibern den Honig speichern. Es war ein Genuss, Tropfen von diesem frischen Honig zu essen.

Auch die stachellosen Bienen fanden wir. Wer nun meint, diese Art sei ungefährlich, da ihr das klassische Verteidigungsinstrument fehlt, der irrt. Zwar ist ihr Stachel so klein und geschmeidig, dass sie uns Menschen damit nicht stechen können, dafür aber können diese Bienen kräftig beißen. Das kann besonders schmerzhaft werden, sobald sie sich im Kopfhaar des Menschen verheddern. Das passierte uns mehrfach, nachdem wir ihre Nester in hohlen Bäumen aufgespürt hatten. Mein besonderes Interesse galt nun der Frage, ob die stachellosen Bienen blütenstet sind wie unsere Honigbienen, ob sie also während eines Ausflugs nur an einer Blumenart sammeln oder an mehreren. Wieder rannte ich ihnen hinterher wie bei meinen ersten Studien in den hessischen Wiesen und Wäldern. Ich bekam heraus, dass sie sich eher wie Hummeln verhielten, die immer wieder einmal bei anderen Blüten vorbeischauen, um herauszubekommen, ob es dort gerade bessere Nahrung gibt. Einige Jahre später habe ich diese Untersuchungen in Brasilien wieder aufgenommen und mit Dressuren auf Farbtafeln verbunden. Dabei zeigte sich, dass sich auch die stachellose Bienenart *Melipona quadrifasciata* wie unsere Honigbiene dressieren lässt. Die Durchführung der Experimente gestaltete sich allerdings schwieriger. Einerseits wird man als Versuchsleiter immer wieder einmal kräftig gebissen, andererseits sind sie nicht so stetig wie die Honigbienen.

Das Verhältnis zwischen Benno und mir blieb angespannt. Auf der Rückreise fuhren wir über den berühmten Ayers Rock, den von den Aborigines als heilig verehrten roten Berg. Während wir am Tag um die 35 Grad Celsius maßen, fiel das Thermometer in der Nacht auf null Grad. Nun erwarteten wir sogar Minusgrade. Abends bauten wir unser Zelt auf und legten uns hinein. Ich war in der Kälte besonders froh über meinen US-Navy-Schlafsack, der eine verschließbare Kapuze besaß. Ich zog den Reißverschluss ganz zu und schlief selig. Am nächsten Morgen bekam ich ihn allerdings nicht mehr auf und konnte mich in dem engen Schlafsack nicht bewegen. Es war dunkel um mich herum, und die Sonne hatte unser Zelt bereits mächtig aufgeheizt. Also rief ich um Hilfe. Bestimmt eine Stunde lang. Ich versuchte mehrmals, den Schlafsack zu zerreißen, was sich jedoch als völlig hoffnungslos herausstellte. Der Schweiß strömte mir bald aus allen Poren. Mein Kreislauf begann bereits zu kollabieren, und ich wusste mir nicht mehr zu helfen. Plötzlich war Benno über mir. Mit zwei Handgriffen konnte er den Reißverschluss lösen. Ich dankte ihm völlig erschöpft und fragte ihn, wohin ihn denn sein Morgenspaziergang geführt habe. Er habe die ganze Zeit vor dem Zelt gesessen, antwortete er. Ich fragte weiter, ob er mich denn nicht um Hilfe habe rufen hören. Das habe er wohl, sagte er mir, aber er habe erst noch sein Buch auslesen wollen. Zum Glück waren wir bereits kurz vor dem Ende unserer gemeinsamen Expedition. Zwei Tage darauf war ich sehr froh, wieder bei meiner Familie und in meinem Labor zu sein.

Blümchensex als Evolutionsfaktor?

Als ich 1973/74 in Australien von den Einzelaugen der Bienen ableitete, wollte ich herausbekommen, für welche Farben sie empfindlich waren. Dafür musste ich zuerst eine Zelle finden, die reagierte, was oft Stunden in Anspruch nahm. War das gelungen, bestrahlte ich sie mit zwanzig verschiedenen Wellenlängen in dem für die Bienen wahrnehmbaren Farbspektrum von 300 bis 700 Nanometer, also von Ultraviolett über Grün bis Gelb. Außerdem musste ich mindestens zehn verschiedene Intensitäten pro Wellenlänge messen, um zu bestimmen, wie empfindlich die jeweilige Zelle für diese Wellenlänge ist. Für diese dreißig bis vierzig Messungen benötigte ich mindestens zwei Stunden, und so lange musste die intrazelläre Ableitung stabil bleiben. Eine hohe Anforderung an unsere Messmethode, die leider selten eingelöst werden konnte. An Tagen, an denen alles optimal lief, konnte ich *eine* Sehzelle auf diese Weise vermessen. Dann kam die Auswertung. Die einzelnen Werte mussten berechnet und schließlich in Diagramme eingetragen werden. Das dauerte zwei weitere Tage. Um ein aussagekräftiges Ergebnis zu erhalten, musste ich von verschiedenen Zellen in mehreren Einzelaugen ableiten, so dass ich Monate an einer solchen Untersuchungsreihe saß.

Zehn Jahre später, an meinem Institut der Berliner Freien Universität, hatten wir nicht nur bessere, maschinell gefertigte Elektroden, sondern vor allem einen Computer. Der stellte, nachdem wir eine Zelle angestochen hatten, die Intensität und die Wellenlänge selbstständig ein, registrierte die gemessenen Werte und zeigte sie sogleich in Diagrammen an. Die Zeitersparnis war enorm, außerdem konnten wir die spektrale Empfindlichkeit in Abständen von zwei statt wie zuvor in zwanzig Nanometerschritten messen, was einer zehnmal besseren Auflösung entsprach. Eine meiner damaligen Diplomandinnen, Dagmar Peitsch, untersuchte mit dieser computerbasierten Methode an einem einzigen Tag zehnmal mehr Zellen als ich während meiner gesamten Zeit in Australien. Nun konnten wir auch die spannenden Fragen in Angriff nehmen. Beispielsweise, ob alle Blumen besuchenden Bienen auf gleiche oder verschiedene Weise sehen. Immerhin gibt es gut 20 000 Bienenarten, und alle besuchen Blumen, um Nahrung zu sammeln. Einige, wie zum Beispiel Prachtbienen-Männchen in Südamerika, fliegen zu sogenannten Parfümblumen, weil sie aus deren Blüten spezielle Duftstoffe absammeln, mit denen sie ihre Weibchen anlocken.

Wozu entwickeln Blumen eigentlich ihre raffinierten Blüten mit all den Farben und den phantastischen Konstruktionen, die einerseits verhindern, dass der Regen Nektar und Pollen ausspült, und andererseits die Insekten zu den Nektarquellen hinleiten? Der Naturforscher Christian Konrad Sprengel hatte bereits im 18. Jahrhundert diese hochphilosophische Frage gestellt. Seine Antwort war entschieden: Die Blumenwelt hat sich in ihrer Entwicklung nicht für den Menschen so herausgeputzt, sondern für ihre Bestäuber. Sprengel entdeckte nämlich das bis dahin gut gehütete Geheimnis, dass Pflanzen Sex haben und eben dazu die Insekten benötigen. Mag uns dieser Gedanke heutzutage vielleicht trivial erscheinen, zu Sprengels Zeiten war er ungeheuerlich, legte er doch die Idee einer Entwicklung der Arten zum wechselseitigen Vorteil nahe (**Abb. 15**). Sprengel betrieb Evolutionsbiologie, während die Kirche noch streng über ihr Dogma wachte, nach dem Gottes Hand und Plan alles Seiende ordnet. Jede Form von Eigensinn der Arten hatte darin keinen Platz. Den Eigensinn seiner Schüler schätzte der Berliner Gymnasialrektor Sprengel übrigens weitaus weniger. Er soll sie derart drangsaliert haben, dass er aus dem Schuldienst entlassen wurde, was in Preußen schon etwas heißen wollte. Über seine entwicklungsbiologischen Gedanken und Studien stand er jedenfalls in regem Kontakt mit dem britischen Dichter und Botaniker Erasmus Darwin. Man kann also davon ausgehen, dass bereits Ideen über die

Das
entdeckte Geheimniſs
der
NATUR
im Bau und in der Befruchtung
der
Blumen
von
CHRISTIAN KONRAD SPRENGEL,
Mit 25 Kupfertafeln.
Berlin, 1793.
bei Friedrich Vieweg dem ælteren.

Abb. 15 *Titelblatt des Buches von Christian Konrad Sprengel (1793):* Das entdeckte Geheimnis der Natur im Bau und der Befruchtung der Blumen.

Evolution der Arten in der Familie kursierten, als Enkel Charles Darwin im Jahr 1809 zur Welt kam.

Wir gingen nun der These von Sprengel und Darwin über die Koevolution von Blumenfarbe und Farbsehen der Bestäuber nach. Demnach sollte es den Blumen ebenso wie den sie bestäubenden Bienen zum Evolutionsvorteil gereichen, wenn sie sich in besonderer Weise aneinander anpassten. Die Blütenfarben sollten also genau so gestaltet sein, dass die Bienen sie gut auseinanderhalten können, und umgekehrt sollte ihr Farbsehsystem die Bienen in die Lage versetzen, die Blütenfarben besonders gut wahrzunehmen und vom Hintergrund wie auch von anderen Blumen unterscheiden zu können. Beide Partner in diesem evolutiven Wettkampf würden von einer koevolutiven Entwicklung profitieren, da die einzelne Blumenart ihren exklusiven Bestäuber hätte, während die Bienen wiederum besonders effektiv Pollen und Nektar an den spezifisch ihre Farbrezeptoren ansprechenden Blüten sammeln könnten. Mit speziell auf ihr

Sehvermögen zugeschnittenen Blütenfarben und -mustern sollten die Bienen sowohl den Energieaufwand wie auch das Risiko, von Fressfeinden attackiert zu werden, reduzieren können. Wir nahmen also an, dass sich die Photorezeptoren in der Evolution besonders gut an die jeweils von den Pflanzen produzierten Farben angepasst haben, und umgekehrt die Blumenfarben an das Farbsehsystem der Bestäuber.

Mithilfe unserer computergestützten Versuchsanordnung konnten wir nun untersuchen, auf welche Wellenlängen des Lichtes die verschiedenen Bienenarten am empfindlichsten reagieren. Schließlich handelt es sich bei ihren Photorezeptoren nicht um einen vordefinierten Bausatz aus dem Elektromarkt, sondern um eine biologische Struktur. Wir erwarteten, dass sich das von den Rezeptoren abgedeckte Wellenlängen-Spektrum in verschiedenen Weltgegenden anders darstellt. So hätte der UV-Rezeptor seine maximale Empfindlichkeit vielleicht einmal bei 330, ein anderes Mal bei 345 oder bei 375 Nanometern. Ebenso könnten der grüne und der gelbe Rezeptor Verschiebungen in ihrer optimalen Lichtaufnahme aufweisen. Vielleicht würden auch Bestäuberarten auftreten, die, anders als die Honigbiene, Rezeptoren für Rot besitzen, denn schließlich gibt es viele roten Blumen.

Von den insgesamt etwa 20 000 Bienenarten untersuchten wir 50 blütenbestäubende von verschiedenen Orten der Erde. Überraschenderweise fanden wir dabei heraus, dass nahezu alle untersuchten Bienenarten über dieselbe Ausstattung mit Farbrezeptoren verfügen wie unsere heimische Honigbiene.[9] Wir fanden nur eine einzige Ausnahme in Brasilien, die mit dem Rot-Rezeptor noch über einen vierten Sehzellen-Typ verfügt. Dementsprechend verbreitert sich ihr Sehspektrum. Allerdings nur für die schönste Sache der Welt: Weibchen und Männchen dieser Wildbiene treffen sich nämlich auf den roten Blüten einer bestimmten Petunie zum Stelldichein. Einzig dafür haben sie sich evolutiv einen zusätzlichen Rot-Rezeptor zugelegt. Mit den anderen drei Farbrezeptoren verfahren sie wie alle anderen Bienen auch.

Ansonsten fanden wir bei allen Arten eine hundertprozentige Übereinstimmung – bis auf die Wellenlänge der maximalen Empfindlichkeit genau. Die spezifische Empfindlichkeit der Farbrezeptoren bei der Honigbiene ist somit repräsentativ für alle blütenbestäubenden Bienen. Weitergedacht heißt das nun, dass es wider Erwarten kein koevolutives Verhalten von Blüten und Farbsehsystem gibt. Zwar variierten die Blumen ihre Farben und Formen, die Bienen jedoch hatten in ihrer Entwicklung offensichtlich keinen Anlass, ihre Farbempfindlichkeit zu verändern. Wie konnte das sein? Wäre es nicht eine bessere evolutive Strategie, das Farbensehen an die wahrzunehmenden Farben anzupassen?

Farbräume bei Bienen, Pflanzen und Menschen

Im nächsten Schritt bestimmten wir den Farbraum, den die Bienen mit ihrer Rezeptorverteilung wahrnehmen können. Mit einer immer wieder im Experiment überprüften mathematischen Modellrechnung bekamen wir heraus, dass die Bienen über ein optimales Farbsehvermögen verfügen, also jede auch nur theoretisch mögliche Farbe im Bereich von 300 bis 650 Nanometer sehen können.[10] Ihre Rezeptoren sind optimal darauf eingestellt, es gibt keinen Satz von Farbrezeptoren, mit dem man diese Aufgabe besser erledigen könnte. Nun interessierte uns, wie sich das bei den Pflanzen verhielt. Wie viele der theoretisch möglichen Farben in dem für die Bienen sichtbaren Bereich können sie erzeugen? Überraschendes Ergebnis: Der Farbraum, der von den Bienen wahrgenommen wird, stellte sich als wesentlich größer heraus als jener, der von den Blumen erzeugt wird. Die Pflanzen nutzen nur etwa fünfzig bis sechzig Prozent der Farbstellungen, die Bienen erkennen können. Oder andersherum: Was immer den Blumen an neuen Farbkreationen einfiele, die Bienen wären längst darauf vorbereitet.

Natürlich fragten wir uns als Nächstes: Warum nutzen die

Pflanzen nicht den gesamten möglichen Farbraum? Auf diese Weise könnten sie doch noch markantere Alleinstellungsmerkmale und damit Evolutionsvorteile erreichen. Pflanzen haben, so verwunderlich das klingen mag, große Probleme, Farben zu erzeugen, da die Herstellung von Pigmenten im Stoffwechsel der Pflanzen beschränkt und recht energieaufwendig ist. Farben lassen sich von Pflanzen auch durch Strukturen und durch die Einlagerung von Stärkekörner erzeugen, aber das ist mit einigem Aufwand verbunden. Aus diesem Grund sind sie – salopp gesagt – nicht besonders experimentierfreudig und beschränken sich auf die Farbstoffe, deren Herstellung ihnen bislang geglückt ist. Polemisch könnte man sagen: Die Pflanzen tun, was sie können, aber sie sind bei der Farbproduktion am Anschlag, während das Sehsystem der Bienen so gut ausgestattet ist, dass sie durch keine Farbnuance zu überraschen wären. Sie sind als Blütenbestäuber auf alles vorbereitet, was da kommen mag.

Der Farbraum, den wir Menschen uns erschlossen haben, ist übrigens alles andere als optimal. Wenn man die Frequenzbereiche unserer drei Rezeptoren aufmalt, dann klafft zwischen dem blauen und dem grünen eine recht große Lücke, während der rote sehr dicht am grünen liegt. Die höchste Empfindlichkeit weist Letzterer bei 570 Nanometern auf, womit er sich eigentlich eher wie ein Gelb- als wie ein Rot-Rezeptor verhält, dessen Maximum bei 625 Nanometern liegen sollte (**Abb. 16**).

Warum können wir uns eine – im Vergleich zu den Bienen – derart schlechte spektrale Empfindlichkeit leisten? Der Nobelpreisträger George Wald hat dafür eine plausible Erklärung gefunden. Um sie zu verstehen, muss man sich klarmachen, dass unser menschliches Auge ganz anders aufgebaut ist als das Einzelauge der Biene.

Unsere große, bewegliche Linse muss ein scharfes Bild auf der Netzhaut erzeugen. Das aber wäre mit verschiedenen Wellenlängen sehr problematisch, weil die Brennweiten für verschiedene Farben unterschiedlich sind. Deswegen geht unser Sehsystem

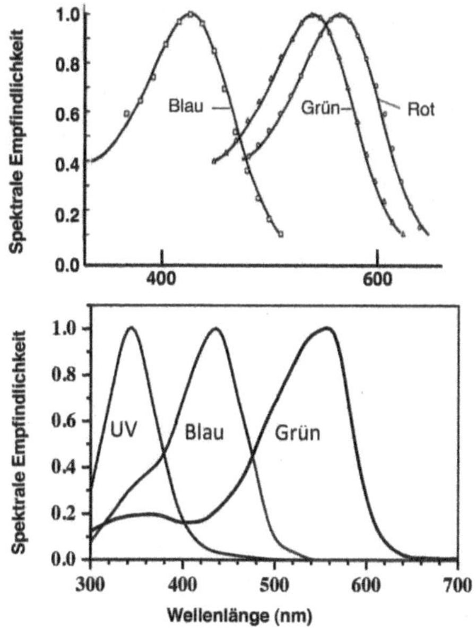

Abb. 16 *Empfindlichkeit der drei Photorezeptortypen im Auge des Menschen (oben) und im Auge der Honigbiene (unten) für Licht verschiedener Wellenlängen. Im Bienenauge sind die Empfindlichkeitskurven gleichmäßig über das Spektrum des Lichtes zwischen 300 und 700 Nanometer verteilt, im menschlichen Auge dagegen liegen die beiden Rezeptortypen für langwelliges Licht (Grün und Rot) dicht zusammen und der für kurzwelliges Licht (Blau) weiter entfernt.*

einen eigentümlichen Weg. Dort, wo die Auflösung am größten ist (in der Sehgrube, Fovea centralis), befinden sich gar keine Blau-Rezeptoren, sondern nur die beiden, von der Empfindlichkeit her eng beieinanderliegenden Grün- und Rot-Rezeptoren. Die Blau-Rezeptoren liegen um die Fovea herum, weswegen wir unsere Augen in kaum merklicher Art und Weise hin- und herbewegen müssen, um die Blauanteile wahrzunehmen. So erklären sich auch unsere Schwierigkeiten, hochaufgelöste Strukturen in blauer Farbe zu erkennen. Für uns Menschen scheint es eher wichtig, mit großer Lichtstärke im Grün-Rot-Bereich scharf sehen zu können. Um das zu erreichen, verzichten wir auf ein reichhaltiges Farbspektrum. Wir müssen ja auch nicht fliegen und dabei sicher und schnell spezielle Blüten finden, sondern wir brauchen eher ein scharfes Auge für die Jagd, die Herstellung von Werkzeugen und schließlich für die Wissenschaft. Inzwischen legen mehrere vergleichende molekulargenetische

Untersuchungen nahe, dass der Blau-Rezeptor evolutiv gesehen jünger ist als der für Grün und (Gelb-)Rot. Einige unserer Vorfahren werden somit wohl in einem zweidimensionalen Farbraum gelebt haben.

Bei der Biene findet die neuronale Verrechnung der Farbsignale in den drei großen Nervenknoten (Ganglien) statt, die in der Nähe der Augen liegen: Lamina, Medulla und Lobula. Man könnte nun annehmen, dass jedes der drei Segmente für einen Farbraum zuständig ist. Aber dem ist nicht so. Die Informationen aus den Grün- und Blau-Rezeptoren gehen in die Lamina, während die UV-Rezeptoren an die Medulla senden. Nun könnte man eine aufsteigende Verarbeitung von der Lamina über die Medulla bis zur Lobula annehmen, doch auch das trifft nicht zu. Der Informationsfluss zwischen den drei Hirnteilen läuft hin und her und kennt nicht nur eine Richtung. Insofern kann man am Bienenhirn sehr gut die Demut vor der Komplexität der neuronalen Vorgänge lernen, da jede Form mechanistischer Zuordnung und Erklärung bisher zu kurz greift. Auch wenn die drei visuellen Hirnabschnitte von der Form her klar getrennt sind, von der Funktion her sind sie es nicht. Es wird nicht gelingen, den einzelnen Bereichen verschiedene Wahrnehmungskategorien zuzuordnen, sondern man muss verstehen, dass Farbsehen eine Gesamtleistung dieser Strukturen ist und sich möglicherweise auch erst in Zusammenarbeit mit anderen Teilen des Gehirns ergibt. Über diese Netzwerkvorgänge wissen wir noch nicht sehr viel.

Das Gegenfarben-Prinzip und glattes diplomatisches Parkett

Was wir aber fanden, war ein grundsätzliches Prinzip der neuronalen Farbberechnung im Bienenhirn. Dabei handelt es sich um die sogenannte Gegenfarben-Codierung, deren Untersuchung ich in Australien zusammen mit meiner damaligen Studentin Jenny Kien begann und letztlich mit ihr in Darmstadt weiterführte. Beinahe aber wäre ich in Canberra geblieben. Der Dekan der Biologischen Fakultät, zu dem »mein« Institut an der ANU gehörte, hatte mich in sein Herz geschlossen. Vor den wichtigen Sitzungen gab er mir, der ich mit meinen zweiunddreißig Jahren als Institutsleiter in viel zu großen Schuhen steckte, Hinweise, wie ich mich verhalten und was ich wann sagen sollte, damit ich die beantragten Forschungsgelder für mein Institut genehmigt bekam. Eines Tages bat mich jener Sir Robertson in sein Büro und eröffnete mir, dass er eine Professorenstelle für mich hätte. Ich war außer mir vor Freude und telegrafierte sogleich nach Darmstadt an meinen dortigen Institutsleiter Hubert Markl. Der wiederum wollte mich auf keinen Fall an die ANU verlieren und setzte wohl alle Hebel in Bewegung, um mich nach Deutschland zurückzuholen. Nur ein paar Wochen später hatte auch Markl in Darmstadt eine Professur für mich organisiert. Ich beriet mich mit meiner Frau, dann sagte ich zu, da es uns letztlich doch wieder nach Deutschland zurückzog. Markl aber traute dem Frieden nicht ganz und wollte ausschließen, dass die ANU ihren Standortvorteil nutzte, um mich doch noch zu überreden, in Australien zu bleiben. Also leitete er sofort ein Berufungsverfahren ein, in dessen Folge ich an der Deutschen Botschaft in Canberra zum Professor ernannt wurde. Der Kulturattaché lud das ganze Institut zu einer Feierstunde anlässlich dieses Aktes ein. Meine australischen Kollegen überlasen wohl geflissentlich den Hinweis auf einen gehobenen Dresscode in den Einladungen. Ich erinnere mich nicht mehr genau. Möglicherweise hatte Simon Laughlin sogar eine lange Hose angezogen. Wenn, dann war es aber ganz sicher eine ausgewaschene Jeans gewesen. Allan Snyder jedenfalls kam wie gewohnt in Shorts und Flipflops. Die säuerlichen Mienen der in Schale geworfenen Diplomaten werde ich nie vergessen, als ich mit der Hippie-Truppe in der Botschaft eintraf. Sie besprachen sich sogar, ob sie meine Kollegen überhaupt hereinlassen könnten, besannen sich schließlich jedoch eines Besseren. Auf dem Festakt selbst wurden mehrere bedeutungsschwere Reden gehalten. Zum Höhepunkt der Veranstaltung enthüllte der Kulturattaché dann feierlich meine Ernennungsurkunde und bat mich darum, meine Rede vorzutragen. Als ich erwiderte, dass ich gar keine Rede halten wollte, war das der Tropfen, der das Fass zum Überlaufen brachte. Erbost drückte er mir das Schreiben in die Hand und war verschwunden. So musste er auch nicht mitansehen, wie meine Kollegen unter meiner aktiven Beteiligung die Sektvorräte des Hauses dezimierten. Nach zwei Stunden wurden wir höflich, aber sehr bestimmt aus der Botschaft komplimentiert.

Zurück zur Idee der Gegenfarben-Codierung! Diese hatte Ende des 19. Jahrhunderts einen erbitterten wissenschaftlichen Streit unter Physiologen ausgelöst. Auf der einen Seite stand Hermann von Helmholtz, eine der Autoritäten in den Naturwissenschaften des 19. Jahrhunderts, den man auch »Reichskanzler der Physik« nannte, sowie der britische Augenarzt Thomas Young. Die beiden vertraten die Dreifarbentheorie und argumentierten: Da sich jede beliebige Farbe aus drei Grundfarben herstellen lasse, sollten auch im Auge drei Rezeptortypen zu finden sein, die auf die Wellenlängen der drei Grundfarben ansprechen und so das Wahrnehmen aller sichtbaren Farbtöne ermöglichen. Diese drei Farbsehzellen wurden dann auch gefunden und das Helmholtz-Young-Modell des Farbensehens damit bestätigt. Gegen dieses Modell opponierte der Hirnphysiologe Karl Ewald Konstantin Hering. Er sagte, es sei unmöglich, sich ein rötliches Grün oder ein gelbliches Blau vorzustellen. Deswegen würde das Gehirn die Farben nicht, wie Helmholtz und Young meinten, mit einer Art Palette zusammenmischen, sondern es arbeite vielmehr mit den jeweiligen Gegenfarben. Diese seien Gelb und Blau sowie Grün und Rot.

Die jeweiligen Paare würden nun durch Erregung und Hemmung die Farbwahrnehmung erzeugen. Dieser Gedanke von Ewald Hering war in seiner Zeit außerordentlich und brachte ihm viel Widerspruch und Feindschaft ein, da sich seine Kollegen nicht vorstellen konnten, wie eine negative Erregung aussehen sollte. Man ging damals allgemein davon aus, dass es nur »wenig« oder »mehr« Erregung geben könne. Eine Erregung mit negativem Vorzeichen aber galt als unsinnig. Doch Hering ließ sich nicht beirren und postulierte, im Hirn müsse es etwas geben, das kategorial ausschließe, dass aus Blau Gelb und aus Rot Grün werden könne. Dieses Etwas wurde inzwischen bei vielen Tieren in Form von Gegenfarben-Neuronen gefunden, und Ewald Hering somit bestätigt. Wir konnten Gegenfarben-Neurone im Bienengehirn nachweisen.

Die Gegenfarben-Neurone sitzen in der Medulla und in der Lobula. Sie reagieren auf die Informationen aus den Farbrezeptoren tatsächlich entweder hemmend oder erregend. Ein Reiz aus dem UV-Spektrum beispielsweise wirkt auf ein bestimmtes Neuron erregend, Signale aus dem blauen Bereich wirken hemmend und solche aus dem grünen einerseits hemmend, andererseits erregend. Auf diese Art wird die Verrechnung sehr klar und eindeutig, da Hemmung und Erregung niemals verwechselt werden können. Wenn Erregung (+) und Hemmung (–) gleich stark sind, gibt das Neuron kein Signal ab. Dann hat man es mit »nichtfarbigem Licht« zu tun – vorzugsweise mit Weiß, Grau oder Schwarz.

Wir haben folgende Typen von Gegenfarben-Neuronen im Bienengehirn gefunden: UV+/Blau–/Grün– sowie UV+/Blau–/Grün+ (**Abb. 17**). Wenn solche Neurone ihre Informationen verrechnen, werden die Farben durch drei Zustände codiert: Bei einer Erregung (+ plus +) muss es sich um UV-Licht handeln, bei einer Hemmung (– plus –) geht es um den Farbton Blau, sendet das eine Neuron Erregung (+) und das andere Hemmung (–), ist grünes Licht codiert. Auf diese Weise wird der Wahrnehmungsraum von der Helligkeit unabhängig. Denn der Rezeptor selbst kann nicht zwischen Farbe und Helligkeit unterscheiden. Er wird dasselbe Signal senden, gleich, ob er weniger Farbe, dafür aber mehr

Helligkeit empfängt oder mehr Farbe, aber weniger Helligkeit. Die Gegenfarben-Neurone schaffen es, die Helligkeit aus dem Farbempfinden herauszurechnen, da sie nur auf die Wellenlängenverteilung, aber nicht auf die Intensität ansprechen. Somit verfügen wir über gute Gründe anzunehmen, dass die Bienen Farben auf ähnliche Weise wahrnehmen wie wir Menschen. Unser Farbempfinden hängt ebenfalls nicht von der Helligkeit ab: Etwas Grünes bleibt grün, egal, ob es stark oder wenig beleuchtet ist. Erst nachts, wenn es dunkel ist, sind bekanntlich alle Katzen grau. Dann verwenden wir aber auch andere Rezeptoren, die alle den gleichen Sehfarbstoff haben. Bienen nehmen Helligkeit mit den Grün-Rezeptoren wahr, möglicherweise auch mit einer Summierung aller drei Farbrezeptoren.

Die Gegenfarben-Codierung scheint so etwas wie ein universelles neuronales Prinzip zu sein, das man in allen Sehsystemen von Fischen über Vögel bis zu Säugetieren und Insekten finden kann. Die Bienen nutzen es möglicherweise sogar, um die Muster von Blüten in ihre neuronalen Verschaltungen »einzubrennen«. So findet man Reaktionsfelder von Sehneuronen, die sich durch farbigen Antagonismus auszeichnen. Beispielsweise ein auf Blau mit Erregung reagierender zentraler Bereich wird umgeben von einem auf Grün mit Hemmung reagierenden Umfeld. Mittlerweile sind verschiedene solche räumlich-farbig organisierten Reaktionsfelder von tief im Gehirn liegenden Sehneuronen beschrieben. Manchmal erinnern sie an Anordnungen, die sich bei der Annäherung an eine Blüte ergeben: Ein grünempfindliches hemmendes Umfeld, eine schmale auf Grün mit Erregung reagierende Struktur dort, wo der Stengel sein könnte, und in der Mitte, wo die Blüte selbst auszumachen wäre, ein auf Blau erregend reagierendes Zentrum. Zu den Eigenschaften solcher hochgeordneter Sehneurone im Bienengehirn gibt es jedoch noch nicht genügend Untersuchungen.

Nun könnte man meinen, dass der Disput zwischen Young und Helmholtz auf der einen Seite und Hering auf der anderen ganz zu Gunsten von Hering ausgegangen ist. Dem ist jedoch nicht so. Beiden Seiten haben recht! Young und Helmholtz auf der Ebene der Farbrezeptoren und Hering auf der Ebene der Gegenfarben-Neurone. Für die Wahrnehmung sind sowohl die trichromatische wie auch die Gegenfarben-Theorie von Bedeutung, denn Farbmischungen werden durch die Eigenschaften der Rezeptoren erklärt, die sukzessiven und simultanen Farbkontrast-Phänomene dagegen durch die Gegenfarben-Neurone. Das Gegenfarben-System ist genauso ein neuronales Verschaltungssystem wie das System, das der additiven Farbmischung zugrunde liegt. Beide existieren nebeneinander und werden von den gleichen drei Farbrezeptoren gespeist, sie kommen nur in unterschiedlichen Wahrnehmungssituationen zum Einsatz.

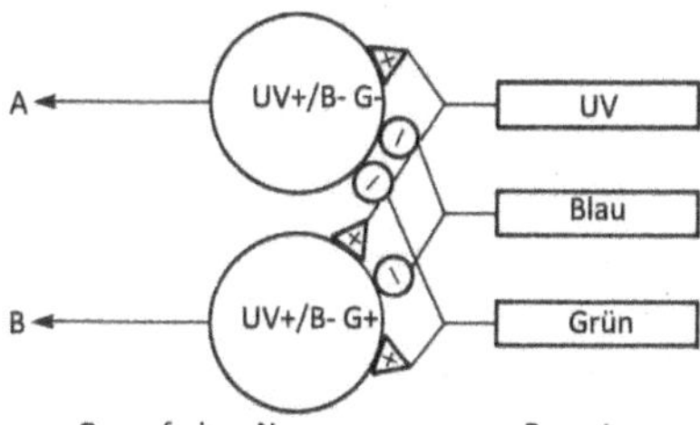

Abb. 17 *Gegenfarben-Neurone*

Auf einem Computerbildschirm sehen wir nahezu alle möglichen Farben, obwohl jeder Bildpunkt nur aus der Mischung von drei Farben (Blau, Grün, Rot) erzeugt wird, so, wie das die trichromatische Farbsehtheorie vorhersagt. Doch wenn wir eine gelbe Fläche neben einer blauen sehen, erscheint uns die gelbe Fläche in einem intensiveren Gelb, ein Phänomen des simultanen Farbensehens. Nach dem Wahrnehmen einer grünen Fläche erscheint uns die rote Fläche intensiver rot, ein Phänomen des sukzessiven Farbensehens. Dann sehen Sie eine gelbliche Fläche dort, wo vorher eine blaue war, eine bläuliche Fläche, wo vorher eine gelbe war, eine rötliche dort, wo Sie vorher die grüne Fläche angeschaut haben, und eine grüne Fläche, wo vorher eine rote war. All diese Phänomene lassen sich mit den Gegenfarben-Neuronen erklären.

Warum man mit einem Auge Auto fahren kann, und wie Bienen räumlich sehen

Bleibt noch die Frage, ob Bienen räumlich sehen können? Für die sogenannte Stereoskopie benötigt man zwei nicht zu nahe beieinanderliegende Augen, die ein überlappendes Sehfeld haben. Nur in diesem Fall kann das Gehirn den Winkelabstand zweier einfallender Strahlen registrieren und daraus die Entfernung des Objekts berechnen. Mit nur einem Auge gelingt das nicht, ebenso wenig, wenn die Augen zu nahe beieinanderliegen oder wenn sie kein überlappendes Sehfeld haben, denn das Gehirn kann dann keine Differenz zwischen den Bildern auf der Netzhaut der beiden Augen messen.

Die beiden Komplexaugen der Bienen liegen sehr nahe beieinander. Sie haben nur knapp einen Millimeter Abstand und verfügen nur über ein kleines überlappendes Sehfeld; außerdem ist ihre Auflösung ziemlich schlecht. Heißt das nun, dass Bienen nicht räumlich sehen können? Dagegen spricht die Beobachtung. Bienen fliegen sicher durch das Gelände, landen punktgenau auf Blüten und machen bei all ihren Manövern nicht den Eindruck, sie müssten erst einmal testen, wie weit die Gegenstände um sie herum entfernt sind. Wenn Bienen nicht über eine stereoskopische Tiefenwahrnehmung verfügten, würde man in der freien Natur des Öfteren Zeuge von Flugunfällen werden, die sie dann bei ihrer verhältnismäßig hohen Geschwindigkeit zwangsläufig erleiden müssten. Denken Sie nur an den dichten Flugverkehr am Eingang des Stockes. Da sausen die Bienen aneinander vorbei, aber es kommt nur ganz selten zum Crash. Wie also gelingt den Bienen die Tiefenwahrnehmung? Die dicht beieinanderliegenden Einzelaugen fallen als Produzenten des stereoskopischen

Effektes aus, da ihre Sehachsen nicht auf den gleichen Umweltpunkt gerichtet sind und innerhalb eines Einzelauges keine räumliche Auflösung erfolgt.

Wenn Sie eines Ihrer beiden Augen schließen, funktioniert Ihr stereoskopisches Tiefensehen nicht mehr. Trotzdem können Sie sich im Raum orientieren. Wenn ein Gegenstand von einem anderen verdeckt wird, merken Sie, dass sich der verdeckende vor dem verdeckten befindet. Diesen Aspekt des Tiefensehens nennt man »Okklusion«. Außerdem können Sie eine relative Größenabschätzung vornehmen. Wenn Sie beispielsweise mit einem Auge eine von Bäumen gesäumte Allee hinunterschauen, nimmt Ihr Gehirn nicht an, dass die Bäume immer kleiner werden. Vielmehr gehen wir davon aus, dass die Bäume etwa gleich groß sind (Größenkonstanz) und schlussfolgern daraus, dass die kleineren weiter entfernt sind. Sie können sich sogar – auf eigene Gefahr allerdings – beim Autofahren ein Auge zuhalten. Menschen, die nur auf einem Auge sehen können, dürfen ja auch Auto fahren. Das wird möglich, weil sie durch die Bewegung ein Gefühl für die Entfernung bekommen. Nahe Gegenstände, wie etwa die Leitplanke oder der Seitenstreifen, bewegen sich scheinbar rascher vorbei als weiter entfernte, wie etwa die Windräder am Horizont oder im Extremfall die Sonne. Der Fachausdruck dafür heißt »Bewegungsparallaxe«.

Somit gibt es mehrere Möglichkeiten der Tiefenwahrnehmung jenseits der Stereoskopie. Die Bienen bedienen sich wahrscheinlich aller drei, in jedem Fall jedoch der Bewegungsparallaxe. Das kann man experimentell gut nachweisen, indem man Flächen unterschiedlicher Größe, aber gleicher Farbe und Form anbietet, die waagrecht auf verschieden hohen Stäben angebracht sind. Wird die Biene nun auf einer Fläche in einer bestimmten Höhe belohnt, lernt sie diese Fläche und kann sie eindeutig zuordnen, auch wenn die Sehwinkelgröße anderer – höher oder tiefer liegender – Flächen der entspricht, die sie gelernt hat. Sie nimmt also offensichtlich wahr, dass sich unterschiedliche Gegenstände scheinbar verschieden schnell bewegen, wenn sie auf sie zufliegt, und kann daraus ihre Entfernung bestimmen. Dass sie dabei nicht die Sehwinkelgröße der Objekte verwendet, kann man mit folgendem Experiment feststellen. Dazu braucht man nur nähere Objekte kleiner und weiter entfernte größer zu machen. Auch in diesem Fall findet das Versuchstier das Objekt, auf das es vorher mit Belohnung dressiert wurde.[12] Ob sie zusätzlich zur Bewegungsparallaxe auch die Verdeckungseffekte für ihr räumliches Sehen nutzt, ist sehr wahrscheinlich, aber bisher noch nicht zuverlässig geklärt worden.

Bei uns am Institut haben wir noch eine andere Frage gestellt: Bis zu welchem Sehwinkel kann die Biene Farbe und Helligkeit unterscheiden? Dazu hat Martin Giurfa, damals ein wissenschaftlicher Mitarbeiter von mir, eine äußerst raffinierte Versuchsanordnung entworfen. Dabei fliegt das Versuchstier in ein Y-förmiges Rohr. An der Weggabelung muss es die Entscheidung treffen, ob es nach links oder nach rechts weiterfliegt. Rechts ist ein blaues Objekt zu sehen, links ein blaugrünes. Diese Farben kann man zusätzlich noch in der Helligkeit variieren, aber man kann sie auch gleich hell einstellen, so dass sie sich nur in der Farbe unterscheiden. Nun wird die Biene auf dem blauen, aber nicht auf dem blaugrünen Objekt belohnt. In der Dressur wie in den Tests erscheinen das blaue und das blaugrüne Objekt nach dem Zufallsprinzip abwechselnd mal rechts, mal links, damit das Tier die Seite nicht zur Orientierung heranziehen kann. Die Biene muss ihre Entscheidung außerdem noch in einem geringen Spielraum bei festgelegter Entfernung und damit definierter Sehwinkelgröße des Objekts treffen. Indem wir die Entfernung zu den Testflächen variierten, konnten wir nun herausfinden, unter welchen Bedingungen sie Farben und Helligkeiten wahrnimmt.

Der Versuch führte zu folgendem Ergebnis: Die Biene braucht einen Sehwinkel von gerade einmal 5 Grad, um Helligkeiten zu unterscheiden, aber 15 Grad, um Farben auseinanderhalten zu können. Das ist ein erheblicher Unterschied, der den Bereich der Farbenblindheit der Biene absteckt. Wenn sie sich bewegt, sieht sie alle Objekte, die so klein sind, dass sie ihr in einem Sehwinkel von unter 15 Grad erscheinen, nicht mehr farbig. Was bedeutet das konkret? Unter einem Sehwinkel von 5 Grad hat ein Objekt, das 1 Meter entfernt ist, eine Größe von 9 Zentimetern; unter einem Sehwinkel von 15 Grad ist es bei derselben Entfernung 26 Zentimeter groß. Objekte, die 2 Meter entfernt sind, müssen also über 50 Zentimeter groß sein, damit die Biene sie farbig sieht! Das heißt, kleinere, einzeln stehende Blüten kann sie nicht an der Farbe erkennen – zumindest nicht aus der Entfernung. Häufig treten Blüten aber in dichten Gruppen auf, wie bei Apfel- oder Kirschbäumen. Zudem bilden Blüten oft auch einen Kontrast zu ihrem Hintergrund, so dass die Bienen sich daran orientieren können. Die Welt der Biene im Flug ist jedenfalls nicht so prächtig bunt, wie wir uns das vielleicht vorstellen. **Abb. 18** zeigt, wie Bienen eine Blüte aus verschiedener Entfernung wahrnehmen: Erst ab einem Abstand von weniger als 5 Zentimetern kann sie das Farbmuster der Blüte erkennen. Bei einem größeren Abstand bekommt die ganze Blüte einen einheitlichen Farbton, der sich von der Farbe des inneren und des äußeren Bereichs unterscheidet, weil eine Mischfarbe entsteht. Außerdem zeigt die Abbildung wie das Farbensehen der Bienen in das menschliche Farbensehen übersetzt werden kann. Auf diese Weise bekommen wir die Möglichkeit, uns die Farbwelt der Biene vorzustellen.

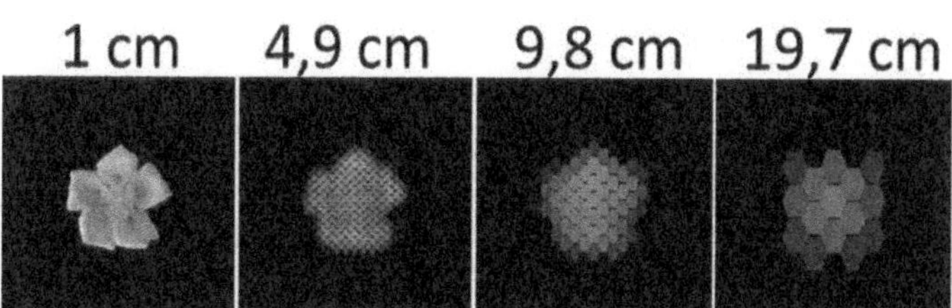

Abb. 18 *Erkennung der Helligkeitsmuster der Blüte des Sonnenröschens (Helianthemum) aus verschiedenen Entfernungen*

Riechen – auf ein Kohlenstoffatom genau

Am Riechen führt kein Weg vorbei –
Informationsfluss: vom Duftstoff
zum Aktionspotential –
Wie man Riechzellen zum Leuchten bringt –
Eine Landkarte der Düfte –
Materielles und Mentales Was denkt im Gehirn? –
Duftsignale auf ihrem Weg durchs Gehirn –
Ein Riechorgan mit hoher Auflösung –
Schmecken: bittere Reize und süße Belohnung

Am Riechen führt kein Weg vorbei

Während ich das Sehsystem der Bienen von meiner Doktorarbeit an untersucht habe, machte ich um das Riechen über lange Zeit meiner Forscherlaufbahn einen großen Bogen. Das mag auf den ersten Blick nicht recht verständlich sein, da die Geruchswelt für die Bienen eminent wichtig ist, für ihr Sozialleben sicherlich wichtiger als das Sehen. Sie nutzen Gerüche zur Orientierung in der Landschaft, bei der Futtersuche und ebenso bei der Heimkehr zum Stock. Mit Gerüchen koordinieren die Bienen sowohl die soziale als auch die biologische Ebene ihrer Existenz. Der Riechsinn spielt für die Bienen eine ähnlich zentrale Rolle wie für uns Menschen der Sehsinn. Das Problem aus wissenschaftlicher Sicht ist jedoch, dass Gerüche experimentell schwer handhabbar sind. Ein Lichtreiz lässt sich präzise auf Quantenzahl und Wellenlänge einstellen. Aber ein Geruch? Ein Pfirsich- oder ein Kirschblütengeruch? Wie soll man den erzeugen? Und selbst wenn es gelingt, wie bekommt man die Quantität in den Griff? Wie erfahre ich, wie viele Moleküle dieses spezifischen Duftes – und keines anderen – wann auf den Duftrezeptor wirken? Ohne zuverlässige Kontrolle dieser Faktoren ist aber keine Wiederholbarkeit und damit auch keine wissenschaftliche Exaktheit möglich. Ein hoffnungsloses Unterfangen, mit dem ich nichts zu tun haben wollte.

Aber wie es manchmal so ist mit der ebenso untergründigen wie gewaltigen Macht des Verdrängten: So sehr ich mich auch um das Riechen drückte, es tauchte immer wieder auf. Zuerst beim Thema Lernen. Bienen lernen zwar Farben sehr gut, doch das zeigen sie nur, indem sie zu einer bestimmten Tafel fliegen. Wenn sie aber herumfliegen, können wir nicht zugleich die neuronale Aktivität ableiten. Dazu müssen die Versuchstiere fixiert sein, damit wir die hauchdünnen Elektroden einstechen können. Wenn sie nach der Kältenarkotisierung in den Röhrchen stecken, zeigen sie jedoch nicht, ob sie die Farbe gelernt haben. Das wundert eigentlich nicht, denn Farben lernen sie im Anflug an die Blüten, und dabei strecken sie ja den Rüssel nicht erwartungsvoll heraus. Das aber tun sie zuverlässig, wenn sie einen Duft durch Belohnung gelernt haben. Deshalb führten wir die meisten Experimente, mit denen wir mehr über die neuronale Grundlage der Lernprozesse erfahren wollten, mit Riechreizen durch. Die Verarbeitung der Gerüche interessierte mich dabei allerdings weniger. Ich wollte vorrangig wissen, welche Effekte in den Lernzentren des Bienenhirns ausgelöst wurden. Aber natürlich hatte ich mich vor diesem Hintergrund eingehend mit dem Riechen beschäftigt.

Ein Professor mit anrüchiger Vergangenheit

Dann kam mein Wechsel nach Berlin. 1975 schrieb die Freie Universität in der Zoologie eine Professur für Sinnesphysiologie aus. Ich bewarb mich und bekam die Stelle. In den nachfolgenden Verhandlungen setzte ich einige meiner Bedingungen durch, sowohl personeller wie materieller Art. Unter anderem wollte ich einige Doktoranden und unbedingt den Elektronikspezialisten Uwe Greggers mitnehmen, mit dem ich seit 1970 zusammenarbeitete – übrigens bis heute. Nachdem mir das alles schriftlich zugesichert worden war, flog ich nach Westberlin zur Ernennung und fand mich beim damaligen Kanzler der Universität ein. Er begrüßte mich und geleitete mich zum Präsidenten. Auf dem Weg eröffnete er mir, dass sich die Freie Universität leider nicht an die schriftlichen Zusagen in meinem Vertrag halten könne. Daraufhin war ich völlig konsterniert. Im Büro des Präsidenten spielte sich daraufhin eine recht skurrile Szene ab. Als der Präsident mir meine Ernennungsurkunde aushändigen wollte, fragte ich noch einmal nach, ob es stimme, dass meine Bedingungen, unter denen ich die Professur annehmen wollte, nicht erfüllt würden. Kanzler und Präsident bejahten mit Verweis auf die gegenwärtige Haushaltslage der Universität. Dann, sagte ich, würde ich mich auch nicht ernennen lassen. Daraufhin wurde die Atmosphäre gereizter. Der Präsident rief, dass er die Ernennungsurkunde jetzt hier habe und ich nun nicht mehr zurückziehen könne. Daraufhin erwiderte ich, dass ich sehr wohl zurückziehen könne, wenn die Universität sich nicht an unsere Vereinbarungen hielte. Die Auseinandersetzung endete schließlich damit, dass der Präsident aufstand und meine Ernennungsurkunde zerriss. Wir trennten uns grußlos, und ich kehrte nach Darmstadt zurück. Eine paar Tage später erhielt ich einen Brief von der Freien Universität, in dem ich dazu aufgefordert wurde, die vorverauslagten Flugkosten zu begleichen. Meine Begeisterung für Berlin war deutlich abgekühlt, und ich schaute mich nach anderen Universitäten um, in der Hoffnung, dass man dort mehr Stil besäße. Ein paar Monate danach erhielt ich noch einmal Post aus Berlin. Der Präsident teilte mir mit, dass zurzeit Überlegungen im Gange wären, wie mir ein neuerliches Angebot unterbreitet werden könne.

Ein halbes Jahr später meldete sich die Freie Universität. Nachdem mir zugesichert wurde, dass ich mich dieses Mal auf alle schriftlichen Vereinbarungen verlassen könne, flog ich wieder nach Berlin. Nach der Ernennung fragte ich den Kanzler, warum denn das zweite Angebot ein halbes Jahr auf sich hatte warten lassen. Er antwortete mir einsilbig, dass es ein Problem mit dem Verfassungsschutz gegeben habe, ließ sich aber keine Details entlocken. Ich ging der Sache nach und schrieb einen geradezu naiven Brief an den Verfassungsschutz, in dem ich anfragte, was sie denn an meiner Person stören würde. Sie antworteten tatsächlich und setzten mir auseinander, sie hätten der Freien Universität auf Anfrage mitgeteilt, dass von ihrer Seite aus Unterlagen gegen mich vorlägen. Tiefer ließen sich die Verfassungsschützer nicht in die Karten schauen. Nachdem ich dann meine Professur in Berlin angetreten hatte, traf ich den Kanzler einmal unter vier Augen und nutzte die Gelegenheit, meine Neugier zu befriedigen. Ich erzählte ihm von meiner Anfrage an den Verfassungsschutz und bat ihn, mir nun, nach Abschluss des Verfahrens, endlich zu sagen, wessen ich mich so schuldig gemacht hatte, dass meine Berufung erneut in Gefahr gewesen war. Der Kanzler erzählte mir, dass ihnen auf die routinemäßigen Anfrage beim Verfassungsschutz von jenen Herren mehrere Fotos vorgelegt worden waren, auf denen ich sehr gut zu sehen sei. (In jener Zeit galt der sogenannte Radikalenerlass, das heißt Personen, die im öffentlichen Dienst arbeiten wollten, mussten vorab auf ihre Verfassungstreue überprüft werden. Damit sollte verhindert werden, dass (Links-)Extremisten die staatlichen Organe unterwandern.) Höchst amüsiert und beifällig begutachtete ich das Geschehen in der Mitte des Bildes, das er mir dann zeigte. Dort entleerte ein junger Mann seine Gedärme auf einem Schreibtisch. Diese Szene stand mir sofort vor Augen. Es war 1967, während meiner Doktorandenzeit, in der ich jede freie Minuten der Studentenbewegung opferte. Besagte Szene spielte sich ab, nachdem wir das Büro des Rektors der Frankfurter Universität gestürmt und besetzt hatten. Mit jener besonderen Note wollten wir unserem Protest gegen die Politik der Ordinarien Aus- und Nachdruck verleihen. Aufgrund dieser verfassungsschutzrelevanten Unterlagen hatte die Freie Universität weitere Erkundigungen über meine Person eingezogen, bevor sie mir schließlich das neue Angebot unterbreitete.

Nach meiner Ernennung setzten sich die Schwierigkeiten allerdings fort, da sich die Universität trotz ihrer Bekundungen nicht an unsere Vereinbarungen hielt und mir weder die bewilligten Mittel in vollem Umfang zur Verfügung stellte noch meine Mitarbeiter übernahm. Es folgte ein Nervenkrieg, bei dem ich letztlich sogar mit der Einschaltung eines Anwalts drohen musste. Während dieser unerfreulichen Auseinandersetzungen flog ich mit meiner Frau nach Princeton, um das Angebot dieser Universität unter die Lupe zu nehmen. Dort wurde ich sehr herzlich aufgenommen. Überhaupt gefiel uns beiden der entspannte und sehr freundliche Umgang der Menschen miteinander. Die Universität war sehr gut ausgestattet und bot mir ein großzügiges Budget für meine Forschungen an. In der Woche, die wir vor Ort waren, fanden wir sogar schon ein Haus, in dem es sich zu sechst – inzwischen hatten wir noch Zwillinge bekommen – gut leben ließ. Wir waren uns einig: Wenn sich die Umstände an der Universität in Berlin nicht zum Besseren wendeten, würden wir nach Princeton ziehen. Mit dieser Einstellung und noch einem weiteren Angebot aus Hamburg begann ich neue Verhandlungen. Der Präsident zeigte sich nach einigem Hin und Her schließlich sogar bereit, ein Institut für Neurobiologie zu gründen und mir zu übergeben. Nach diesem etwas holprigen Start blieb ich für den Rest meines akademischen Berufslebens in Berlin.

Informationsfluss: vom Duftstoff zum Aktionspotential

Anfang der achtziger Jahre wuchs die Literatur über Chemorezeptoren schlagartig so enorm an, dass ich nicht mehr umhinkam, mich damit zu beschäftigen. Bienen nutzen zum Riechen Rezeptoren, die sich auf ihren beiden Antennen (»Fühlern«) befinden. Diese wahren Wunderwerke der Sensorik sind vollgepackt mit Sinneszellen! Die Antennen sind mit einem Kugelgelenk in der Kopfkapsel verankert. Zwischen ihrem unteren, als Scapus bezeichneten Teil und dem längeren oberen Abschnitt, dem Flagellum (Geißel), sitzt ein weiteres Gelenk, das die Antenne sehr beweglich macht. Die meisten Riechrezeptoren findet man nun an der Spitze des in Segmente gegliederten Flagellums. Unter

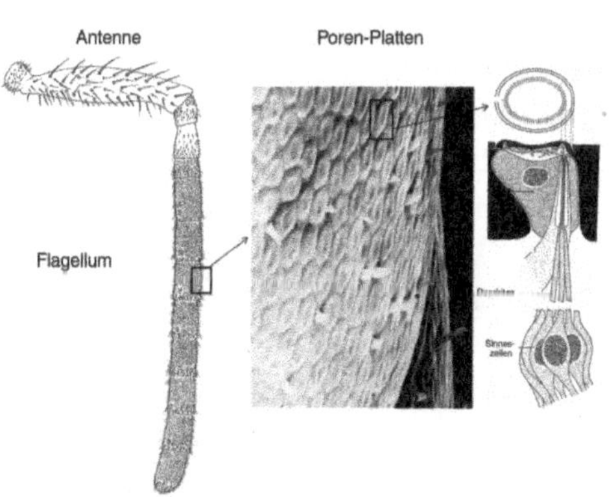

Abb. 19 *Die Antenne der Biene ist aus drei Abschnitten aufgebaut. Der Scapus ist mit einem Kugelgelenk in der Kopfkapsel verankert. Der kleine knieförmige Pedicellus enthält ein wichtiges Organ, das Johnston'sche Organ; es registriert die Bewegung des Flagellums. Das Flagellum besteht aus zehn Segmenten oder Antennengliedern, auf denen sich viele Rezeptoren zum Riechen, Schmecken und Tasten befinden. Die wichtigsten Riechrezeptoren sind in Porenplatten angeordnet. Diese liegen besonders dicht gedrängt in den vorderen Segmenten. Jede Porenplatte enthält 15–20 einzelne Sinneszellen, deren Fortsätze, die Dendriten, bis an die Löcher in der Körperhülle (Cuticula) heranreichen. Die rechte Abbildung zeigt unten einen schematischen Längsschnitt durch eine Porenplatte mit ihren Dendriten und den Sinneszellen, oben eine Aufsicht auf die Porenplatte mit den Löchern durch die Cuticula.*[14]

dem Elektronenmikroskop kann man sehen, dass sich auf der Oberfläche der Antennenglieder viele kleine, flache Vertiefungen befinden (**Abb. 19**), die von winzigen Öffnungen gesäumt sind. Wegen dieses Aussehens hat sich der Name »Porenplatte« für diese Struktur eingebürgert. Auf der Innenseite dieser Porenplatten liegen die aufnahmebereiten Ausläufer (Dendriten) der Neurone des Riechrezeptors.

Wenn ein Geruchsmolekül durch die Poren dringt, wird es in einer Flüssigkeit gelöst und an der Dendritenmembran gebunden. Dadurch entsteht ein Signal, das vom Dendriten an den Zellkörper des Neurons übermittelt wird. Von dort geht es weiter über das Axon, das zusammen mit anderen Axonen der Riechzellen einen Nerv bildet, der in das erste Riechzentrum des Bienenhirns führt. Wegen seiner Verbindung zur Antenne nennen wir es »Antennallobus«. Dieser Lobus ist anatomisch hochinteressant: 160 Kügelchen, die sogenannten Glomeruli, ballen sich dort wie in einer Weintraube zusammen und verarbeiten die Signale der etwa 60 000 Riechrezeptoren. Jeder Glomerulus wird von knapp 400 Riechrezeptoren mit Signalen versorgt.

Sehen wir uns die neuronale Verarbeitung etwas genauer an. Eigentlich gibt es nur drei Arten von Nervenzellen. Da wären zunächst die Sinnesneurone, die sich an den Schnittstellen zwischen der Welt und dem Organismus befinden, dann die Interneurone, auch lokale Interneurone oder Projektionsneurone genannt, die für die Erregungsleitung innerhalb des Gehirns verantwortlich zeichnen, und schließlich noch die Motoneurone, die entsprechende Reaktionen der Muskeln auslösen. Damit ist zugleich der prinzipielle Informationsfluss benannt. Die Daten der Außenwelt werden von den jeweiligen Sinnesneuronen empfangen und von den Interneuronen zu organismusspezifischen Informationen verarbeitet, die eine wie auch immer geartete Reaktion nach sich ziehen. Die wird dann durch die Motoneurone ausgelöst und als Information in die Umwelt zurückgegeben.

Wenn also ein Geruchsmolekül durch die Porenplatte eindringt, wird es nach dem Schlüssel-Schloss-Prinzip von Molekülen am Dendriten gebunden. Das führt zu einer Spannungsänderung in der Zelle, die wir als Rezeptorpotential bezeichnen. Sinnesneurone sind nämlich auch im nicht erregten Zustand elektrisch geladen. Das liegt an der Ionenverteilung innerhalb und außerhalb der Zelle. In Ruhe, wenn kein Geruchsmolekül von außen andockt, ist der Kanal für die positiv geladenen Natriuminonen sowie der für die negativ geladenen Chloridionen geschlossen, während der Kanal für die ebenfalls positiv geladenen Kaliumkanäle offen ist. Eine sogenannte Ionenpumpe befördert mit jedem Stoß drei Natriumionen aus der Zelle hinaus und zwei Kaliumionen in die Zelle hinein. Da es im Inneren der Zelle negativ geladene Moleküle gibt, die nicht durch die Membran wandern können, ist das Innere der Zelle negativ geladen – mit etwa –60 Millivolt gegenüber der Umgebung. Wir haben es hier mit einem ausgeklügelten Gleichgewicht der Kräfte zu tun. Aufgrund des Konzentrationsgefälles drängen die Natriumionen in die Zelle, gelangen aber nicht hinein, da ihr Kanal verschlossen ist. Die Kaliuminonen dagegen wollen aus der Zelle heraus, werden jedoch von der negativen Ladung im Inneren angezogen und zurückgehalten.

Wenn nun das Geruchsmolekül andockt, setzt es einen molekularen Reaktionsprozess in Gang, in dessen Folge ein Enzym aktiviert wird. Das Enzym bewirkt die Freisetzung eines Botenstoffes, des cyclischen AMP (cAMP), das seinerseits die Natriumkanäle öffnet. Aufgrund des Konzentrations- und des Ladungsgefälles strömen jetzt positiv geladene Natriumionen in die Zelle, und die Spannung wird positiver. Das Rezeptorpotential entsteht. Je nachdem, wie viel cAMP gebildet wird, kann es bis auf null Millivolt ansteigen. Wenn cAMP verbraucht ist, schließen sich die Natriumkanäle wieder, die Pumpen befördern die Natriumionen aus der Zelle heraus, und das Ruhepotential stellt sich wieder ein.[15]

Den gesamten Mechanismus kann man nicht mit einem Lichtschalter vergleichen, der die Spannung entweder freigibt oder nicht, sondern eher mit einem Dimmer, der stufenlos auf die Intensität der Eingabe reagiert. Die Sinneszellen übersetzen die Stärke des Reizes in ein entsprechendes Potential, so dass die Information über die Quantität von Gerüchen, Geschmack, Tönen, Tastempfindungen und die Zahl absorbierter Lichtquanten an die verarbeitenden Instanzen weitergeleitet werden. Dazu werden die Rezeptorpotentiale in Aktionspotentiale übersetzt. Um uns diesen Prozess zu vergegenwärtigen, müssen wir von den Dendriten der Nervenzelle, in denen wir uns bislang aufgehalten haben, zum Axon wechseln. Hier gibt es einen entscheidenden Unterschied. Während im Dendriten die Regulierung des Natriumkanals vom cyclischen AMP (oder anderen Botenstoffen im Zellinneren) abhängt, wird seine Öffnung im Axon allein von einer Spannung bewirkt – ebenso die des Kaliumkanals. Sobald im Dendriten die Spannung auf –40 Millivolt ansteigt, öffnen sich im Axon die Natriumkanäle. Bei –30 Millivolt gehen dort auch die Kaliumkanäle auf. In der Folge steigt die Konzentration der Natriumionen stark an. Ein Aktionspotential von bis zu +50 Millivolt entsteht. Da nun aber die Kaliumionen durch die etwas später geöffneten Kanäle ausströmen, nehmen diese die positive Ladung mit, die Spannung sinkt wieder ab und pendelt sich schließlich wieder auf –60 Millivolt ein. Sobald sie erneut den Wert von –40 Millivolt überschreitet, entsteht das nächste Aktionspotential. Je mehr Duftmoleküle gebunden werden, desto häufiger produziert das Neuron Aktionspotentiale.

Salven von Aktionspotentialen nennen wir »Erregung«. Eine solche Erregung wird an die Interneurone in den Glomeruli des Antennallobus weitergeleitet – allerdings nicht direkt, sondern über Kontaktstellen zwischen den Nervenzellen, die Synapsen. Am sendenden Ende des Neurons treffen die Aktionspotentiale ein. In diesem sogenannten präsynaptischen Teil finden sich nun viele spannungsabhängige Calciumkanäle, die sich öffnen, sobald ein Aktionspotential ankommt. Dann strömen Calciumionen ein und verursachen über molekulare Prozesse die Ausschüttung eines Transmitters. Der kann seinerseits den synaptischen Spalt zwischen den beiden Neuronen überwinden und findet auf der anderen, der postsynaptischen Seite Andockstellen. Von hier an läuft der Prozess genauso wie bei den Sinneszellen beschrieben: Cyclisches AMP (oder ein anderer interner Botenstoff) wird gebildet, ein Potential entsteht, das wiederum bei Überschreiten der Schwelle von –40 Millivolt ein Aktionspotential auslöst. Die Erregung wird nun über das Axon zur nächsten Synapse weitergeleitet. Doch das Nervensystem kennt nicht nur Erregung, sondern auch Hemmung. Werden an einer Synapse die spannungsabhängigen Chloridkanäle geöffnet, strömen negativ geladene Chloridionen ein und sorgen dafür, dass die Polarisation der Zelle noch negativer als das Ruhepotential wird und auf bis zu –100 Millivolt absinkt. Dann können keine Aktionspotentiale mehr ausgelöst werden. Das Netzwerk aus unzähligen Neuronen mit ihren vielen Synapsen bildet die Rechenmaschine des Gehirns. Indem sich die Eigenschaften und Strukturen der Neurone verändern, entsteht Gedächtnis. Wenn all das Rechnen zu einem Verhalten führt, werden über die Axone der Motoneurone Muskeln aktiviert. Dabei spielen sich im Prinzip die gleichen Vorgänge ab wie an den Synapsen, mit dem Unterschied, dass die im Muskel auftretenden Aktionspotentiale zu Kontraktionen führen.

Unruhige Zeiten in Berlin

So sehr mich als Experimentator das Riechen auch abschreckte, als Elektrophysiologe zog mich die entsprechende Verarbeitungseinheit an. Denn der Antennallobus liegt weit außen im Gehirn, so dass man eigentlich nur ein kleines Loch in die Kopfkapsel schneiden müsste, um ihn zu untersuchen. Zu dieser Zeit entfloh ich der Universität regelmäßig im Sommer und hielt am Marine Biological Laboratory in Woods Hole (USA) Kurse ab, denn die Zustände am Fachbereich Biologie gestalteten sich katastrophal. Das kann ich ohne jede Übertreibung sagen. In meinem ersten Jahr in Berlin kündigte ich, wie an allen Universitäten üblich, meine Veranstaltungen im Vorlesungsverzeichnis an. Als ich dann meine erste Vorlesung zu den Grundlagen der Tierphysiologie halten wollte, blieb das Auditorium leer. Niemand war gekommen! Daraufhin erkundigte ich mich bei anderen Dozenten, woran das liegen mochte. Zur Antwort bekam ich, dass sie in der Regel keine Vorlesungen mehr hielten. Ich fragte nach, warum diese dann überhaupt angekündigt wurden. Das sei nur aus formalen Gründen. Ich wollte wissen, welche Aufgabe wir Hochschullehrer denn ihrer Meinung nach hätten. Da wurde es grundsätzlicher: Im Fachbereich Biologie gebe es als einen Erfolg der 68er-Bewegung ein neues Lern- und Lehrkonzept. Hier liefe nun alles selbstorganisiert, das heißt, dass die Studentinnen und Studenten sich alles, was sie wissen wollten, allein beibrachten. Die Professoren und Mitarbeiter des Fachbereichs stünden dabei jederzeit zur Verfügung, wenn die Studenten Fragen hätten, würden sich aber nicht mehr mit Vorlesungen und Seminaren aufdrängen. Auch Prüfungen hätten nun einen anderen Charakter und seien als lockere Gespräche konzipiert, in denen die Studenten allein durch ihr Erscheinen bereits ihr Interesse an den Inhalten nachgewiesen hätten. Das sei bereits ausreichend für das Prädikat »sehr gut«.

Ich verstand die Welt nicht mehr. Wenn diese chaotische Situation im Fachbereich ein Erfolg unseres Aufbegehrens gegen die festgefahrenen Strukturen der Universität sein sollte, waren wir entweder gescheitert oder es lag ein ganz entscheidendes Missverständnis vor. Ich hatte in den Jahren nach 1968 niemals für Leistungsverweigerung gestritten, sondern im Gegenteil für mehr Chancen, Leistungen entwickeln und zeigen zu können. Bei all unseren Protesten wäre es uns nie in den Sinn gekommen, das Primat der Wissenschaft infrage zu stellen. Welchen Sinn sollte denn dann Universität haben?

Die Kollegen und Studenten demonstrierten es mir. Allen voran Ernst-Randolf Lochmann, Professor an unserem Institut, der im sogenannten Berufspraxistutorium viele Studenten um sich geschart hatte. Als ihre zentrale Aufgabe sah es diese Gruppe an, alle möglichen Arten von Sit-Ins und Talk-Ins zu organisieren, Institute und andere Einrichtungen der Universität zu besetzen und auf allen erdenklichen Wegen Unfrieden zu stiften. Als ich Dekan der Fakultät wurde, setzte ich mich für die Ausarbeitung einer Prüfungsordnung ein, denn in dem fortschrittlichen Fachbereich Biologie fehlte es nicht nur daran, sondern sogar an einer Studienordnung. Von diesem Moment an war ich das Feindbild Nummer eins. Sogleich wurden reihenweise Talk-Ins über diese Maßnahme im großen Hörsaal einberufen. Trotz mehrerer Warnungen ging ich hin, um den Studenten meine Gründe darzulegen. Aber von einer Diskussion konnte keine Rede sein. Erst wurde ich niedergeschrien, dann trafen mich mehrere gezielt geworfene Steine. Ich hielt trotzdem an der Einführung einer Studien- und einer Prüfungsordnung fest, woraufhin die Studenten in den Streik traten. Für zwei Semester. Ein ganzes Jahr lang! In dieser Zeit wurde ich immer wieder bedroht. Erst durch Telefonterror. Nachts klingelte andauernd das Telefon. Wenn ich abhob, beschimpfte man mich. Unter meinem Auto explodierte ein Brandsatz. Als ich trotz Streik mit ein paar wenigen wissensdurstigen Studenten ein Praktikum durchführte, wurde ich körperlich angegriffen.

Immer wieder endeten die Fäden allen Ungemachs bei jenem Herrn Lochmann. Aus mir nicht nachvollziehbaren Gründen führte er als Biochemiker auch einen Großteil der Diplom-Prüfungen in der Biologie durch. Dem Vernehmen nach hielt er die nach dem Motto »Erscheinen gleich Bestehen« ab und sprach mit den Studenten über keinerlei fachspezifische Inhalte. Das wollte ich mir anschauen und meldete mich eines Tages als Beisitzer an, um einen Eindruck zu bekommen, was da genau lief. Doch mir wurde (als Dekan!) der Eintritt in sein Büro verwehrt, und es kam sogar zu einem Handgemenge, da sich einige der Studenten vom Berufspraxistutorium als Lochmanns Bodyguards gerierten. Ich verstand seinerzeit nicht, warum dieser Kollege mit derartiger Verve die Desorganisation unserer Forschungseinrichtung betrieb. Später sollte es mir wie Schuppen von den Augen fallen: Das Nachrichtenmagazin »Der Spiegel« enttarnte Herrn Lochmann nämlich 2001 als Spitzel, der unter dem Decknamen »Dr. Zeitz« in Diensten des Staatssicherheitsdienstes der DDR stand. Bezeichnenderweise kam die Enthüllung durch das Hamburger Nachrichtenmagazin zustande und nicht auf Betreiben der oft recht eigensinnigen Verwaltung unserer Universität, mit der ich über die Jahre so manchen Strauß auszufechten hatte. Immerhin standen die Archive des DDR-Sicherheitsdienstes seit 1990 offen. Man hätte also dort durchaus einmal nachfragen können. Der *Spiegel* kam Ernst-Randolf Lochmann letztlich auf die Schliche, weil er als Gründungsmitglied der Grünen auch seine eigene Partei bespitzelt hatte.

Wie man Riechzellen zum Leuchten bringt

Umso mehr genoss ich in den achtziger Jahren die Sommerkurse am Marine Biological Laboratory in Woods Hole, einfach weil hier die Wissenschaft im Zentrum stand. Ich lernte mehrere Forscher kennen, die sich mit verschiedenen Methoden beschäftigten, um die neuronale Aktivität bildlich darzustellen. Eine spannende Sache: Wäre so etwas möglich, könnten wir die Schaltvorgänge im Antennallobus unter dem Mikroskop direkt beobachten. Federführend in dieser neuen Forschungsrichtung war der israelische Neurowissenschaftler Amiram Grinvald, der mit fluoreszierenden Farbstoffen experimentierte, die sich in die Membran der Neurone einlagern ließen und dort die elektrische Erregung sichtbar machten. Dazu nutzte er den Effekt, dass bestimmte Farbstoffe (zum Beispiel der als erster experimentell eingesetzte Farbstoff Merocya 540 oder der heute häufiger verwendete RH237) ihre Absorptions- oder Fluoreszenzeigenschaften ändern, sobald sie einer elektrischen Spannung ausgesetzt sind. Ich war von dieser Idee begeistert. Sie schien mir ideal geeignet, die Frage zu klären, wie im Antennallobus Düfte abgebildet werden. Die Verteilung der Glomeruli ließ mich vermuten, dass es ein räumliches Ordnungssystem für Düfte geben könnte. Ich vermittelte einen meiner Doktoranden, Eddi Lieke, an Amiram Grinvald, der ihm in seinem Institut an der New Yorker Rockefeller University bei seinen Forschungen assistieren sollte, um später das gesammelte Wissen unserem Institut zur Verfügung stellen zu können. Eddi kam in der zweiten Hälfte der Achtziger zurück. In New York hatte er die bildgebende Methode in Zellkulturen erprobt und versuchte sich nun am sezierten Bienenhirn. Doch zählbare Erfolge in Form verwertbarer Bilder blieben aus. Das Hauptproblem bei der Sache bestand darin, dass die Lichtsignale aus dem Gewebe letztlich zu gering waren, um aussagekräftige Schlüsse zu ziehen.

Häufig in der Forschung sind es die Zufälle, die zu neuen Ansätzen führen. So auch in diesem Fall. Im Sommer 1984 war ich wieder in Woods Hole. Nach den Tageskursen ging ich in der Regel surfen und gesellte mich dann zur Beachparty, die in regelmäßigen Abständen stattfand. An einem dieser Abende ließ der Wind früher als sonst nach, so dass ich bald wieder zum Strand zurückfuhr. Dort angekommen, wurde ich Zeuge eines Gesprächs unter Biochemikern, die über verschiedene Methoden der bildgebenden Messung neuronaler Erregung debattierten. Die einen hielten es mit den spannungsabhängigen Farbstoffen, die anderen mit Farbstoffen, die ihre Fluoreszenz mit der Konzentration von Calciumionen innerhalb der Zelle änderten. Dieser Effekt, so sagten sie, sei ein paar hundertmal stärker als bei den spannungsabhängigen Farbstoffen. Das ließ mich aufhorchen. Vielleicht wäre das ein probates Mittel für ein bildgebendes Verfahren, mit dem man die neuronale Aktivität abbilden konnte? Ich fragte weiter und erfuhr, dass diese Farbstoffe bislang erst an Zellkulturen getestet worden waren. Einer der Biochemiker erzählte jedoch von einem Trick, mit dem man sie in Nervenzellen hineinbekommen konnte. Dazu heftet man dem Farbstoff ein bestimmtes Molekül an. Diese Verbindung verliert zwar vorübergehend die Fähigkeit zur Fluoreszenz, kann aber dafür die Zellmembran passieren. In der Zelle gibt es dann ein Enzym, das sich dieser Verbindung annimmt und den Anhang wieder von dem Farbstoffmolekül abspaltet, so dass es funktionstüchtig wird. Ich hielt das für eine brillante Idee. Als ich vorschlug, das im lebenden Gehirn zu versuchen, war die Skepsis der Kollegen groß. Für mich stand in dem Moment fest, dass wir diese Methode am Antennallobus der Biene ausprobieren würden.

1991 bekam ich dann den Leibniz-Preis. Die damit verbundenen Forschungsgelder von dreieinhalb Millionen D-Mark sah ich als Risikokapital an. Es war an der Zeit, richtig etwas zu wagen. Ich wollte jetzt an meinem Institut ein bildgebendes Verfahren entwickeln, das man nicht nur an Zellkulturen, sondern am lebenden Organismus anwenden konnte. Dazu stellte ich die beiden Doktoranden Jasdan Jörges und Armin Küttner ein, orderte ein Fluoreszenzmikroskop, eine Digitalkamera und den leistungsstärksten Computer, den ich bekommen konnte. Als Untersuchungsgegenstand wählte ich nun – endlich – den Antennallobus.

Wir legten mit Feuereifer los. Meine beiden Doktoranden ergänzten sich geradezu idealtypisch. Armin war ein ausgezeichneter Präparierer, während Jasdan hervorragend programmieren konnte. Nur zur Einordnung: Wir reden hier von einer Zeit, in der »Sie haben Post!« nur vom Briefträger am Gartenzaun oder im Treppenhaus gerufen wurde. Und um sich die Urlaubsfotos anschauen zu können, musste man seinen Film zum Entwickeln bringen und mindestens eine Woche auf die Abzüge warten. Dementsprechend gab es keine geeignete Software für unser Vorhaben, und wir mussten fast alles selbst programmieren. Es dauerte, bis die Anlage erst einmal rein technisch lief. Armin übte sich derweil in der Präparierung des Antennallobus vom Bienengehirn. Unter Kältenarkotisierung legte er die für das Riechen entscheidende Hirnstruktur frei, dann brachten wir den Farbstoff ein. Nach einem guten halben Jahr waren die Vorarbeiten so weit gediehen, dass wir die ersten Messungen durchführen konnten. In der ersten Woche bekamen wir kein Signal. Im ersten Monat auch nicht. Im ersten Jahr auch nicht. Wir arbeiteten Tag um Tag und manche Nacht. Kein einziges Signal zeigte sich. Nichts! Zum Glück waren wir zu dritt und konnten uns immer wieder untereinander zum Weitermachen motivieren. Als wir fast zwei Jahre an der Bildgebung gesessen hatten, beschloss ich, nach Ablauf von vierundzwanzig Monaten die Reißleine zu ziehen. Kurz vor Ende der Frist kamen die beiden Doktoranden in mein Büro gestürmt. Sie waren außer sich und riefen, ich solle rasch mitkommen, denn sie hätten ein Signal bekommen. Ich rannte los. Tatsächlich. Der Antennallobus fing an, mit uns zu reden!

Der Zufall hatte uns wieder geholfen, aber nun galt es, die Bedingungen zu analysieren, unter denen erstmals geklappt hatte, was uns so lange verwehrt geblieben war. Wir konnten den Hergang schließlich so rekonstruieren: Armin hatte bis tief in die Nacht hinein experimentiert und war dann übermüdet und erschöpft ins Bett gefallen. Die restlichen Bienen, die noch präpariert auf Eis lagen, ließ er einfach stehen. Am nächsten Morgen kam Jasdan ins Labor, um weiterzuarbeiten. Da die Versuchstiere von der Nacht noch lebten, legte er sie in unsere Apparatur und traute seinen Augen nicht, als plötzlich die ersehnten Signale kamen. Offensichtlich brauchte das Fluoreszenzmittel mehr als sechs Stunden und eine Temperatur von wenig über null Grad, um durch die Membran in die Zelle zu gelangen und dort aufgespaltet zu werden. Wenn wir diese Zeitspanne einhielten, funktionierte unser bildgebendes Verfahren. Die Freude darüber, dass wir nach den langen Mühen nun weltweit die Ersten waren, denen diese Art der Messung am lebenden Gehirn gelang, stachelte uns an, tiefer zu gehen. Was genau war geschehen?

In den langen Monaten bis zum Durchbruch hatten wir aus Sorge um das Überleben unserer Versuchstiere offenbar zu früh mit den Messungen begonnen. Hätten wir immer sechs Stunden gewartet, hätten wir vielleicht schon früher Signale erhalten. Doch wir waren nie auf die Idee gekommen, weil wir bei anderen Versuchstieren, die über Nacht auf Eis lagen, auch keine Signale erhalten hatten. Wie wir nun durch systematische Analyse feststellten, hatten wir die Tiere zu schnell aus der Kühlung genommen und zu lange bei Zimmertemperatur aufbewahrt. Das nahmen uns die Neurone übel. Ihre Membranen konnten den Farbstoff nicht mehr halten, er diffundierte offensichtlich wieder heraus. Unser bildgebendes Verfahren funktionierte am besten in einem Zeitfenster von etwa vier bis sechs Stunden nach der Präparierung. Dann konnte der Farbstoff die Erregung in den Nervenzellen wiedergeben, da ja die Calciumkanäle nur geöffnet werden, wenn ein Aktionspotential an der Synapse ankommt. Das Leuchten des Farbstoffs sahen wir mit dem Fluorenszenzmikroskop, nahmen es mit Kameras auf und ließen es im Computer berechnen. So konnten wir sagen, welches Neuron im Antennallobus jeweils aktiv war. Zugleich gelang es uns, seine Erregung genau zu messen. Nun war ich mitten im Thema Riechen angekommen. Mit unserer Methode, die wir »Calcium-Imaging« (»Calcium-Bildgebung«) oder kurz »Ca-Imaging« nannten, hatten wir jetzt ein phantastisches Instrument in Händen, mit dem wir Netzwerke beim lebendigen Tier studieren konnten.

Bis dahin war lediglich bekannt, dass im Antennallobus die Geruchsdaten von den Rezeptoren eingehen und verarbeitet werden. Eine solche erste neuronale Instanz für die olfaktorischen Eingänge findet man bei sehr vielen unterschiedlichen Arten. Bei Säugern, Wirbeltieren allgemein[17] und ebenso bei Insekten. Für die Art und Weise der neuronalen Verschaltung der Geruchsdaten bei Mäusen gab es eine erste Hypothese. Demnach sollte, sobald ein Duft ankommt, eine Erregungswelle ausgelöst werden. Die Vorstellung war, dass bestimmte Neurone synchron ihre Aktionspotentiale bilden und dadurch Schwingungen von elektrischen Potentialen auslösen, die sich auch außerhalb der Neurone messen ließen. Auf eine nicht weiter geklärte Weise sollten unterschiedliche Schwingungen spezifisch für bestimmte Düfte sein und sie so unterscheidbar machen.[18] Demnach würde beispielsweise Rosenduft anders schwingen als Lilienduft. So oder so ähnlich sollte nach damals gängiger Forschungsmeinung die Erstverarbeitung in allen Duftsystemen laufen – also auch bei der Biene. Aber bewiesen hatte das noch niemand. Diese Aufgabe würde nun uns zuteil, so dachten wir zumindest.

Eine Landkarte der Düfte

Das Calcium-Imaging lieferte uns Aktivitätsbilder vieler Glomeruli auf einmal. Wenn wir den Bienen einen Duft zu riechen gaben, konnten wir sofort registrieren, wie sich die Erregung im Antennallobus verteilte. Rasch stellte sich heraus, dass die Verarbeitung hier ganz anders ablief als bislang angenommen. Jeder Duft erzeugte nämlich ein neues Aktivitätsmuster. Nachdem wir die Glomeruli durchnummeriert hatten, konnten wir angeben, welche bei welchem Duft in welcher Weise aktiv waren.

Mit wie vielen Bienen wir dieses Experiment auch durchführten, ein spezifischer Duft erzeugte immer dasselbe Aktivitätsmuster der Glomeruli. Jede Biene riecht also auf der Grundlage einer Duftkarte. Damit hatten wir die erste Stufe der Riechverarbeitung geklärt. Vor dem Hintergrund unserer Erkenntnisse konnten auch bei anderen Tieren Duftkarten gefunden werden. Dabei stellte sich heraus, dass diese Art der Verarbeitung von Düften in der Natur ohne Alternative ist. Wir finden sie in den Geruchssystemen von Insekten ebenso wie in jenen von Wirbeltieren. Menschen haben übrigens 1000 Glomeruli. Zumindest sind so viele genetisch angelegt. Wirklich ausgebildet werden aber lediglich 500. Damit könnten wir uns vom Prinzip her einen noch gewaltigeren Duftraum erschließen als die Bienen, wobei man sagen muss, dass der Unterschied von 160 zu 500 nur rechnerisch hoch ist. Man kann mit beiden so gut wie jeden Duft wahrnehmen, für den die Riechrezeptoren empfindlich sind. Warum wir Menschen in unserer Entwicklung allerdings den Geruchssinn trotz unserer Anlagen so stiefmütterlich behandelt haben, muss Spekulation bleiben. Offensichtlich hat uns der Sehsinn so enorme Evolutionsvorteile gebracht, dass wir weder das Riechen noch das Schmecken, das Hören oder den Tastsinn weiter perfektionieren mussten.

Die Bienen verfügen über eine weitere erstaunliche Fähigkeit, sie können nämlich räumlich riechen. Dafür ist der »topochemische Sinn« verantwortlich, wie ihn Karl von Frisch nannte. Mit ihren beiden beweglichen Antennen tasten die Bienen den Riechraum in feinsten Dimensionen ab. Auf diese Weise finden sie innerhalb der Blüte schnell die Nektarquelle, die häufig mit einer kleinen Duftstelle markiert ist. Doch auch im Stock nützt ihnen das räumliche Riechen. Hier können sie präzise lokalisieren, welche Larve noch Futter benötigt, wo welcher Pollen und Nektar gespeichert wird und auf welche Weise die Wachszellen der Waben weitergebaut werden müssen. Die Bienen tasten sich auch gegenseitig ab und können dabei feststellen, ob das Gegenüber von derselben Königin abstammt. Sie können sogar riechen, ob sie denselben Vater haben, da eine Königin von mehreren Drohnen begattet werden kann. Das gelingt ihnen, weil verschiedene genetische Linien an der Körperoberfläche unterschiedlich mit bestimmten langkettigen Molekülen ausgestattet sind, die sich im Geruch unterscheiden. So können sich auch soziale Netzwerke von mehr oder weniger engen Verwandten innerhalb eines Volkes bilden. Die richtige Duftnote ist in der Bienenwelt enorm wichtig. Ein faszinierendes Schauspiel kann man am Stockeingang betrachten, wenn die ankommenden Sammlerinnen von den Wächterbienen mit dem Trillern der Antennen begrüßt werden. Sollte sich dabei herausstellen, dass sich Bienen eines anderen Volkes dorthin verirrt haben, werden diese mit heftigen

Kampfgebärden vertrieben. Dann gilt das geflügelte Wort vom »einander nicht riechen können« in besonderer Weise.

So neu die Entdeckung einer Duftkarte im Antennallobus der Biene war, so wenig verwunderte sie mich letztendlich, denn Gehirne arbeiten oft mit Karten. Wenn wir unser Hirn anschauen, finden wir beispielsweise eine optische Karte, die wie ein verzerrtes Foto der Umwelt aussieht, oder eine motorische und eine sensorische Karte, die beide gerne in Form sogenannter Homunculi (»Menschlein«) dargestellt werden. In der Scheitelregion unseres Cortex gibt es einen Bereich, in dem von den Zehen über die Zunge bis zum kleinen Finger der gesamte Körper repräsentiert ist. Die Größenverhältnisse entsprechen dabei der Wichtigkeit der entsprechenden Körperteile für den Menschen (**Abb. 20**). Während der Rücken nur wenig Raum einnimmt und Füße, Beine sowie der Rumpf nicht allzu stark gewichtet sind, kommt der Hand – insbesondere dem Daumen – enorme Bedeutung zu, ebenso dem Gesicht und der Zunge. In Regionen, in denen unser Körper zu feinen Tastunterscheidungen fähig ist, wird mehr Kortexfläche investiert. Dementsprechend sind auch mehr verarbeitende Neurone beteiligt. Ähnlich verhält es sich mit der Sehkarte, der Hörkarte und der Bewegungskarte in unserem Ge-

Abb. 20 *Gehirnkarte für die Tastwahrnehmung unserer Körperoberfläche.*[19]

hirn, aber auch mit der Riechkarte, die sich bei Mensch und Biene gleichermaßen findet. Für den Organismus wichtige Düfte werden durch kontrastierende Aktivitätsmuster der Glomeruli deutlicher voneinander unterschieden als Düfte, die für den Organismus von geringerer Bedeutung sind.

Materielles und Mentales: Was denkt im Gehirn?

Für Philosophen hat der Begriff »Repräsentation« noch eine zweite Bedeutung. Ein Homunculus müsste im Gehirn sitzen wie wir in einem Kino. Denn wer sonst, wenn nicht dieses Menschlein, sollte sich die Hirnkarten anschauen? Diese scheinbar ironische, aber zutiefst erkenntnistheoretische Frage geht weniger an die Neurowissenschaft als vielmehr an die Philosophie, die sich seit der Antike mit dem Problem herumschlägt, in welcher Weise Geist und Gehirn zusammenzubringen sind. »Noch niemand konnte es fassen, wie Seel und Leib so schön zusammenpassen, so fest sich halten, als um nie zu scheiden, und doch den Tag sich immerfort verleiden.« So lässt Goethe seinen Professor Wagner im zweiten Teil des »Faust« über das Leib-Seele- beziehungsweise Geist-Materie-Problem sinnieren. Dahinter steht die philosophische Frage: Wie kann etwas Nichträumliches und Nichtstoffliches wie der Geist auf etwas Räumliches und Stoffliches wie die Materie wirken, und wie kann aus einem Stoff wie dem Gehirn etwas Nichtstoffliches entstehen? Wie kann meine geistige Eingebung, meine Hand zu heben, die tatsächliche Bewegung meiner Hand verursachen? Und ebenso umgekehrt: Wie können materielle Ursachen geistige Wirkungen zeitigen? Dafür gibt es bislang weder eine befriedigende philosophische noch eine exakte naturwissenschaftliche Erklärung, obwohl wir tagtäglich erfahren, dass »Seel und Leib« zumeist »so schön« zusammenpassen.

Antworten jedoch gibt es viele. Eine der faszinierendsten und zugleich wirkmächtigsten stammt vom Franzosen René Descartes, der sich in der ersten Hälfte des 17. Jahrhunderts gleichermaßen als Hirnforscher und als Philosoph betätigte. Descartes sieht den Körper des Menschen als eine Maschine, die vom Gehirn gesteuert wird. Alles an ihr ist materiell und kann prinzipiell naturwissenschaftlich erklärt werden. Alles – bis auf die Seele. Die kann man nach Descartes nicht mit naturwissenschaftlichen Mitteln erschließen, weil sie nicht aus Materie besteht. Ihr göttlicher Ursprung und ihr Unsterblichkeitsstatus rücken sie aus dem Erkenntnisbereich des Menschen. Dementsprechend trennt Descartes die beiden Bereiche des Daseins auf in die »res cogitans« und die »res extensa«, die denkende und die ausgedehnte, körperliche Substanz. Für den Zusammenhang zwischen beiden entwickelt Descartes eine faszinierende Idee. Aus Sektionen weiß er, dass es sich beim menschlichen Gehirn in allen Teilen um eine paarig angelegte Struktur handelt. Rechte und linke Hälfte sind spiegelsymmetrisch. Einzige Ausnahme ist die Zirbeldrüse, die wie ein Glöckchen unter dem Gehirn hängt. Da es sie nur ein Mal gibt, muss ihr eine Spezialaufgabe zukommen. So erklärt Descartes die Zirbeldrüse – aus letztlich ästhetischen Gründen – zum Hauptinteraktionsort zwischen Leib und Seele: »Alle Tätigkeit der Seele besteht aber darin, dass allein dadurch, dass sie irgendetwas will, sie bewirkt, dass die kleine Hirndrüse, mit der sie eng verbunden ist, sich in der Art bewegt, wie erforderlich ist, um die Wirkungen hervorzurufen, die diesem Willen entspricht.«[20] Über die Zirbeldrüse wird nach Descartes nicht nur der Körper nach dem Willen der Seele instruiert, sondern hier bekommt auch die Seele die Informationen aus dem Körper.

Die moderne Wissenschaft hat die Zirbeldrüse als Produzentin des Hormons Melatonin entzaubert. Sie ist damit nicht für das Zusammenspiel von »res cogitans« und »res extensa«, sondern für den Schlaf-Wach-Rhythmus zuständig. Seit Descartes' ebenso einnehmender wie spekulativer Idee sind all jene, die über die Frage nachdenken, »wie Seel und Leib so schön zusammenpassen« mit dem Begriff »Dualismus« geschlagen. Zwei Dinge, die offensichtlich zueinander gehören, wurden durch Einteilung in verschiedene Kategorien auseinandergerissen. Wir Naturwissenschaftler dagegen gehen in unserer Arbeit monistisch vor, das heißt, wir arbeiten von unseren Konzepten her so, als gäbe es keine unüberbrückbaren Unterschiede zwischen Geist und Materie, auch wenn wir das nicht letztgültig nachweisen können. Dabei präzisieren wir, was mit »Geist« gemeint ist, folgendermaßen: das dem Menschen eigene Erleben von inneren Zuständen, das Fühlen, Wahrnehmen, Wünschen, Wollen, Denken, Erinnern, Vorstellen und Planen sowie die Fähigkeit, darüber zu berichten, sich also dieser Vorgänge bewusst zu werden. Das nennen wir »mentale Zustände« und ordnen sie dem Gehirn zu. Anders als chemische und physikalische Zustände des Gehirns sind sie allerdings weder an einen Ort gebunden, noch unterliegen sie dem Kausalgesetz. Manche Philosophen schließen daraus, dass mentale und physikalische Zustände verschiedene Wesenheiten besitzen. Dem schließen wir Neurowissenschaftler uns nicht an, aber auch wir haben das große Problem, dass wir (noch?) nicht beschreiben können, wie genau sich die Wechselwirkungen zwischen dem Gehirn und seinen mentalen Zuständen abspielen.

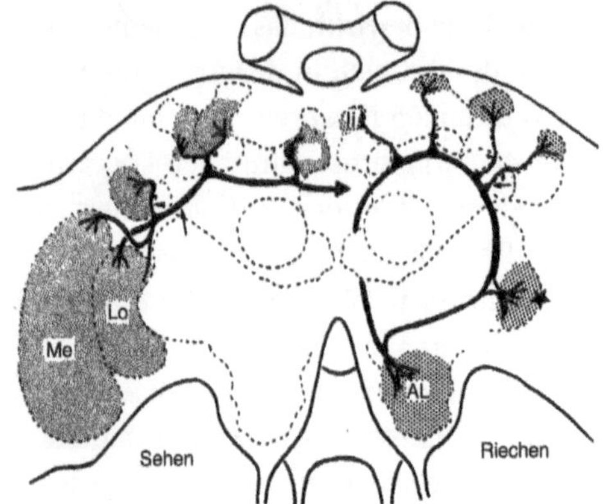

Abb. 21 *Die beiden wichtigsten Bahnen der Sinnesverarbeitung im Bienengehirn (rechts: Riechen. Links: Sehen.) Beide Bahnen ziehen von den sensorischen Verarbeitungsinstanzen zu den höheren Zentren des Gehirns. Riechen: vom Antennenlobus (AL) über zwei Bahnen in den Pilzkörper und in einen seitlichen Bereich des Gehirns. Sehen: von den optischen Ganglien (Me: Medulla, Lo: Lobula) in den Pilzkörper und auf die andere Seite des Gehirns.*

Duftsignale auf ihrem Weg durchs Gehirn

Ich werde später fragen, ob Bienen mentale Zustände haben und ob diese Frage überhaupt sinnvoll ist. Jetzt interessiert mich ein anderer Sachverhalt: Wer schaut sich eigentlich die Duftkarte im Antennallobus an? Ganz offensichtlich übernehmen dies höhere Teile des Gehirns. Sie lesen die Informationen in der Weise aus, dass Gerüche bestimmte angeborene und erlernte Verhaltensweisen steuern können und Duftgedächtnisse gebildet werden. Aber wie das geschieht, ist uns noch nicht klar. Vom Antennallobus gehen zwei Signalwege in andere Hirnregionen (**siehe Abb. 21**). Eine Leitung führt über den Pilzkörper in das sogenannte laterale Protocerebrum. Hier werden natürliche Düfte und Pheromone in verschiedenen Arealen abgebildet.[21] Pheromone sind Duftstoffe, die für Angehörige der eigenen Art eine Bedeutung haben und Verhaltensreaktionen auslösen. Die für Pheromone zuständigen Regionen des Gehirns wie das laterale Protocerebrum steuern vermutlich eher instinktives, reflexartiges Verhalten. Diese Vorstellung wurde vor allem durch Forschungen an der Fruchtfliege Drosophila entwickelt. Wenn Bienen auf das Pheromon der Königin mit Pflegeverhalten reagieren oder auf das Stachelpheromon mit Aggressivität, dann werden die entsprechenden neuronalen Signale direkt in das laterale Protocerebrum geleitet, wo Kommandos für das entsprechende angeborene Verhalten gegeben werden. Die andere Bahn führt vom Antennallobus andersherum über das laterale Protocerebrum zum Pilzkörper. Der Sinn dieser beiden in entgegengesetzter Richtung verlaufenden Signalbahnen bereitet uns einiges Kopfzerbrechen.[22] Da die beiden Bahnen aus verschiedenen Bereichen des Antennallobus kommen, liegt die Vermutung nahe, dass sie aus Glomerulibereichen stammen, die jeweils andere Arten von Düften verarbeiten. Damit hätte man auf indirektem Weg einen Hinweis auf die Art der Verschaltung. Doch dem ist nicht so. Wir haben sowohl von der einen wie auch von der anderen Bahn Ableitungen gemacht und an den Signalen gesehen, dass sich die Duftspektren nur geringfügig unterscheiden. So gibt es zurzeit nicht mehr als plausible Vermutungen über die Funktion dieser Art der Leitungsführung. Eine Theorie vermutet eine neuronale Instanz im Pilzkörper, die eine zeitliche Versetzung der Signale zwischen den beiden Bahnen registriert und aus der Differenz eine Information ziehen könnte. Allerdings gibt es weder Anhaltspunkte für diese Instanz noch für den Nutzen der von ihr aufgenommenen Information. Meine Arbeitsgruppe geht in eine andere Richtung. Wir nehmen an, dass der äußere Trakt für eine Differenzierung der Düfte, unabhängig von ihrer Intensität, zuständig sein könnte, während der innere Trakt eher für eine Codierung der Intensität und der Mischungsverhältnisse von Duftkomponenten[23] verantwortlich zeichnet.

Präzisionsarbeit im Netzwerk der Düfte

Die Karten vom Sehsystem, dem motorischen und dem sensorischen Homunculus kann man sich recht gut vorstellen, aber eine Geruchskarte? Zugegeben, hier fehlt das unmittelbare sinnliche Erleben. Um sich den Duftatlas zu vergegenwärtigen, kann man sich 160 Kreise vorstellen, die für die Glomeruli stehen. Bei jedem Duft sind dann einige der Glomeruli aktiv, andere nicht, wieder andere zu einem gewissen Teil. Wir haben es mit einem duftspezifischen Muster von Glomeruli-Aktivitäten zu tun. Obwohl keines dieser Muster einem anderen gleicht, sind verschiedene Glomeruli bei mehreren Düften aktiv. Damit können sich die Bienen einen enormen Duftraum erschließen.

Als ich meine Vorbehalte gegen die Untersuchung des Riechsystems aufgegeben hatte, führten wir an meinem Institut in Berlin ein Experiment durch, das uns Aufschluss darüber geben sollte, wie präzise Bienen Gerüche wahrnehmen konnten. Dazu bohrten wir 48 Löcher in eine etwa türgroße Platte. Hinter jedes

Loch stellten wir Zweiliterflaschen, die mit jeweils einer anderen Substanz gefüllt waren. Im Raum war keinerlei Luftbewegung, so dass die Gerüche durch den schmalen Flaschenhals aufstiegen und sich nur im Bereich um das Loch herum konzentrierten. Das Versuchstier wurde nun an einem der 48 Punkte belohnt. Egal, wie wir in der Folge die Flaschen umstellten, die Bienen fanden immer den Duft, auf den sie vorher dressiert waren. Sie konnten sogar verschiedene Alkohole unterscheiden. Um Missverständnisse zu vermeiden: Wir ließen die Bienen nicht etwa an Bier, Wein und Cognac schnuppern (obwohl sie das sicher unterschieden hätten), sondern an Substanzen aus der chemischen Stoffklasse der Alkohole, die sich in der Zahl der Kohlenstoffatome unterschieden – also von Ethanol mit zwei über Hexanol mit sechs bis hin zu Dekanol mit zehn Kohlenstoffatomen. Die Versuchstiere hielten die Düfte selbst dann noch auseinander, wenn wir Alkohole nebeneinanderstellten, die sich nur um ein einziges Kohlenstoffatom unterschieden und die wir Experimentatoren nur noch nach der Formel auf der Flasche, nicht aber nach dem Geruch auseinanderhalten konnten. Es kursierte eine Zeitlang die Behauptung, dass Bienen über 40 000 verschiedene Düfte riechen können. Das ist durchaus möglich, aber ich kann diese Zahl nicht bestätigen und wüsste auch nicht, wie man das experimentell nachweisen sollte. Aus meiner Erfahrung kann ich nur sagen: Alle Düfte, die ich jemals getestet habe, konnten die Bienen auch unterscheiden. Selbst Fettsäuren, die Bienen offensichtlich nur ungern lernen, konnten sie schließlich fehlerlos auseinanderhalten, nachdem sie erst einmal auf den Duft dressiert waren. Das Spannende ist nur, dass sie Düfte umso besser unterscheiden, je unähnlicher die Muster der Glomeruli-Erregungen sind.[25] Das heißt, dass die Muster der Duftcodierung im Antennallobus tatsächlich die Wahrnehmung von Düften bestimmen.

Nachdem wir die Duftkarte für die Honigbiene erarbeitet hatten, konnten wir weitere Fragen stellen. Neue Anstöße dazu gaben Giovanni Galizia, jetzt Leiter des Neurobiologischen Instituts der Universität Konstanz und damals promovierter Mitarbeiter in meiner Arbeitsgruppe, und seine Doktorandin Silke Sachse. Sie entwickelten in den Jahren 2000 bis 2005 eine elegante Methode, mit der sich nur die aus den Glomeruli herausprojizierenden Neurone mit dem Farbstoff anfärben ließen. Damit ließ sich das Neuronennetzwerk zwischen den Glomeruli studieren, weil die herausprojizierenden Neurone nicht nur von den Eingängen der Duftrezeptoren, sondern auch von den vielen Neuronen zwischen den Glomeruli gespeist werden. So kann man herausfinden, wie die Glomeruli miteinander reden. Tatsächlich fand Silke Sachse bei ihren Untersuchungen derartige Kommunikationswege, indem sie Interneurone verfolgte, die einen Geruch signalisierten. Getreu unserer Duftkarte wurden dabei die entsprechenden Glomeruli aktiviert, zugleich aber wirkten diese Interneurone auf die nicht beteiligten Glomeruli hemmend. Das heißt, im Antennallobus arbeitet ein Netzwerk, das die Unterschiede zwischen aktiven und nicht aktiven Glomeruli durch seine Verschaltungsweise verstärkt. Die Bienen schärfen also auf neuronaler Ebene die Wahrnehmung von Gerüchen, indem sie die Differenz zwischen einzelnen Düften vergrößern.

Auf Grundlage dieser Einsicht gingen wir einen Schritt weiter und gaben den Bienen Duftmischungen zu riechen. Wir wählten sechs Düfte aus, von denen wir wussten, welche Glomeruli sie jeweils aktivieren. Dabei achteten wir darauf, dass jeder Duft ein anderes Muster innerhalb von vierzig für unser bildgebendes Verfahren gut erfassbaren Glomeruli darstellte. Was würde nun geschehen, wenn wir die sechs Düfte mischten? Eigentlich müssten nun alle vierzig Glomeruli aktiv sein, sobald wir den Versuchstieren die Mischung zu riechen gaben. Dem war jedoch nicht so! Es bildete sich ein völlig neues Muster, zu dem bei Weitem nicht alle vierzig Glomeruli beitrugen. Dieses Experiment machte die Dimension des Netzwerkes im Antennallobus deutlich. Etwa tausend Neurone sind an der Verschaltung der Glomeruli beteiligt und wirken in unterschiedlichster Weise zusammen. Einige wenige erregen, die meisten hemmen. Vorteil dieses Netzwerkes ist, dass zu jedem Duft, und damit auch zu jeder Mischung von Düften, ein eigenes Muster erzeugt wird.

Interessanterweise sind diese Muster nicht nur im Einzeltier stabil und damit jederzeit wieder herstellbar. Egal, welcher Biene wir welchen Duft oder welche Duftmischung zu riechen gaben – alle Versuchstiere zeigten jeweils dasselbe geruchsspezifische Muster. Als ob die Natur von vornherein gewusst hätte, welche Düfte es für die Bienen zu riechen geben würde. Tatsächlich hat man mittlerweile bei der sowohl elektrophysiologisch wie molekulargenetisch gut untersuchten Drosophila eine Festschreibung der Gerüche in den Genen gefunden. Wenn man ein Gen der Fruchtfliege ausschaltet, das steuert, welche Düfte vom Rezeptor aufgenommen werden, bilden sich zwar weiterhin Aktionspotentiale, diese codieren aber nicht mehr den Duft, und der zugehörige Glomerulus wird nicht mehr duftspezifisch erregt. Das wiederum heißt, dass die Muster der Gerüche bereits auf genetischer Ebene angelegt sind. Andersherum gibt es einige Gerüche, für die Bienen nicht empfindlich sind. In diesem Fall bleiben sie es auch. Selbst wenn man sie während ihrer Entwicklung immer wieder diesem Duft aussetzt, bildet sich im Antennallobus kein Muster für diesen Geruch heraus. Allerdings ändert die Erfahrung auch die Stärke der Glomeruli-Erregung, wobei das für den Duft spezifische Muster weitgehend erhalten bleibt. Diese Frage stand von Anfang an im Zentrum unserer Studien der Codierung von Düften im Antennallobus. Bereits unsere ersten Messungen mit der Ca-Imaging-Methode galten der Frage, ob und wie sich die Glomerulus-Aktivierung beim Duftlernen verändert.[27]

Ein Riechorgan mit hoher Auflösung

Nachdem wir allen Glomeruli Nummern gegeben hatten, konnten wir viel genauer untersuchen, welche Änderungen sich im

Netzwerk des Antennallobus beim Lernen ergeben. Brian Smith und Fernando Locatelli, ehemalige wissenschaftliche Mitarbeiter an meinem Institut, dachten sich folgenden Versuch aus.[28] Sie mischten zwei Düfte in verschiedenen Verhältnissen. Dann dressierten sie die Versuchstiere darauf, die Geruchsmischungen zu unterscheiden und schauten sich an, ob sich die Aktivierung der jeweils beteiligten Glomeruli dabei veränderte. In der Tat konnten sie eine Beziehung zwischen dem Verhalten der Bienen und den Vorgängen im Antennallobus beobachten. Solange es den Bienen schwerfiel, die Mischungen auseinanderzuhalten, ähnelten sich die Aktivitäten der Glomeruli in den verschiedenen Geruchsmustern, mit jedem Lernvorgang aber grenzten sie sich immer deutlicher voneinander ab. Je besser die Biene die Duftmischungen zu unterscheiden gelernt hatte, desto besser konnten auch die Experimentatoren die von den Glomeruli gebildeten Muster voneinander trennen.

Anders als wir Menschen nutzen die Bienen ihren Geruchssinn auch zur Orientierung in der Zeit und haben es dabei zu einer wahren Meisterschaft gebracht. Einer meiner früheren Doktoranden, Paul Szyszka, konnte das in der Arbeitsgruppe von Giovanni Galizia an der Universität Konstanz mit einem herausragenden Experiment beweisen und damit zugleich eine der Grundannahmen der Sinnesphysiologie in Zweifel ziehen. Nach wissenschaftlicher Lehrmeinung sollen nämlich die Sinne unterschiedlich gut darin sein, kurz aufeinanderfolgende Reize wahrnehmen zu können. Das menschliche Auge beispielsweise kann nicht mehr als zwanzig Bilder pro Sekunde als einzelne Bilder erkennen, weswegen wir sie ab dieser Rate als kontinuierlichen Strom erleben. Beim Ohr ist die zeitliche Trennschärfe viel höher. Fledermäuse und Schleiereulen sind Champions in dieser Disziplin. Sie können zeitliche Unterschiede bei der Ankunft von Schallwellen an ihren beiden Ohren im Bereich von einer Millionstel Sekunde wahrnehmen. So gut sind wir Menschen nicht, aber immerhin gelingt es uns, die Richtung einer Schallquelle auszumachen, womit wir beim Abstand unserer Ohren Schallwellen zumindest in Bruchteilen von Millisekunden auseinanderhalten können.[29] Der Geruch hingegen galt den Physiologen immer als der trägste Sinn. Paul Szyszka konnte nun nachweisen, dass dies zumindest für Bienen nicht zutrifft.

Er dressierte Versuchstiere zunächst auf zwei überlappende Pulse von zwei verschiedenen Düften, die kurz hintereinander einsetzten. Im nächsten Schritt sollten die Bienen dann zwei kurz hintereinander eintreffende Düfte von zwei gleichzeitig einsetzenden Duftreizen unterscheiden. Diese Aufgabe konnten sie selbst für solche Duftreize noch meistern, die mit einem Zeitabstand von nur 6 Millisekunden einsetzten. Das ist eine ganz erstaunliche Leistung. Bis dahin nahm man für eine Reihe von Tierarten (und auch für den Menschen) an, dass Duftreize zwischen 200 und 600 Millisekunden andauern müssen, damit sie wahrgenommen und voneinander unterschieden werden können. Wir Menschen können bei einer solchen Reizkonstellation mit unserem Geruchssinn keinen Unterschied wahrnehmen. Mit unserem Sehsystem aber sehr wohl. Hier sind wir dazu in der Lage, einen um 6 Millisekunden verzögerten Reizbeginn zu bemerken, obwohl die Wahrnehmung ganzer Bilder gut 50 Millisekunden in Anspruch nimmt.

Mithilfe dieser unglaublich hohen Wahrnehmungsrate erlangen die Bienen wertvolle Informationen über die Duftverteilung im Gelände, innerhalb der Blüte und im Stock. Sendet eine Quelle eine Mischung aus, erreichen die beiden Düfte immer zur selben Zeit die Antennen, da die Duftpakete in der turbulenten Luft beide Düfte gemeinsam transportieren. Kommen allerdings zwei Düfte von zwei verschiedenen Quellen, treffen ihre Duftpakete nacheinander auf die Antennen. Da die Biene das bis zu dem sehr geringen Zeitabstand von 6 Millisekunden wahrnimmt, kann sie zwei eng nebeneinanderstehende Duftquellen als getrennte Quellen erkennen. Diese Fähigkeit nutzt die Biene zur Orientierung während der Blütensuche und sicherlich auch innerhalb des Stockes.

Wenn Bienen so brillant Düfte wahrnehmen, unterscheiden und lernen, wäre es doch eine grandiose Idee, sie mit einem spezifischen Duft zu bestimmten Blüten zu lenken. Imker stellen ihre Völker häufig in ein Areal, das gerade die Bestäubungsarbeit der Bienen benötigt, zum Beispiel in eine Plantage mit aufblühenden Obstbäumen. Wenn es gelänge, den Bienen den entsprechenden Duft schon im Stock mitzuteilen, könnten sie besonders effektiv arbeiten und andere Pollenkonkurrenten aus dem Feld schlagen. So weit hergeholt ist diese Idee nicht, denn in der Tat lernen die Bienen innerhalb des Stockes den Duft, der einer Tänzerin von einer gerade besuchten Nektarquelle anhaftet, und suchen dann nach genau diesem Duft im Gelände. Über die Idee, Bienen durch Düfte zu leiten, hat auch von Frisch schon gründlich nachgedacht.[30] In der Praxis zeigt sich jedoch, dass der Erfolg solcher Bemühungen nur gering ist und den Aufwand zumeist nicht lohnt. Dafür gibt es mehrere Gründe. Der Duft muss haargenau dem der zu bestäubenden Blüten entsprechen, denn Bienen erkennen die feinsten Unterschiede im Duftgemisch. Außerdem lernen Bienen den Duft sehr schnell von werbenden Tänzerinnen. Da die herumsuchenden Spurbienen sehr gut darin sind, eine attraktive Trachtquelle ausfindig zu machen, kann man deren Erkundungsverhalten kaum mehr verbessern.

Jeder Imker weiß, dass man mit einem Geruch, nämlich dem von Rauch von glimmenden Blättern und Stroh, Bienen leicht dazu bringen kann, sich im Stock zu verkriechen, Futter aufzunehmen und nicht anzugreifen. So weit verbreitet die Anwendung von Rauch in der Imkerei ist, so wenig weiß man etwas über die Vorgänge, die dabei im Riechsystem und im Gehirn ausgelöst werden. Es steht zu vermuten, dass es sich um ein Anpassungsverhalten handelt, da es sinnvoll ist, sich durch Nahrungsaufnahme für einen plötzlichen Auszug vorzubereiten, wenn es im Wald brennt. Damit ist aber noch keine Erklärung für die Prozesse in den beteiligten Riechrezeptoren und deren Verschaltung im Gehirn gegeben. An dieser Stelle haben wir Neurobiologen noch eine Bringschuld. Ebenso wie bei einem anderen wichtigen Thema, nämlich der Frage, ob das Riechvermögen der Bienen leidet, wenn ein von Varroamilben befallener Stock mit organischen Säuren behandelt wird. Wir haben das beobachtet (aber noch nicht gründlich untersucht) und vermeiden es deshalb, Bienen für unsere Duftexperimente heranzuziehen, wenn ihr Volk gerade gegen Varroa behandelt wird.

Schmecken: bittere Reize und süße Belohnung

Gemessen am Sehen und am Riechen ist der Geschmackssinn auf neuronaler Ebene wesentlich einfacher strukturiert. Schmeckrezeptoren gibt es nicht nur auf der Zunge, sondern im Prinzip über den gesamten Körper der Biene verteilt. Sie nutzt für diesen Sinn winzige Härchen, die in die Substanzen, mit denen sie in Berührung kommen, eingetaucht werden. An der Basis der Härchen, im Körperinneren, befindet sich interessanterweise stets auch ein Tastrezeptor. Das heißt, immer, wenn die Biene etwas schmeckt, wird ihr zugleich signalisiert, dass sie etwas berührt hat. Insgesamt warten drei Typen von Geschmacksrezeptoren auf entsprechende Signale: ein Rezeptor für hohe und einer für niedrige Salzkonzentration sowie ein Zuckerrezeptor.

In den 1930er Jahren beauftragte Karl von Frisch einen seiner Studenten, den Schwellenwert für die Zuckerwahrnehmung der Bienen herauszufinden. Herr Kantner, der mit dieser Arbeit Eingang in von Frischs großes Buch »Tanzsprache der Bienen« fand, ging folgendermaßen vor. Er ließ die Versuchstiere einen Tag hungern, berührte dann mit der Zuckerlösung ihre Antennen und beobachtete, ob sie den Rüssel herausstreckten. Taten sie es, signalisierten sie dadurch, dass sie den Zucker wahrnehmen konnten, weil hungrige Bienen über einen Reflex verfügen, der dafür sorgt, dass der Rüssel nach der süßen Lösung sucht. Daraufhin verdünnte jener Herr Kantner die Lösung und wiederholte den Versuch. Nach etlichen Durchgängen kam er schließlich zu einer Verdünnung von einem einzigen Molekül Zucker pro einem Liter Wasser, was einer Konzentration entspricht, wie sie etwa in der Homöopathie verwendet wird. Die Biene aber streckte wiederum den Rüssel heraus, als ob sie Zucker schmeckte. Herr Kantner legte seine Ergebnisse Karl von Frisch vor, der wohl von diesem verschwindend niedrigen Schwellenwert wenig begeistert war. In seinem Buch lässt sich zwischen den Zeilen lesen, wie er den guten Herrn Kantner schließlich derart einschüchterte, dass der das Institut auf Nimmerwiedersehen verließ. Zu jener Zeit arbeitete auch der japanische Wissenschaftler Masutaro Kuwabara bei von Frisch und sah dem glücklosen Studenten bei seinen Versuchen über die Schulter. Dabei beobachtete er, dass Kantner die hungrigen Bienen aus Mitgefühl an der Lösung lecken ließ, wenn sie den Rüssel herausstreckten. Als sich Kuwabara auf den Versuchsablauf konzentrierte, fiel ihm auf, dass die Bienen nach einer Weile den Rüssel bereits herausstreckten, *bevor* die Lösung die Antennen berührte. Damit war das Rätsel der übermäßigen Zuckerempfindlichkeit der Bienen gelöst. Indem Herr Kantner die Bienen an der Lösung lecken ließ, belohnte er sie. Damit führte er kein Experiment zum Schwellenwert durch, sondern unterzog die Bienen einem Lernexperiment. Die Frage lautete also nach den ersten Durchgängen nicht mehr »Ab welcher Konzentration können die Bienen Zucker wahrnehmen?«, sondern »Können die Versuchstiere den Reiz der Verdunstungsfeuchte des Wassers durch Belohnung lernen?«. Da die Bienen über Feuchtedetektoren verfügen, bewältigten sie diese Aufgabe mit Leichtigkeit und streckten ihren Rüssel unabhängig von der Zuckerkonzentration heraus, was Herrn Kantner bei von Frisch in Ungnade fallen ließ. Dass es schließlich Masutaro Kuwabara war, der den entscheidenden Hinweis zur Klärung gab, kann man in dessen Veröffentlichungen aus dem Jahr 1957 nachlesen. Dieser Tatbestand wird allerdings in von Frischs Buch, das erst 1965 erschien, nonchalant übergangen: »Herr Kantner kam zu tieferen

Schwellenwerten dadurch, dass er seine Bienen auf Berührung der Antenne mit Zuckerlösung dressierte. Nach jedem Antennenkontakt mit Rohrzuckerlösung wurden sie mit Zuckerwasser gefüttert. Auf diese Weise lernten sie, auf Verdünnungen zu reagieren, auf die sie spontan nicht angesprochen haben. Der Schwellenwert lag bei 0,0034 Prozent. Das kam mir damals unwahrscheinlich vor. Ich veranlasste Kantner zu immer neuen Kontrollversuchen und weiß bis heute nicht, ob meine Skepsis für ihn der eigentliche Grund war, die Arbeit aufzugeben.«[31]

Letztlich gibt es keinen definitiven Schwellenwert für die Zuckerwahrnehmung bei Bienen, da dieser einerseits vom Hungerzustand abhängt, andererseits von der Motivation und ebenso vom genetischen Hintergrund: Pollensammlerinnen sind wesentlich empfindlicher für Zuckerlösungen als Nektarsammlerinnen. Das lässt auf einen genetischen Zusammenhang schließen, weil das Pollensammeln vom genetischen Hintergrund der Arbeiterin abhängt.[32] Dementsprechend schwanken die Schwellenwerte stark, je nachdem, unter welchen Versuchsbedingungen sie durchgeführt werden. Einen objektiven Wert bekommt man allerdings, wenn man von der Untersuchung des Verhaltens auf die Seite der Elektrophysiologie wechselt und direkt von den Zuckerrezeptoren ableitet. Dabei findet man eine hohe Empfindlichkeit, sie reicht hinunter bis zu einer Konzentration von 0,1-prozentiger Zuckerlösung. Interessanterweise schwankt aber der Schwellenwert zwischen benachbarten Zuckerrezeptoren, was darauf schließen lässt, dass höhere Zuckerkonzentrationen mit einer größeren Anzahl von Rezeptoren registriert werden als niedrige.[33]

Von ihrem Verhalten her müsste die Biene auch über einen Bitterrezeptor verfügen. Dafür spricht folgendes Experiment: In einer Lernsituation wird der erwünschte Reiz mit Zucker belohnt, während bei einem anderen Reiz Wasser gegeben wird. Die Biene lernt die Unterscheidung rascher, wenn dem Wasser Bitterstoffe beigefügt werden. Es muss also einen Mechanismus geben, der ihr den Bittergeschmack signalisiert. Ein spezieller Rezeptor dafür ist allerdings noch nicht identifiziert worden. Möglicherweise übernimmt diese Aufgabe der Rezeptor für hohe Salzkonzentration. Auf der anderen Seite sammeln die Bienen aber auch Nektar vom Kaffeestrauch und von Orangenbäumen, auf deren Blüten Spuren des bitteren Koffeins zu finden sind; die Konzentration des Koffeins ist so gering, dass sie keine ablehnende Reaktion bei ihnen auslöst (eine Parallele zum Menschen, der sich durch den bitteren Geschmack des Kaffees ebenfalls nicht vom Genuss desselben abhalten lässt). Interessanterweise wird aber die Gedächtnisbildung der Bienen durch diese Koffeindosis verbessert.[34]

Die Daten aus den Geschmacksrezeptoren werden an das sogenannte Unterschlundganglion gesendet. Wenn man sich das Hirnmodell noch einmal vergegenwärtigt (siehe Abb. 7 auf S. 73), ist das die Region, die sich unterhalb des Lochs befindet, durch das sich der Schlund zieht. Dieser Teil des Gehirns befasst sich vorwiegend mit den Sinneseingängen der Mundwerkzeuge und ihrer Steuerung. Er ist jedoch noch nicht hinreichend untersucht worden. Bekannt ist nur, dass es dort spezielle Regionen für die Verarbeitung der Informationen zum Zucker- und zum Salzgehalt gibt.

Auch die Antenne sendet die Information ihrer Geschmacksrezeptoren in das Unterschlundganglion. Die Axone der Zuckerrezeptoren treffen sich dort mit denen der Mundwerkzeuge. Im Unterschlundganglion verbirgt sich allerdings auch noch ein weiteres für mich hochinteressantes Neuron, das für alle Lernvorgänge enorme Bedeutung hat, das sogenannte VUMmx1-Neuron. Das ist nicht weiter verwunderlich, da die meisten Lernexperimente mit einer Belohnung durch Zuckerlösung durchgeführt werden. Das VUMmx1-Neuron registriert die Zuckeraufnahme und sendet die Information über die Belohnung in den Pilzkörper, wo sie dann weiterverarbeitet wird. Dieses Neuron, so viel kann ich an dieser Stelle bereits sagen, ohne etwas vorwegzunehmen, ist für das belohnende Lernen der Biene so wichtig, dass ich ihm später ein ganzes Kapitel widmen werde.

Ein mechanischer Sinn, der elektrische Felder spürt

Mechanorezeptoren nicht nur für Hören und Tasten –
Einladung zum Schwänzeltanz in elektrostatischen Feldern –
Neue Fragen an den neuen Sinn –
Haben Bienen einen siebten Sinn für das Magnetfeld?

Mechanorezeptoren nicht nur für Hören und Tasten

Wenn wir von unseren fünf Sinnen ausgehen, fehlen in der Darstellung der Wahrnehmungswelt der Biene noch das Hören und das Tasten. Diese beiden Sinne spielten in meiner wissenschaftlichen Laufbahn lange Zeit kaum eine Rolle. Dabei verhielt es sich durchaus nicht so wie beim Riechen, um das ich immer wieder und letztlich erfolglos einen Bogen zu machen versuchte. Im Rahmen meines Leitthemas Lernen führte ich durchaus auch Versuche mit dem Tastsinn durch und sah, dass die Bienen einen Streichelreiz der Antennen lernen konnten. Aber um von den Tastzellen auf der Antenne abzuleiten und deren Verschaltung im Gehirn zu untersuchen, fehlte mir die konkrete wissenschaftliche Fragestellung. So blieb der Tastsinn ein pur akademischer Gegenstand, dem ich mich pflichtgemäß in meinen Vorlesungen widmete. Das sollte sich erst im Jahr 2010 ändern – und zwar dramatisch.

Doch zunächst stellt sich die Frage, ob Bienen hören können. Von Frisch war der Ansicht, dass sie nicht über diesen Sinn verfügen. Als junger Mann konnte er einen Wels auf einen Pfeifton dressieren. Der tauchte immer an der Wasseroberfläche auf, wenn von Frisch in seine Pfeife blies. Später versuchte er es auf ähnliche Weise bei den Bienen. Als Reiz wählte er – niemand weiß warum – die Telefonklingel. Er stellte einen Apparat in die Nähe eines Bienenstocks. Da die Tiere ihr Verhalten in keiner Weise änderten, wenn sie angerufen wurden, folgerte von Frisch, dass Bienen nicht hören können. Das ist auch noch immer die Forschungsmeinung. Wenn man sich jedoch die zwei grundsätzlichen Prinzipien des Hörens im Tierreich anschaut, kommt man möglicherweise zu einem anderen Schluss. Da wäre einerseits das auf Druck basierende Hörsystem, über das wir und alle anderen Wirbeltiere, aber auch viele Insekten (wie zum Beispiel Grillen) die Klänge der Welt erfahren. Der eingehende Schall bewirkt dabei mechanische Verformungen des Trommelfells, die über verschiedene trickreiche Mechanismen am Ende schließlich die Hörsinneszellen erregen. Die andere Art des Hörens, die man bei vielen Insektenarten und möglicherweise auch bei Bienen findet, kommt ohne Trommelfell aus. Hier werden lange Sinneshaare oder die Antenne nicht durch Druck, sondern durch Luftbewegung ausgelenkt. Sogenannte Schallschnelle-Rezeptoren registrieren auf diese Weise jeden noch so kleinen Luftzug, egal, ob er auf das Tier auftrifft oder es ihn selbst beim Fliegen oder beim Schwänzeltanz mit den Flügeln verursacht. Insofern ist es durchaus möglich, dass die Bienen Schall wahrnehmen können, wenn er so nah abgestrahlt wird, dass er spürbar die Luft bewegt.

Die Mechanorezeptoren auf der Außenseite des Bienenkörpers funktionieren nach demselben Prinzip. Die über den gesamten Körper verteilten Sinneshaare sind gelenkig in seine äußere Hülle eingelassen. Dort sitzt der Dendrit einer Rezeptorzelle, der für Verbiegungen empfindlich ist. Durch die Bewegung der Haare werden auf mechanischem Wege die Kanalmoleküle verformt, die dann – wenn der auf sie wirkende Zug stark genug ist – die Ionenkanäle freigeben. Daraufhin entsteht ein Rezeptorpotential, das in Aktionspotentiale übersetzt und über das entsprechende Axon ans Nervensystem (bei den Insekten also an das Bauchmark und das Gehirn) weitergeleitet wird. Die Körperhülle der Biene selbst ist eine starre Cuticula (»Chitinpanzer«) und daher anders als beim Menschen nicht berührungsempfindlich. Der Vorteil der Panzerung des Körpers besteht ja gerade in der Unempfindlichkeit gegen Druck- und Tastreize. So ermöglichen allein die Sinneshaare die Wahrnehmung mechanischer Einflüsse von außen. Im Körperinneren gibt es ebenfalls Mechanorezeptoren. Hier befinden sie sich an den Aufhängungen von Muskeln und Gelenken. Alle mechanischen Sensoren liefern der Biene reichhaltige Information über die Stellungen der Körperteile zueinander, die Ausrichtung ihres Körpers zur Schwerkraft und die mechanischen Einflüsse durch Windbewegung und Vibrationen des Untergrunds, auf dem sie steht.

Im dunklen Stock ist die Körperrichtung relativ zur Schwerkraft von besonderer Bedeutung, da die Bienen diese Koordinate für den Schwänzeltanz in der senkrecht stehenden Wabe benötigt. Diese Zusammenhänge hat Hubert Markl, der mich Ende der sechziger Jahre als wissenschaftlichen Mitarbeiter nach Darmstadt geholt hatte, sehr genau ausgearbeitet. Besonders interessant ist in dieser Hinsicht das sogenannte Nackenorgan der Biene, das aus einer Ansammlung von dicht stehenden Sinneshaaren gebildet wird. Jede Kopfbewegung der Biene reizt die Mechanorezeptoren dieses Nackenorgans. Wie wichtig die Informationen von dort sind, konnte Hubert Markl sehen, als er die Sinneshaare in diesem Bereich abrasierte. Den Bienen fiel daraufhin jede Form der Orientierung schwer. Fliegen wurde gänzlich unmöglich, was gute Gründe für die Annahme liefert, dass das Gleichgewichtsorgan der Biene in ihrem Nacken sitzt. Allerdings zeigte sich, dass bei der Orientierung an der Schwerkraft noch andere nach außen und nach innen gerichtete Mechanorezeptoren beteiligt sind.

Für die Wahrnehmung von Luftbewegungen und die Schallschnelle steht der Biene ein besonders empfindliches Sinnesorgan zur Verfügung. Im »Knie« der Antennen bilden Mechanorezeptoren das nach seinem Entdecker benannte Johnston'sche Organ (siehe Abb. 19, S. 125). Es meldet nicht nur die Stellung der Antennen, sondern kann auch feinste Luftbewegungen und Berührungen registrieren. Zum Beispiel kann die Biene aus der Kraft, die anströmende Luft auf ihre Antennen ausübt, ihre Fluggeschwindigkeit ermitteln. Ein Prinzip, das auch in Flugzeugen Verwendung findet und als Staudruck bezeichnet wird. Die Signale, die das Johnston'sche Organ aufnimmt, gehen, wie die der anderen Mechanorezeptoren, in eine Region des Bienenhirns, den man den dorsalen Lobus nennt. Dieser Bereich liegt dicht hinter dem Antennallobus; dort sitzen unter anderem auch Motoneurone, die auf direktem Weg die Muskeln in der Antenne steuern. Das ermöglicht eine enorm hohe Reaktionsgeschwindigkeit bei feinsten mechanischen Einwirkungen auf die Antenne, weil nicht erst bei höheren Hirnregionen angefragt werden muss. Darüber hinaus können die Bienen ihre Antennen auch in Vibration versetzen, was für die soziale Kommunikation wichtig ist: Wenn eine Biene eine Artgenossin mit ihren Antennen betrillert, signalisiert sie ihr, dass sie gerne etwas Futter von ihr hätte. Und im Schwänzeltanz registriert sie mit ihren Antennen die Signale der Tänzerin.

Die Biene erschließt sich mit ihren Mechanorezeptoren eine unglaublich reichhaltige Welt. Allein die Zahl der an den verschiedenartigen Tastvorgängen beteiligten Sinneszellen übersteigt wohl jene beim Sehen, Riechen und Schmecken. Es wundert nicht, dass auch im dorsalen Lobus und in direkt nachgeschalteten Teilen des Gehirns eine kartenartige Abbildung der Fühlwelt der Antenne existiert.[35] Dies hat Hiroyuki Ai, ein ehemaliger Mitarbeiter meines Instituts, nach seiner Rückkehr nach Japan bewiesen, als ihm die Färbung kleiner Gruppen von Mechanorezeptoren im Johnston'schen Organ gelang. So konnte er die

Verteilung der Axone im dorsalen Lobus und weiteren Regionen des Bienengehirns darstellen. Die verschiedenen Richtungen der Antennenauslenkung reizen jeweils andere Teile des halbkugelförmigen Organs und bilden so in Karten die Reizwelt der Antenne ab. Diese aufregenden Befunde wurden erst in den letzten Jahren gewonnen.

Einladung zum Schwänzeltanz in elektrostatischen Feldern

Im Jahr 2010 sollte es wieder einmal der Zufall sein, der meinem langjährigen Mitarbeiter Uwe Greggers und mir eine völlig neue Sicht auf die Mechanorezeptoren eröffnete. Wir waren dabei, eine neue Art der Markierung von Bienen auszuprobieren, die sogenannten Radiofrequenz-Identifizierungschips (RFID). Dazu hatten wir unseren Versuchstieren diese winzigen Funkchips aufgeklebt. Wenn wir nun die Antenne zum Auslesen des Nummerncodes an den Stockeingang setzten, konnten wir jede einzelne Biene auf digitalem Wege registrieren. Das Besondere unserer Anordnung war, dass wir die Chips auch über eine Entfernung von bis zu 15 Zentimetern auslesen konnten, weil wir größere RFIDs und eine selbstgebaute Sende- und Empfangsantenne verwendeten. Die »Funketiketten« bedeuteten einen enormen Fortschritt gegenüber der farblichen Kennzeichnung nach von Frisch, die ich fünfzig Jahre zuvor erlernt hatte.

Bei den Versuchen fiel Uwe Greggers, dem Elektronikspezialisten an meinem Institut, auf, dass sich die Bienen für die von ihm konstruierte Spule interessierten. Sie folgten ihrem kreisrunden Verlauf und knabberten an ihr herum. Zuerst nahmen wir an, dass sie eine besondere Geruchs- oder Geschmacksnote des verarbeiteten Kupferdrahts attraktiv fanden. Wenn wir aber die Spule ausschalteten, stellten die Bienen ihre Erkundungshandlungen sofort ein. Ihr Interesse hatte also nicht mit dem Material, sondern mit dem elektrischen Feld zu tun. Uwe Greggers untersuchte dieses Phänomen weiter, indem er mit seiner Spule verschiedene Frequenzen erzeugte. Als er mir seine Resultate vorführte, war ich wie gebannt. Das Verhalten der Bienen veränderte sich allein durch den Wechsel der elektrischen Schwingungen. Bei manchen Frequenzen und Feldstärken wurden die Bienen aggressiv und versuchten, die Drähte anzubeißen, bei anderen verhielten sie sich eher uninteressiert. Außerdem beobachteten wir, dass immer wieder einmal Bienen beim Anflug nach oben zur Spule gezogen wurden. Wir diskutierten lange über dieses Phänomen. Schließlich kam uns das Coulomb'sche Gesetz in den Sinn, dem zufolge sich entgegengesetzt geladene Körper anziehen und gleich geladene Körper abstoßen. Wenn also nicht nur die Spule, sondern auch die Biene von einem elektrischen Feld umgeben war, könnte man nachvollziehen, warum zwischen beiden Kräfte wirkten. In der Literatur fanden wir Hinweise dazu. Die UV-Strahlung in der Luft sorgt demnach für überwiegend positive Teilchen, während die Erde negativ geladen ist.[37] Daher müssten die Bienen nach einem Ausflug positiv geladen sein. Uwe Greggers fing sofort an, die elektrische Spannung zu ermitteln, mit der die Bienen am Stock ankamen. Die Ergebnisse überraschten uns, denn er maß 300 bis 500 Volt (**Abb. 22**). Nebenbei bemerkt besteht deswegen jedoch kein Grund zur Furcht vor Bienen. Zwar ist ihre Ladung höher als die Spannung, die an unseren Steckdosen anliegt, allerdings fehlt ihr die Stromstärke; daher ist sie vollkommen ungefährlich. Es handelt sich um elektrostatische Felder, die auch entstehen können, wenn man in Wollsocken über den Teppich schlurft oder ein Nylonhemd trägt, das sich am Körper reibt. Dann darf man sich nicht wundern, wenn beim Berühren der Türklinke kleine Funken sprühen.

Die interessante Frage lautete nun natürlich, ob die Bienen die elektrostatischen Felder, von denen sie umgeben sind, auch wahrnehmen und nutzen können? Um die Antwort einzukreisen, dressierten wir Bienen auf einen elektrostatischen Reiz. Dazu rieben

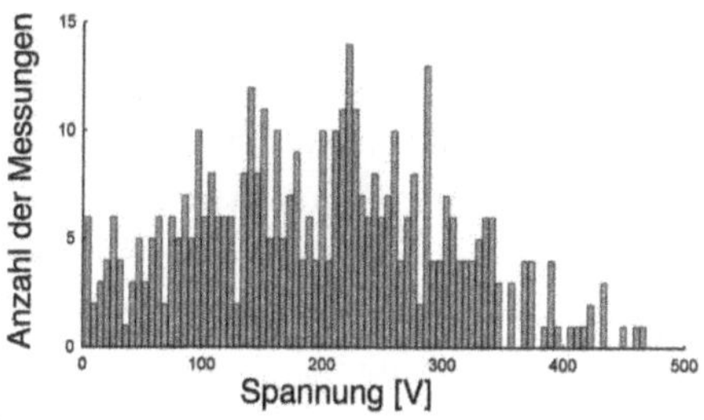

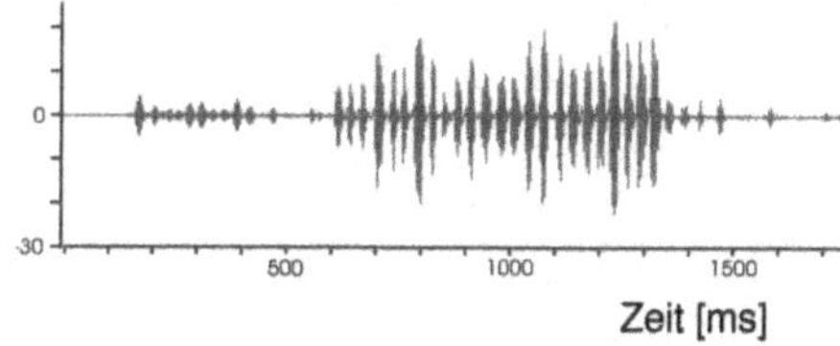

Abb. 22 *Ankommende Sammlerinnen haben sich elektrisch aufgeladen. Die obere Abbildung zeigt die Häufigkeit und die Spannung, mit der verschieden geladene Bienen am Stockeingang ankommen. Die elektrische Spannung wird als Maß für die elektrostatische Feldstärke verwendet. Die untere Abbildung zeigt die zeitliche Struktur der elektrostatischen Felder, die von einer tanzenden Biene ausgehen. Jede Schwänzelbewegung führt zu Pulsserien. Die langsamen Schwingungen werden von den Schwänzelbewegungen des Hinterleibs erzeugt, die hochfrequenten Anteile gehen von den Vibrationen der Flügel aus.*

wir – ganz unspektakulär – eine Styroporplatte am Ärmel eines Wollpullovers, womit wir eine Spannung von etwa 300 Volt erhielten. Dann brachten wir das Versuchstier mit der Platte in Kontakt und gaben zugleich einen Belohnungsreiz. Wenn wir der Biene anschließend die geladene Styroporplatte ohne Belohnung präsentierten, streckte sie den Rüssel heraus. Entluden wir die Styroporplatte vorher jedoch, reagierte sie nicht darauf. Die Biene hatte also den elektrostatischen Reiz gelernt. So hatten wir bewiesen, dass Bienen elektrische Felder wahrnehmen können. Diese Entdeckung elektrisierte uns nun wiederum sehr und uns fielen immer neue Fragen ein: Kann die Biene erkennen, wenn sich das elektrische Feld ändert? Auch diese Unterscheidung lernten die Bienen rasch. Dann verlegten wir unsere Experimente in den Stock und maßen die Spannungen während des Schwänzeltanzes, bei dem die Bienen einerseits relativ langsame rhythmische Bewegungen mit ihrem Hinterleib ausführen und andererseits schnell mit ihren Flügeln vibrieren. Nach dem, was wir nun wussten, müssten dabei ebenfalls elektrostatische Felder entstehen. Uwe Greggers entwickelte eine Apparatur, die es uns erlaubte, die Spannungen zu messen und gleichzeitig die Tänze zu filmen. Tatsächlich stellte sich heraus, dass die Bienen beim Schwänzeltanz ein ganz charakteristisches Muster elektrostatischer Felder erzeugen (**Abb. 22**). Allerdings wussten wir immer noch nicht, ob die Bienen die elektrischen Felder auch nutzten. Es hätte sich auch um einen Nebeneffekt der schnellen Bewegungen handeln können, den sie zwar wahrnehmen konnten, der ansonsten aber folgenlos blieb.

So kamen wir auf die Idee, die Bienen verschiedenen Feldern auszusetzen und zu beobachten, was geschah. Wir ließen die Bienen auf einer Styroporkugel laufen, die von einem Luftstrom in einem Schwebezustand gehalten wurde. Mit dieser Methode konnten wir verschiedene Verhaltensweisen der Bienen unterscheiden, wie zum Beispiel stoppen, loslaufen, aus dem Schlaf aufwachen und Antennen in die Höhe schleudern. Das Ergebnis war überwältigend: Die Bienen waren in der Lage elektrische Spannungen und Frequenzen auseinanderzuhalten und zeigten uns das, indem sie verschiedene Bewegungen ausführten. Nun behaupteten wir mit gutem Recht, dass die Bienen elektrostatische Felder für die Kommunikation beim Schwänzeltanz verwenden.

Als Nächstes wollten wir herausbekommen, auf welcher sinnesphysiologischen Ebene sie statische elektrische Felder wahrnehmen. Bienen haben ja keinen elektrischen Sinn wie Haie, Rochen oder der im trüben Süßwasser lebende Nilhecht. Deren elektrische Organe messen den Strom, der durch ihre Sinneszellen in der Haut fließt. Das aber geht nur, wenn elektrischer Strom vom umgebenden Medium geleitet wird. Bienen aber leben nicht im Wasser, sondern in der Luft, wo kein Strom fließt. Im Verdacht hatten wir die Antennen, denn die sind ebenfalls elektrostatisch aufgeladen, und Coulomb'sche Kräfte könnten an ihnen ansetzen und sie bewegen. Als Messfühler käme dann das Johnston'sche Organ in Frage. Als wir die Aktionspotentiale der Mechanorezeptoren dort unter den Bedingungen registrierten, die innerhalb des Stockes herrschen, bestätigte sich unser Verdacht. Damit war das Rätsel gelöst. Bienen verwenden ihren mechanischen Sinn in den Antennen zur Wahrnehmung elektrostatischer Felder!

Ein unredlicher Kollege

Diese Entdeckung fassten wir in einem Artikel zusammen, den wir bei der renommierten Zeitschrift »Proceedings of the Royal Society« zur Publikation einreichten. Zu unserer großen Verwunderung wurde der Artikel abgelehnt. Die wesentliche Kritik des von der Zeitschrift bestellten Gutachters zielte auf unsere Messergebnisse. Er verlangte von uns, dass wir nachwiesen, wie genau das Coulomb'sche Gesetz während des Schwänzeltanzes wirkte. Das konnten wir mit unseren Mitteln nicht leisten, da wir dafür im Nanometerbereich hätten messen müssen. Wir schlossen uns daher der Arbeitsgruppe von Martin Göpfert in Göttingen an, die über Apparaturen verfügte, mit denen man in jene Dimensionen von einem Millionstel Millimeter vordringen konnte. In einem halben Jahr intensiver Arbeit konnte Uwe Greggers schließlich die Werte erheben und machte bei seinen Untersuchungen eine weitere erstaunliche Entdeckung. Er lud einen Flügel elektrostatisch auf, ließ ihn mit der von Bienen im Schwänzeltanz benutzten Frequenz von 240 Hertz schwingen und maß, in welcher Weise sich die Antenne bewegte. Dann führte er denselben Versuch noch einmal durch, entlud jedoch vorher den Flügel. Das Resultat brachte eine neue Überraschung: Die von den Coulomb-Kräften eines aufgeladenenen Flügels ausgelöste Bewegung war zehnmal stärker als die, die ein entladener Flügel über die Luftbewegung verursachte.

Wir können also davon ausgehen, dass die Kommunikation der Bienen innerhalb des Stockes im Wesentlichen über elektrostatische Felder läuft. Man kann sich das beim Schwänzeltanz in etwa so vorstellen. Die Bienen im Stock sind alle positiv geladen. Wegen der im Coloumb'schen Gesetz beschriebenen Kräfte registrieren sie eine leichte Abstoßungswirkung, die von ihren Artgenossen ausgeht. Wenn nun eine Tänzerin Hinterteil und Flügel bewegt, werden die Antennen der »Zuhörerin« entsprechend mitbewegt, ohne dass sich die Körper berühren. Besondere Bedeutung hat bei dieser Prozedur wahrscheinlich die Körperstellung, in der die Abstrahlung der Felder auf beiden Antennen genau gleich sind. Diese Position könnte für den Schwänzeltanz so etwas wie eine Eichung bedeuten. Die Kommunikationsprozesse über den Schwänzeltanz sind so spannend, dass ich auch ihnen ein eigenes Kapitel widmen werde. Hier möchte ich lediglich anmerken, welch phantastische neue Perspektive die Entdeckung des elektrostatischen Sinns im mechanischen Wahrnehmungssystem der Biene aufwirft.

Wir vervollständigten nun unseren Artikel und reichten ihn erneut ein. Merkwürdigerweise hörten wir jedoch nichts von der Zeitschrift. Nach mehreren Monaten fragte ich in der Redaktion nach. Da hieß es, einer der Gutachter habe noch nicht geantwortet, und wir müssten uns noch etwas gedulden. Eine solche Verfahrensweise war mir in gut vierzig Jahren wissenschaftlichen Publizierens noch nicht untergekommen. Als ich zu einem Vortrag in Cambridge weilte, erzählte ich in einer Abendgesellschaft von unserer Entdeckung der Wahrnehmung elektrostatischer Felder durch die Biene. Einer der anwesenden Professoren zeigte sich daran besonders interessiert und sagte mir, dass einer seiner ehemaligen wissenschaftlichen Mitarbeiter gerade an derselben Problematik arbeite. Gleich am nächsten Tag nahm ich erneut Kontakt mit der Redaktion der Zeitschrift auf und fragte an, ob der Gutachter, der unsere Arbeit beim ersten Mal abgelehnt hatte und sich nun mit seiner Stellungnahme ungebührlich viel Zeit ließ, eventuell besagter wissenschaftlicher Mitarbeiter aus Cambridge sei. Der Editor antwortete ausweichend und sagte weder Ja noch Nein. Wenige Wochen später schrieb er allerdings, dass unsere Arbeit nun angenommen sei und demnächst publiziert werde. Unsere Freude darüber war nur von kurzer Dauer, denn am selben Tag erschien in »Science«, einer anderen renommierten Fachzeitschrift, ein Artikel über die Wahrnehmung elektrostatischer Felder durch Hummeln. Vorgestellt wurde lediglich ein Dressurversuch, in dem das Tier zwischen einem elektrostatisch geladenen und einem neutralen Gegenstand unterscheiden gelernt hatte. Ein Versuch, den Uwe Greggers ganz am Anfang unserer Beschäftigung mit der Wahrnehmung elektrostatischer Felder durchgeführt hatte und den wir gar nicht für eine Publikation in Betracht gezogen hatten. In dem Artikel in »Science« blieb denn auch die Frage, wie und mit welchem Organ die Hummeln diese Leistung vollbringen, unbeantwortet. Schlimmer noch, sie wurde nicht einmal gestellt – von den von uns geforderten und schließlich erbrachten Messungen im Nanometerbereich ganz zu schweigen. Der Hauptautor war jener Wissenschaftler, der, wie sich im Nachhinein herausstellte, tatsächlich unsere Arbeit begutachtet und ihre Publikation um insgesamt zwei Jahre hinausgezögert hatte. Auf meine Beschwerde über diesen Vorgang, entschuldigte sich der Chefeditor bei mir. Er versicherte einigermaßen glaubhaft, dass man in der Redaktion nicht über die eigene Publikationsabsicht des Gutachters Bescheid gewusst hatte.

Neue Fragen an den neuen Sinn

Doch viel wichtiger als die Publikation und die Ränke um die wissenschaftliche Reputation ist mir das Phänomen selbst. Durch die Entdeckung des elektrostatischen Sinnes bei Bienen eröffnet sich ein faszinierender Horizont. Da es uns möglich ist, elektrische

Felder zu messen, verfügen wir nun über einen effektiven Weg, einem ganzen Bienenvolk zuzuhören. Im Sommer 2014 hat Uwe Greggers mit unserer Methode über 600 000 Schwänzeltänze registriert. Dieses Datenmaterial in der Größe von 40 Terabyte können wir mit den entsprechenden Rechenalgorithmen am Computer auswerten. Das ermöglicht uns nicht nur neue Erkenntnisse über die Kommunikation der Bienen, sondern gibt uns auch Aufschluss über den Zustand des belauschten Volkes. Wenn Gifte oder Schädlinge ihre Gesundheit beeinträchtigen, tanzen die Bienen weniger und unregelmäßiger. Da wir über die Messung der im Stock erzeugten elektrischen Felder selbst geringste Abweichungen feststellen können, verfügen wir über eine Art Messsonde, mit der wir kleinste Befindlichkeitsänderungen eines ganzen Volkes sofort registrieren können. Damit wird das Bienenvolk zu einer Art Umweltspäher und einem Verbündeten im Kampf zur Erhaltung von Natur und Umwelt (siehe Kapitel 6).

Die Empfindlichkeit der Bienen für elektrostatische Felder legt den Verdacht nahe, dass sie in unserer technisierten Umwelt gestört werden. Denn solche Felder gehen im Prinzip von allen elektrischen Leitungen, Sendern von Radio-, Fernseh- und Mobilfunkwellen aus. Die Frage ist jedoch, ob die jeweilige Feldstärke ausreicht, um die Bienen zu irritieren. Die Feldstärke nimmt in etwa exponentiell mit der Entfernung vom Sender ab. So wirkt ein 220-Volt-Kabel, das quer durch den Stock läuft, auf die Bienen deutlich schwächer als ihre eigenen Felder. Ein Hochspannungskabel, das 15 bis 30 Meter über dem Bienenvolk entlangführt, wird ebenfalls keine vergleichbar starke Wirkung auf die Bienen haben wie ihre eigenen elektrostatischen Felder. Wenn es allerdings regnet, sieht die Sache möglicherweise schon anders aus, weil dann der elektrische Widerstand der Luft abnimmt.[38] Derzeit wird eine intensive Diskussion darüber geführt, ob Starkstromleitungen auf Bienen einen Effekt haben. Eine überzeugende Klärung dieser Frage steht noch aus. Radio-, Fernseh- und Mobilfunkstrahlung werden nur dann eine Rolle spielen, wenn die Bienenvölker unmittelbar der Strahlung eines Senders ausgesetzt sind. Ein Handy in der Hosentasche des Imkers stellt jedoch mit Sicherheit keinerlei Gefahr für die Bienen dar.

Haben Bienen einen 7. Sinn für das Magnetfeld?

Möglicherweise verfügen die Bienen über einen weiteren Sinn, der uns Menschen nicht zugänglich ist. Martin Lindauer, von Frischs Schüler und mein Doktorvater, untersuchte über mehrere Jahre, ob die Bienen auch Magnetfelder wahrnehmen können. Sein Lehrer hatte beobachtet, dass seine Versuchstiere eigentümliche Fehler bei den Ortsangaben im Schwänzeltanz machten. Je nach Tageszeit gaben die Bienen die Richtung um bis zu zwanzig Prozent abweichend an. Ihre Artgenossinnen fanden den bezeichneten Ort allerdings ohne Probleme. Die Schlussfolgerung lag auf der Hand: Wenn Sender und Empfänger denselben Fehler machen, hebt er sich auf. Ähnliches passiert, wenn zwei Menschen einen Gegenstand im Wasser liegen sehen und auf ihn zeigen. Sie werden sich einig, wo er sich befindet, auch wenn er, wegen der Brechung des Lichtes im Wasser, eigentlich an einer anderen Stelle liegt. Insofern gab es den Fehler nur in den Augen des Experimentators, der ihn mit seinen objektivierenden Instrumenten feststellte. Als von Frisch den Bienenstock um neunzig Grad drehte, verstellte sich auch diese von ihm sogenannte Restmissweisung in der Richtungsangabe. Da sich durch die Drehung die Ausrichtung zum Erdmagnetfeld änderte, ging er davon aus, dass die Bienen dafür ein Sensorium hätten. Martin Lindauer kam dann auf die Idee, den Stock mit Helmholtzspulen zu umgeben, die bei bestimmter Polung das Erdmagnetfeld neutralisieren. Seine Ergebnisse waren nicht eindeutig, ließen sich aber so interpretieren, dass durch die Ausschaltung des Erdmagnetfeldes auch die Restmissweisung verschwand. Lindauer setzte seine Experimente in Nordafrika fort, wo es Magnetfeldannomalien gibt.

Dort konnte er weitere Befunde für einen magnetischen Sinn der Bienen sammeln.

Daraufhin begann die Suche nach Mechanismen, auf denen diese Sinnesleistung beruhen könnte. James Gould von der Princeton University fand dann tatsächlich mit einer einfachen Färbemethode ferromagnetische Materialien im Fettkörper des Hinterleibs der Bienen. Er versuchte, die Tiere zu irritieren, indem er ihnen Magnete aufklebte oder sie am Stockeingang durch ein starkes Magnetfeld laufen ließ. Doch so einfallsreich seine Versuche auch waren, belastbare Resultate ergaben sie letztlich nicht. Dabei würde die Verwendung des magnetischen Sinns zur Orientierung gut passen, zumal er bei anderen fliegenden Tieren gut untersucht ist. Bei Vögeln fand man sogar zwei Strukturen, die mit der Wahrnehmung des Magnetfeldes in Zusammenhang stehen. Die eine beruht auf besonderen Photorezeptoren, deren Lichtantwort vom Magnetfeld abhängt, und die andere findet sich in der Schnabelregion, wo Neurone mit einer vergleichsweise hohen Konzentration magnetisch empfindlicher Teilchen zu finden sind. Auch bei der Eintagsfliege und dem Monarchfalter konnte man bereits einen Photorezeptor identifizieren, der auf das Magnetfeld reagiert. Bei der Biene gibt es auf neuronaler Ebene noch keinen Durchbruch. Aber irgendwie müssen sie das Magnetfeld wahrnehmen können. Dafür spricht auch folgender Versuch. Wenn sich in einem Stock eine neue Königin etabliert, sammelt die alte Königin oft einen Schwarm, mit dem sie aus der alten Heimat flüchtet. Wenn sich dieser Schwarm nun an anderer Stelle ansiedelt, richtet er seine Waben in genau derselben Richtung zum Magnetfeld aus wie der ursprüngliche Stock. Auf Grundlage dieser gut belegten Tatsache, reizt es mich, mehrere Experimente durchzuführen. Sehr gern würde ich das gemeinsam mit meinem Kollegen Henrik Mouritsen in Oldenburg angehen, der über ein einzigartiges Versuchsfeld verfügt. Für ein paar Millionen Euro ließ er ein Haus bauen, in dem es keinerlei metallische Gegenstände gibt. Keinen Nagel, kein Türschloss, keine Elektroleitungen. Im Haus sind Helmholtzspulen angeordnet, mit denen man Magnetfelder in jeder beliebigen Richtung präzise einstellen kann. Dort könnten wir unter stets anderen Magnetfeldbedingungen viele kleinere Schwärme ansiedeln und die Tiere daraufhin untersuchen, in welcher Weise sie das Magnetfeld nutzen. Im zweiten Schritt würden wir – vielleicht mithilfe von Ableitungen – den Weg in den Organismus beschreiten und möglicherweise eine magnetisch empfindliche Struktur finden können. Warum wir das noch nicht gemacht haben? Weil ein Tag leider nur vierundzwanzig Stunden hat und noch so viele andere Projekte Aufmerksamkeit fordern.

Lernen und Gedächtnis – zwei Seiten einer Medaille

Lernen – Hauptsache, neu

Ein wissenschaftliches Großprojekt kommt ins Rollen – »Nicht ansprechen! Ich forsche gerade!« – Leistungszentren im Gehirn: Großhirnrinde vs. Pilzkörper – Plastizität und Differenzierung: Das Gehirn den Bedürfnissen anpassen – Was Störungen über den Normalzustand verraten – Ein Belohnungsneuron in Aktion – Gemeinsamkeiten im Belohnungssystem von Affen und Bienen – Von Reizen und Erwartungen – Woher Bienen wissen, was sie schon wissen

Ein wissenschaftliches Großprojekt kommt ins Rollen

Wenn der peruanische Literaturnobelpreisträger Mario Vargas Llosa eine seiner Hauptfiguren einführt, ist diese oft »im besten Mannesalter, 50 Jahre«. So alt war ich auch, als ich den Leibniz-Preis bekam. Diese Ehrung erhält man üblicherweise nicht für eine Entdeckung, sondern für die Summe seiner Forschungen. Die Juroren fanden an meiner Wissenschaftlerbiografie auszeichnenswert, dass ich mit meinen Arbeiten eine Lücke geschlossen hatte. Als ich Ende der sechziger Jahre startete, gab es im Bereich der Insektenforschung zwei große Richtung. Auf der einen Seite stand die Von-Frisch-Schule, die im Wesentlichen sinnesphysiologische Forschung betrieb. Hier stellte man sich Fragen wie: Können Bienen Farben sehen? Wie teilen sie sich untereinander eine Futterstelle mit? Wie haben sich Sinnesleistungen und Verhaltensweisen im Laufe der Evolution entwickelt? Bei diesen Themen traf sich die Von-Frisch-Schule mit den Verhaltensforschern (Ethologen) um den holländisch-britischen Biologen Nikolaas Tinbergen, der sich vor allem dafür interessierte, welche stammesgeschichtlichen Ursachen und welchen Nutzen das spezifische Verhalten eines Tieres hat. Diesen beiden ethologischen Ansätzen stand die Lernpsychologie in der Tradition der Behavioristen in den USA und der Lehre von Iwan Pawlow in Russland gegenüber. Hier wurde gefragt, welche Mechanismen spielen sich in dem Tier ab, wenn es sein Verhalten an neue Umweltbedingungen anpasst? Pawlow kam aus der Stoffwechselphysiologie. Dementsprechend war es für ihn selbstverständlich, nach den Vorgängen in den Verdauungsorganen zu fragen, wenn die Speicheldrüse des Hundes in seinem berühmten Experiment Sekret absonderte. Die Behavioristen betrachteten das Tier und damit auch sein Gehirn als eine »black box«, deren innere Vorgänge nur durch genaue Analyse der Eingangsbedingungen einerseits und des Verhaltens des Tieres andererseits erschließbar sein sollten. Über den Ablauf der Vorgänge im Tier durfte dabei nichts ausgesagt werden. Trotz dieser unterschiedlichen Zugangsweisen von Pawlow und den amerikanischen Behavioristen ist ihnen eines gemeinsam. Sie arbeiteten eine Fülle von Regeln über das Lernen der Tiere aus. Als ich in die Verhaltensforschung kam, war der heftige Streit zwischen den Ethologen und den Behavioristen weitgehend abgeklungen. Mir wurde rasch klar, dass vor allem die von Pawlow und den Behavioristen aufgestellten Regeln außerordentlich hilfreich waren, wenn man verstehen wollte, was im Gehirn beim Lernen passiert. In dieser Auffassung wurde ich durch die Arbeiten Eric Kandels bestärkt, der zu dieser Zeit in einzelnen Nervenzellen der Meeresschnecke *Aplysia californica* die Vorgänge untersuchte, die ablaufen, wenn die

Schnecke einfache Reaktionen erlernt. Ich begeisterte mich für die Denkweise von Eric Kandel, weil er die Barrieren der Behavioristen zur Seite schob, die sie sich mit dem Verbot, ins Gehirn hineinzuschauen, selbst auferlegt hatten. Meine Forschungsthematik Lernen und Gedächtnis leistete den Brückenschlag zwischen der ethologischen und behavioristischen Schule, weil ich mich sowohl dafür interessierte, *was* die Bienen tun, als auch dafür, *wie* sie die damit verbundenen Reize verarbeiten. Mit der Anwendung der Regeln der Lernpsychologie und ihren strengen Versuchsplanungen brachte ich die Verhaltensweisen der Tiere mit den neuronalen Vorgängen in ihren Gehirnen zusammen und konnte durch die elektrophysiologischen Methoden die Informationswege bis ins Nervensystem hinein verfolgen. So sollte es mir vorbehalten bleiben, die weltweit erste Ableitung vom Gehirn eines Insekts während des Lernvorgangs zu bekommen.

Wenn ich an die frühen neunziger Jahre zurückdenke, muss ich Vargas Llosa Recht geben. Mit fünfzig verfügte ich einerseits über große Erfahrung in meiner Disziplin, da ich bereits mehrere Jahrzehnte zu meiner Thematik forschte. Andererseits fühlte ich mich fast noch jugendlich und war voller Kraft und Energie. Außerdem hatte mich mein Werdegang in verschiedene wissenschaftliche Zentren in aller Welt geführt, wo ich mir viele Anregungen geholt hatte. Die Euphorie in den Neurowissenschaften war damals an vielen Orten fast mit Händen zu greifen. Die neuen bildgebenden Verfahren und der rasante Fortschritt in der Computertechnologie eröffneten völlig neue Horizonte. So bedeutete der Leibniz-Preis für mich persönlich weniger eine Ehrung meiner bisherigen Arbeitsergebnisse als vielmehr den Anstoß zu einem Aufbruch. Es war an der Zeit, dem Bienengehirn durch die Konzentration wissenschaftlicher Kräfte seine Geheimnisse zu entlocken. Ich nutzte meine institutionelle Stellung, um ein Großprojekt aufzuziehen, und schaffte es innerhalb eines Jahres, mehrere Arbeitsgruppen an meinem Institut in Berlin zu installieren. Das Oberthema lautete: Lernen und Gedächtnis.

An dieser Stelle hörten die Gemeinsamkeiten jedoch bereits auf, da ich einen möglichst breiten Ansatz im Auge hatte. Ich wollte Menschen zusammenbringen, die auf Themenfeldern forschten, zu denen ich selbst bisher nicht gearbeitet hatte. Meine akademischen Vorbilder, wie Franz Huber und Hubert Markl, mit denen ich mein Vorhaben besprach, warnten mich. Nach ihrer Erfahrung und gängiger Kollegenmeinung sollte an einem Institut grundsätzlich nur eine überschaubare Anzahl von Doktoranden und promovierten Mitarbeitern forschen, damit der Leiter jederzeit die Übersicht behalten und seiner Steuerungsaufgabe nachkommen konnte. Wenn man ein Institut sowohl inhaltlich wie auch personell aufblähe, drohe die Gefahr, dass man nicht mehr verstehe, was die einzelnen Arbeitsgruppen tatsächlich machten, und dass man sie somit nicht mehr sinnvoll anleiten könne. Außerdem gebe es erfahrungsgemäß immer Konkurrenzdenken, das sich ins Destruktive wenden könne, sobald mehr als zwanzig Wissenschaftler unter einem Dach zusammenarbeiteten. So könne die ganze Unternehmung schließlich unproduktiv werden, und am Ende hätte man das Gegenteil von dem erreicht, was man sich ursprünglich vorgenommen hatte. Ich wog das Für und Wider hinlänglich ab. Schließlich ging ich das Risiko ein, baute eine Arbeitsgruppe mit bis zu sechzig Mitarbeitern auf und hatte mit genau den Problemen zu kämpfen, vor denen ich gewarnt worden war. Trotzdem konnte ich gemeinsam mit meinen Mitarbeitern einige große Erfolge verbuchen. Die waren alle Mühe wert.

Bis zu dem Zeitpunkt, an dem das Großprojekt startete, konnte ich von mir sagen, dass ich alle Methoden und alle Konzepte, die in den Arbeitsgruppen meines Instituts verfolgt wurden, kannte und selbst beherrschte. (Mit vielleicht einer Ausnahme, denn gegenüber den statistischen Methoden war ich immer recht reserviert und hatte nie eine hohe Meinung von der angeblich alles entscheidenden Bedeutung statistischer Bearbeitung experimenteller Daten.) Das änderte sich nun dramatisch, da ich für das tiefere Verständnis des Gehirns das ganze Spektrum von den einzelnen Molekülen bis hin zum komplexen Verhalten abgedeckt wissen wollte. Von weniger als der Hälfte der Themenbereiche verstand ich so viel, dass ich selbst hätte im Labor stehen oder einen Studenten anleiten können. Diese Gebiete wurden von promovierten Kollegen angeleitet, die ihre eigenen Arbeitsgruppen installierten. Eine nicht nur wissenschaftlich, sondern auch menschlich spannende Erfahrung, da ich im Vertrauen auf eine produktive Selbststeuerung das Loslassen lernen musste. Ich war von da an nur noch zu einem Teil wissender Institutsdirektor, zu einem anderen aber selbst Lernender.

Wissenschaft ist Teamwork – die Arbeitsgruppen

Unter der Leitung von Uli Müller bildete sich eine Arbeitsgruppe mit biochemischer Ausrichtung. Müller hatte bereits während seiner Promotion Erfahrungen mit Insekten gesammelt, als er über Enzyme im Gehirn der Fruchtfliege Drosophila forschte, die beim Lernen eine Rolle spielen.[1] Mit Sabine Schäfer holte ich eine ehemalige Doktorandin zurück ans Institut. Sie beherrschte das Spezialgebiet der 1991 mit dem Nobelpreis (an Erwin Neher und Bert Sakmann) ausgezeichneten Patch-Clamp-Technik. Diese Methode erlaubt tiefere Einblicke in die zellulären Prozesse von Neuronen, da man mit ihr den Strom messen kann, der durch die einzelnen Ionenkanäle fließt. Zu dieser Zeit waren wir weltweit die Ersten, die auf diese Weise im Bienengehirn forschten. Wir verfügten über keinerlei Vergleichsdaten und mussten die für uns interessanten Regionen des Pilzkörpers Zelle für Zelle ausmessen. Diese Untersuchungen hat später Bernd Grünewald weitergeführt. Unter Gerard Leboulle bildete sich eine weitere Arbeitsgruppe, die mit molekularbiologischen Methoden die Beteiligung bestimmter Ionenkanäle und Rezeptormoleküle beim Lernen und bei der Gedächtnisbildung erforschte.

Parallel zu diesen Arbeitsgruppen lief unser Projekt des virtuellen Gehirns. Die enormen Fortschritte in der Computertechnologie machten uns optimistisch, einen digitalen 3-D-Atlas des Bienenhirns erstellen zu können. Dafür konnte ich Jürgen Rybak gewinnen, dessen Doktorarbeit über Neurone, die aus dem Pilzkörper herausprojizieren, ich in den achtziger Jahren betreut hatte. Nun kam er über die USA und Kanada nach Berlin zurück und arbeitete gemeinsam mit Robert Brandt in einer Kooperation mit dem Konrad-Zuse-Institut in unmittelbarer räumlicher Nachbarschaft an diesem neuen Projekt. Dort wurde gerade das Programm AMIRA entwickelt, das auf dem Computer Stapel von zweidimensionalen Bildern zu dreidimensionalen Gebilden zusammenfügen konnte. Dank einer neuen Technologie in der Mikroskopie wurde dieses Verfahren für uns hochinteressant. Zu jener Zeit stellten nämlich die großen Optikfirmen erste sogenannte konfokale Mikroskope her, die es erlaubten, Strukturen wie das ganze Bienengehirn digital abzutasten. Mit einigen Tricks erhielten wir Stapel von optischen Schnitten durch das ganze Gehirn, während wir vormals viele feine »echte« Schnitte durchführen mussten. Ziel war es nun, mit dem Programm AMIRA aus den zwanzig realen Bienengehirnen ein durchschnittliches Gehirn zu berechnen und daraus einen dreidimensionalen virtuellen Atlas zu erstellen, der sich im Computer von allen Seiten und in jeder Ebene betrachten ließ. In diesem Atlas wollten wir gefärbte Neurone aus verschiedenen Gehirnen zu einem Netzwerk zusammenführen. Ich hatte von allen intrazellulären Ableitungen, die mir seit Anfang der siebziger Jahre geglückt waren, physische Schnitte durchgeführt und diese mit jeweils bis zu sechzig Fotos dokumentiert. Unsere Hoffnung war, all dieses Material – wie auch das von anderen Forschern – in unser Modell einfügen zu können. Perspektivisch wollten wir auf diese Weise eine ständig wachsende Bibliothek vieler (vielleicht einmal fast aller) Neurone im Bienengehirn erstellen. Eine unglaubliche Perspektive, die allein durch die genaue Lokalisierung aller Verzweigungen der Neurone viele neue Einsichten ermöglichen würde. Man könnte dann genau sehen, wie die Neurone untereinander verschaltet sind und in welche Areale sie ihre Fortsätze senden. Auf diese Weise würden wir das Netzwerk im Bienenhirn besser begreifen. Der gegenständliche Aspekt dieses Wortes kommt hier zum Tragen, da man sich mit den 3-D-Animationen tatsächlich in das Gehirn und in einzelne Neurone hineinbegeben kann. Man macht sie geradezu greifbar, und begreift dadurch Zusammenhänge anders als auf der zweidimensionalen Bildebene. Für mich gibt es neben dem wissenschaftlichen aber auch noch einen ästhetischen Aspekt. Die dreidimensionale Fluoreszenzaufnahme eines einzelnen Neurons gehört für mich zum Schönsten, was ich auf dieser Erde bislang habe sehen dürfen. Leider lässt sich dieses Erlebnis in den zwei Dimensionen eines Buches nicht wiedergeben. Einen Eindruck erhalten Sie aber auf der Website http://www.neurobiologie.fu-berlin.de/beebrain/. Mithilfe einer solchen 3D-Darstellung kann man in das Gehirn hineingehen, die Neurone virtuell anfassen oder sich um sie herumbewegen. Ein derart winziges Gehirn mit seiner prächtigen Verschaltung von Neuronen ganz aus der Nähe zu erleben, ist ein überwältigendes Erlebnis.

Die Euphorie der digitalen Neuroanatomie flammte Anfang der neunziger Jahre an verschiedenen Instituten auf. So auch bei meinem Freund Martin Heisenberg, der an der Universität Würzburg einen dreidimensionalen Atlas des Drosophilagehirns herstellen wollte. Wir taten uns schließlich zusammen und stellten gemeinsam mit weiteren Arbeitsgruppen einen Förderantrag, der vom Bundesministerium für Forschung und Technologie genehmigt wurde. Damit eröffnete sich uns die Möglichkeit, direkt mit Instituten der Informatik und der optischen Industrie zusammenzuarbeiten, wodurch unser Projekt neue Impulse bekam und immer weiter wuchs. In unserem Institut wurde die Arbeit vor allem von Robert Brandt vorangetrieben. Er bekam Unterstützung durch den wirklich virtuosen Programmierer Torsten Rohlfing, der an der Universität Stanford arbeitete und mittlerweile Software-Ingenieur bei Google ist. Er brachte unseren Computern bei, wie sie aus den Daten von zwanzig verschiedenen Gehirnen ein virtuelles Durchschnittsbienenhirn erzeugten. Eine sehr anspruchsvolle Aufgabe, da wir ja nicht von einem Standard ausgehen konnten, sondern ihn mithilfe vieler Stapel von Bildern optischer Schnitte erst erzeugen mussten. In gewisser Weise hatten wir es mit einem Paradoxon zu tun, weil wir den Standard, auf den wir Bezug nahmen, um unsere Daten sinnvoll ordnen zu können, herstellten, während wir ihn voraussetzten. Dieser Prozess musste auch bei der Eingliederung bereits vorhandener Forschungsergebnisse in den Gehirnatlas immer wieder aufs Neue vollzogen werden.[2] Die ersten in den Atlas eingefügten Neurone wurden von Sabine Krofczik gefärbt. Da wir weiterhin an den Projektionsneuronen intrazelluläre Registrierungen durchführten, sammelten wir auch weitere Färbungen einzelner Neurone und charakterisierten ihre Eigenschaften.[3]

Aber es gab noch andere an meinem Institut ansässige Arbeitsgruppen. Zum Beispiel die von Giovanni Galizia, der unsere Calcium-Imagings-Methode mit großem Erfolg weiterentwickelte. Ihm gelang es zusammen mit seiner Doktorandin Silke Sachse, gezielt die Projektionsneurone im Antennallobus anzufärben und damit nur die postsynaptischen Elemente in den Glomeruli der Antennen auf ihre Duftantwort zu untersuchen (**S. 132 ff.**). Direkt mit mir arbeiteten an der gleichen Thematik Tim Faber und Jean-Christophe Sandoz. Außerdem wurden unter meiner Leitung die intrazellulären Ableitungen fortgeführt. Dabei zeichnete sich meine technische Mitarbeiterin Gisela Manz durch immenses Geschick und große Geduld aus. Die musste sie nicht nur mit den Bienen, sondern auch mit mir beweisen, da wir gemeinsam im selben Labor arbeiteten und ich ihre penible Ordnung immer wieder durcheinanderbrachte. Uns gelang ein Experiment, das schier unmöglich erscheint und bislang auch nicht wiederholt wurde, nämlich von einem bestimmten Neuron am Ausgang des Pilzkörpers (dem PE1-Neuron) über längere Zeit intrazellulär abzuleiten. Auf diese Weise entdeckten wir ein neuronales Substrat für assoziatives Lernen, die langanhaltende Potenzierung der synaptischen Übertragung. Darauf und auf die anderen Arbeiten, in denen mit intrazellulären Methoden nach neuronalen Korrelaten des Lernens und der Gedächtnisbildung gesucht wurde, werde ich weiter unten noch genauer eingehen. Intrazelluläre Ableitungen und das Färben der registrierten Neurone waren in dieser Zeit ein zentrales Arbeitsgebiet, das auch die Suche nach der neuronalen Codierung von Düften im Gehirn der Biene einschloss.[4]

Um die Gedächtnisphasen und die Rolle der Proteinsynthese bei der Bildung des Langzeitgedächtnisses zu untersuchen, nutzten wir die Versuchsanordnung der Rüsselreflexkonditionierung. Wir machten die überraschende Entdeckung, dass ein Langzeitgedächtnis bei den Bienen nicht bereits nach einem, sondern erst nach drei Tagen entsteht.[5] Wir nutzten dieses PER-Konditionierungsparadigma auch, um nach lernpsychologischen Regeln zu suchen. Solche Experimente wurden mit großer Intensität von mehreren Mitgliedern der Arbeitsgruppe betrieben, die wie Martin Hammer[6], Brian Smith und später Dorothea Eisenhardt, Martin Giurfa und Dagmar Malun ihre eigenen Arbeitsgruppen aufbauten.

Bienen lernen ja vor allem im Zusammenhang mit der Futtersuche. Dabei vollbringen sie komplexe Lern- und Unterscheidungsleistungen, wie wir noch sehen werden. Die Schlüsselfigur in diesen Studien war Martin Giurfa, ein promovierter Mitarbeiter, der aus Buenos Aires zu uns kam. Eine weitere Arbeitsgruppe befasste sich mit dem Farbensehen, wobei verschiedene Methoden eingesetzt wurden, wie intrazelluläre Ableitungen von den Photorezeptoren, Dressuren frei fliegender Bienen, Modellrechnungen zur Psychophysik des Farbensehens sowie ökologische und evolutive Aspekte der Entstehung der Blumenfarben, über die wir im dritten Kapitel bereits berichtet haben (siehe Farbteil 3).[7]

»Nicht ansprechen! Ich forsche gerade!«

Den Grundstock für die Finanzierung unserer Unternehmung bildete das Geld vom Leibniz-Preis. Dann stellte ich mehrere Anträge an die Deutsche Forschungsgemeinschaft und gründete schließlich gemeinsam mit dem Forschungsbereich Neurowissenschaft der Berliner Charité einen Sonderforschungsbereich »Mechanismen entwicklungs- und erfahrungsabhängiger Plastizität des Nervensystems« und mit Kollegen aus dem Fachbereich Zoologie ein Graduiertenkolleg »Functional Insect Science«. Das bedeutete ein hohes Maß an Verwaltungsarbeit, die ich zusammen mit drei Sekretärinnen leisten musste. Darüber hinaus war es meine Aufgabe, die Arbeitsgruppen zu beurteilen und Gutachten zu schreiben (in manchen Jahren mehrere pro Woche), da ich auch für die Deutsche Forschungsgemeinschaft im Bereich Zoologie Expertisen anfertigte. Dafür versuchte ich, mich in den verschiedenen Gebieten auf dem aktuellen Stand der Fachliteratur zu halten. Wenn ich das nicht schaffte, ließ ich mir die neuesten Konzepte von den jeweiligen Arbeitsgruppenleitern vorstellen und erläutern. Obwohl ich in manchen Wochen über siebzig Stunden im Institut verbrachte, kam ich nur noch selten dazu, selbst zu forschen. Das fehlte mir bald sehr, und so erkämpfte ich mir ein Forschungsfreisemester. Sinn eines solchen »Sabbaticals« ist es, sich frei von jeglicher Verwaltungsarbeit und Lehrverpflichtung der Forschung widmen zu können. Viele Wissenschaftler nutzen diese Zeit, um sich in anderen Instituten auf der Welt umzusehen und neue Methoden zu studieren. Das überlegte ich auch, doch rasch wurde mir klar, dass ich die spannendsten Erfahrungen im eigenen Hause machen konnte. Hier gab es nicht nur so viele Themenbereiche, in die ich eintauchen konnte, sondern auch eine Zahl neu angeschaffter Untersuchungsgeräte, mit denen ich noch gar nicht gearbeitet hatte. Ich blieb also in Berlin. In der ersten Woche meines Sabbaticals war an Forschung jedoch nicht zu denken. Sobald ich mein Büro verließ, um in eines der Labore zu gehen, wurde ich mit Fragen überhäuft. Alle brachten ihre Anliegen vor, obwohl ich mein Freisemester im Institut verkündet hatte. Es war hoffnungslos. In der zweiten Woche bastelte ich mir ein Schild mit der Aufschrift »Nicht ansprechen! Ich forsche gerade!« und hängte es mir um den Hals. Meine Mitarbeiter hielten sich daran. Allerdings vergaß ich es ab und an und wurde natürlich prompt in allerlei administrative Problemstellungen verstrickt. Dann wandte ich mich rasch um, eilte in mein Büro und hängte mir das Schild wieder um.

Organisatorisch wie wissenschaftlich wertvoll war das wöchentliche Seminar mit allen Mitarbeitern und Doktoranden. Der Pflichttermin für jeden am Projekt »Lernen und Gedächtnis« Beteiligten lautete »Montag 13–15 Uhr«. In den zwei Stunden stellten die einzelnen Bereiche ihre Arbeitsergebnisse und die nächsten Schritte vor. Ich leitete die Diskussion und achtete darauf, dass es sachlich und problemorientiert zuging, was beim Zusammentreffen von jungen, ehrgeizigen Forschern nicht immer der Fall ist. Ich musste einige Male an die Warnungen meiner akademischen Lehrer denken. Man könnte ja annehmen, dass es in den Naturwissenschaften ausschließlich um harte Fakten geht und deswegen auch jeder Dissens mit rationalen Argumenten ausgefochten und beigelegt werden kann. Doch das gelingt nicht immer. Persönliche Animositäten und destruktives Konkurrenzdenken sind bei manchen Diskussionen nicht zu unterdrücken. Aber auch wissenschaftliche Auseinandersetzungen lassen sich nicht immer mit der Kraft des Experiments beilegen. So kam es einmal zu einem Streit, ob ein bestimmtes theoretisches Modell (das sogenannte Hexagon) des Farbensehens bei Bienen sachlich korrekt war. Obwohl überzeugende Argumente sowohl hinsichtlich der fehlenden formalen Richtigkeit wie auch widersprechender experimenteller Daten vorlagen, ließ sich ein Mitarbeiter nicht von seiner »Theorie« abbringen, was schließlich sogar dazu führte, dass wir diese Auseinandersetzung in einer Publikation nach außen tragen mussten. Bis heute ist diese Problematik nicht ausgeräumt. Ein weiterer Anlass für manche Zwistigkeiten waren die Namen und deren Reihenfolge auf Publikationen. Nachdem es einige Male schwierig war, eine einvernehmliche Lösung zu finden, weil sich Kollegen benachteiligt fühlten, führte ich strenge Regeln ein. Erstautor einer Publikation durfte demnach nur derjenige sein, der sowohl den überwiegenden Anteil an der Erhebung der Daten geleistet und außerdem den ersten Entwurf geschrieben hatte. Damit erklärten sich alle einverstanden, da man diese Leistung nur vollbringen konnte, wenn man das vorliegende Material vollständig durchschaute. Eine weitere Regel betraf meine eigene Person. Demnach lief ich nicht bei allen Publikationen meines Instituts automatisch als Seniorautor, sondern nur, wenn ich auch inhaltlich etwas beigetragen hatte. Diese Regeln waren hilfreich, allerdings gab es immer wieder Grenzfälle, bei denen es zu Frustrationen kam und Streitigkeiten aufflammten.

So gestalteten sich die neunziger Jahre für mich sehr arbeitsreich und nervenaufreibend zugleich, aber es war eine besonders erlebnisreiche und produktive Zeit mit den besten Mitarbeitern in meiner gesamten Laufbahn. Wir haben gemeinsam einiges über Lernen und Gedächtnis bei Bienen herausbekommen, das uns durchaus auch Rückschlüsse auf den Menschen ermöglichte.

Leistungszentren im Gehirn: Großhirnrinde vs. Pilzkörper

Eine wichtige Zugangsweise zum Hirn ist der stammesgeschichtliche Ansatz, dabei interessiert, wie sich bestimmte Areale bei verwandten Tierarten entwickelt haben. Aus dem Vergleich des Verhaltens lassen sich dann Einsichten in die Funktion dieser Hirnregionen gewinnen. Man geht in der Regel rein anatomisch vor und schaut sich beispielsweise an, welche Strukturen Primaten entwickelt haben, die man bei anderen Säugetieren nicht findet. Hier fallen vor allem Unterschiede in der Größe und der Komplexität der Großhirnrinde (Cortex) auf. Besonders spannend wird es nun, wenn man den Cortex verschiedener Primaten untersucht und herauszulesen versucht, welche Teile für die spezifischen höheren Leistungen des Menschen verantwortlich sein könnten. Hierbei sticht vor allem der präfrontale Cortex ins Auge, der zum Frontallappen gehört, dem Teil des Gehirns, der direkt hinter der Stirn liegt. Verglichen mit Schimpansen und Orang-Utans (und bezogen auf die Gesamtgröße des Hirns) ist dieser Cortexbereich beim Menschen doppelt so groß wie bei seinen nächsten Verwandten (**Abb. 23**). Ähnliche Aussagen kann man über das limbische System und den Lobus temporalis (Schläfenlappen) machen. Wenn man sich andere Teile des menschli-

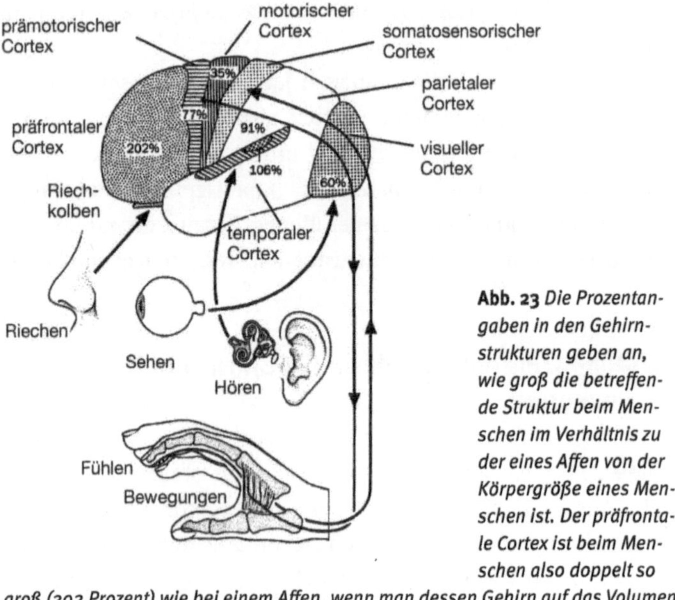

Abb. 23 *Die Prozentangaben in den Gehirnstrukturen geben an, wie groß die betreffende Struktur beim Menschen im Verhältnis zu der eines Affen von der Körpergröße eines Menschen ist. Der präfrontale Cortex ist beim Menschen also doppelt so groß (202 Prozent) wie bei einem Affen, wenn man dessen Gehirn auf das Volumen eines menschlichen Gehirns vergrößern würde. Der motorische Cortex dagegen kommt in diesem Vergleich nur auf ein Drittel der Größe des Affengehirns.*[8]

chen Gehirns anschaut, zum Beispiel den motorischen Cortex, den Riechkolben oder das primäre visuelle System, dann findet man, dass diese Teile deutlich kleiner sind, als man bei der Gesamtgröße des Gehirns erwarten würde.

Die Schlussfolgerung liegt nahe: Der präfrontale Cortex und das limbische System müssen von eminenter Bedeutung für jene geistigen Fähigkeiten sein, die den Menschen in besonderer Weise auszeichnen, auch wenn man nicht genau sagen kann, um welche Gehirnleistungen es sich dabei handelt. Bewiesen wird damit natürlich nichts, aber man kann mit dieser Methode wertvolle Indizien dafür sammeln, in welchen Bereichen die Suche nach den neuronalen Mechanismen, die das spezifisch Menschliche ausmachen, erfolgversprechend zu sein scheint.

Wenn man in dieser Weise über die Bienen nachdenkt, wird man deren Gehirn zuerst mit dem anderer Insekten vergleichen und – bezogen auf das jeweilige Körpergewicht – ein größeres Volumen feststellen. Die Einzelstrukturanalyse offenbart dann einen signifikanten Unterschied in der Größe und der Ausformung des Pilzkörpers. Während er im Bienenhirn großen Raum einnimmt und eine zusätzliche Strukturierung erfährt, ist er bei Fliegen, Heuschrecken und vielen anderen Insektenarten nur wenig ausgeprägt. So, wie die Gegenüberstellung von Primaten- und Menschenhirnen besonders aufschlussreich ist, kann man auch das Gehirn der Honigbiene mit den Gehirnen der anderen insgesamt 20 000 Arten der Überfamilie Apoidea vergleichen. Dabei fällt die Größenzunahme des Pilzkörpers auf und dass Männchen, relativ betrachtet, stets kleinere Pilzkörper haben als Weibchen. Aber sie müssen ja auch nicht so viel nachdenken. Die schwierigeren Probleme lösen die Weibchen: Sie finden eine geeignete Niststelle, bauen ein komplexes Nest und müssen es nach jedem Ausflug wiederfinden. Die Weibchen versorgen die Brut mit Proviant, bauen die Zellen, verteidigen das Volk gegen Eindringlinge und stellen nicht zuletzt den Honig her. Bienenarten, die solitär leben, also als Einzelwesen ihre Lebensbahnen ziehen, tragen einen kleineren Pilzkörper in ihrer Kopfkapsel als solche, die auf einem einfachen Niveau zusammenleben. Bei den etwa zwanzig sozial organisierten Arten nimmt die Größe des Pilzkörpers gegenüber den nicht sozial lebenden Bienen noch einmal entscheidend zu. Besonders fällt die feine Strukturierung des Pilzkörpers bei den sozialen Bienen auf.[9] Die größten Pilzkörper haben die Hummelköniginnen, sowohl relativ wie absolut gesehen, wenn man sie mit Königinnen oder Arbeiterinnen von Honigbienen vergleicht.[10] Der Pilzkörper einer Arbeiterin ist übrigens größer als der einer Königin. Unterschiede von 200 Prozent in der Größe des Pilzkörpers – wie beim Vergleich des präfrontalen Cortex von Menschen und Affen – findet man auch bei den Apoidea, wenn man bestimmte solitäre Bienen mit Hummeln und Honigbienen vergleicht. Die Honigbienen investieren ein Drittel ihrer Neurone in den Pilzkörper. So besteht kein Zweifel daran, dass diese Struktur für ihre erstaunlichen Leistungen eine ähnliche Rolle spielt wie der präfrontale Cortex für die des Menschen.

Plastizität und Differenzierung: das Gehirn den Bedürfnissen anpassen

Nun kann man von der Stammes- zur Individualgeschichte wechseln und den Pilzkörper im späten Larvenzustand und in der Puppe mit dem des geschlüpften Tieres vergleichen. Im Verlauf dieser Entwicklung differenziert sich der Pilzkörper als eigene Struktur im Gehirn heraus (**siehe Abb. 7 auf S. 73**) und wächst durch Teilung der Neuronenbildungszellen.[11] Von dem Moment an, wo die Bienen schlüpfen, wird die Zellteilung in der Pilzkörperregion eingestellt. Trotzdem aber nimmt das Volumen in diesem Bereich weiter zu und zwar besonders in den Regionen, die für die jeweiligen Verhaltensweisen zuständig sind. Dabei bilden sich immer mehr Verbindungen zwischen den Neuronen. Besonders auffällig ist dies beim Vergleich der im Stock arbeitenden Bienen mit den ausfliegenden Sammlerinnen. Die Pilzkörper verändern sich durch den anderen Erfahrungsbereich auf spezifische Weise. Sie wachsen während der Lernvorgänge der Bienen besonders im Eingangsbereich, dem Calyx, der den oberen Teil des Bienengehirns überragt.

Der Calyx (griechisch für »Kelch«) besteht aus drei Teilen: Lippe, Kragen und Basalring. Die Lippe erhält Informationen aus dem Riechsystem, im Kragen kommen die verarbeiteten Sehreize an, und der Basalring ist an den Fühl- und Riechprozessen beteiligt. Bei den Bienen, die den Innendienst im Stock ausführen, nehmen die synaptischen Verschaltungen und damit das Volumen in der Lippe zu, da für sie der Geruchssinn von besonderer Bedeutung ist, bei den Sammlerinnen dagegen vergrößert sich der Kragen, während sie ihren Sehsinn im freien Gelände schulen. Wir fanden, dass das Volumen der Lippe altersabhängig zunimmt, der Kragen aber altersunabhängig sein Volumen mit der Sammelaktivität vergrößert.[12] Die synaptische Verschaltung in der Lippe erfolgt in winzigen kugeligen Strukturen, den Mikroglomeruli. Die Dichte und das Volumen dieser Mikroglomeruli nehmen mit dem Alter zu, ein Indiz für die Vergrößerung und Verfeinerung der synaptischen Übertragung. Dieser Prozess ist vor allem von der Erfahrung der Tiere abhängig, weil nämlich gleich alte Tiere mehr und größere Mikroglomeruli haben, wenn sie als Sammeltiere unterwegs waren. Diese Beobachtung ist besonders aussagekräftig, weil die Untersuchungen an Tieren vorgenommen werden können, deren Erbanlagen identisch sind und bei denen man mit einem einfachen Trick die Altersabhängigkeit und die Erfahrungsabhängigkeit trennen kann.[13]

Die Ausdifferenzierung verschiedener Hirnbereiche in Abhängigkeit von Tätigkeiten und Wahrnehmungen ist vielfältig belegt. Tatsächlich fanden Neurowissenschaftler seit Ende der achtziger Jahre verschiedene Belege dafür, dass sich die gemachten Erfahrungen in die Hirnstruktur einschreiben. Bei Bienen ebenso wie bei Menschen. Das zeigte die legendäre Studie von Eleanor Maguire am University College in London. Mithilfe bildgebender Verfahren konnte sie nachweisen, dass sich bei Taxifahrern die Region des Hippocampus vergrößert, die für die Navigation im Straßenverkehr zuständig ist. Sie testete ihre Probanden vor und nach dem mehrjährigen Taxischein-Kurs. Die maßgebliche Veränderung der Hirnstruktur trat interessanterweise erst auf, nachdem die Probanden den Prüfungsanforderungen genügten und sich die Lage von 25 000 Straßen eingeprägt hatten. Damit war auch für den Menschen bewiesen, dass sich seine Erfahrungen in die neuronale Architektur einschreiben und dass Synapsen unabhängig vom Lebensalter neu gebildet werden können.

Was Störungen über den Normalzustand verraten

Mithilfe vergleichender Methoden, wie wir sie eben beschrieben haben, dringt man bereits tief in die Funktionsanalyse ein. Erkenntnistheoretisch ist das jedoch nur ein erster Schritt, mit dem man auf spekulativer Ebene Strukturen zu verorten sucht. So wertvoll Hypothesen für das naturwissenschaftliche Denken auch sein mögen, letztlich zählen nur harte Fakten. Aber wie kann man beweisen, dass der Pilzkörper die entscheidende Rolle bei Lernprozessen spielt? Als ich Ende der sechziger Jahre begann, mich für die neuronalen Vorgänge im Gehirn der Honigbiene zu interessieren, gab es eigentlich nur eine Antwort auf diese Frage. Man entfernte den gesamten Pilzkörper oder Teile davon. Die Bienen überlebten diese drastischen Eingriffe. Schnitt man ihnen die gesamte Struktur heraus, liefen sie nur noch geradeaus und konnten nicht mehr anhalten. Nahm man nur eine Seite des paarig angelegten Pilzkörpers weg, liefen sie immerzu im Kreis. Ich fand diese Experimente nicht nur grausam, sondern auch wenig erhellend. In Bezug auf die Funktion des Pilzkörpers im Rahmen von Lernvorgängen lieferten sie keinen sinnvollen Beitrag.

Viel weiter würde man mit einer reversiblen Methode kommen, mit der man den Lernvorgang beeinflussen konnte, ohne das Tier zu schädigen. Denn dann könnte man im direkten Vergleich sehen, was dasselbe Tier unter verschiedenen Bedingungen lernte.

Seinerzeit war bereits bekannt, dass die Neurone der Bienen ihre Arbeit bei niedrigen Temperaturen einstellen. Also baute ich mir eine Kühlbox aus Aluminium, in der null Grad herrschten und bohrte ein fingergroßes Loch hinein. Nun ließ ich die Bienen eine Farbe lernen und steckte sie, nachdem sie ihre Belohnung bekommen hatten, in die Box, wo sie wegen der Kälte regungslos verharrten, bis ich sie wieder herausnahm. Die erneute Prüfung ergab, dass die Bienen unter diesen Bedingungen keinen Lernerfolg verzeichneten. Wenn ich die Versuchstiere jedoch zwei Mal ungestört lernen ließ und sie dann nach dem dritten Mal kühlte, vergaßen sie nur, was sie soeben gelernt hatten, aber nicht, was sie davor bereits wussten. Ich konnte also immer nur den letzten Lernvorgang ungeschehen machen. Aber auch das nur bis zu einem gewissen Grad. Wenn ich die Bienen eine Farbe mehr als vier Mal lernen ließ, hatte die Kühlung keinerlei Effekt mehr. Dann schien der Lernvorgang eine Art Sättigungszustand erreicht zu haben. Auch wenn ich nach einem Lernakt einige Minuten wartete, führte das Kühlen zu keinem Lernverlust. Damit hatte ich nachgewiesen, dass bei Bienen, wie bei anderen Tieren (den Menschen eingeschlossen), die Gedächtnisbildung anfänglich noch störbar ist und durch Kühlen verhindert werden kann, dass sie nach einiger Zeit aber in einen stabilen Zustand übergeht.

Meine Ergebnisse sagten jedoch noch nichts über die Beteiligung des Pilzkörpers an diesen Prozessen aus, da ja das gesamte Tier durch Kälte narkotisiert wurde. Wenn es gelingen würde, ausschließlich den Pilzkörper auf unter 10 Grad Celsius abzukühlen, könnten wir die Funktion dieser Hirnstruktur weiter einkreisen. Wie aber kühlt man eine Struktur, die nicht größer ist als ein Viertel Kubikmillimeter? An der TH Darmstadt bauten wir dafür Anfang der siebziger Jahre eine recht abenteuerliche Apparatur, mit der wir eine sehr feine Nadelspitze auf 2 Grad abkühlen konnten. Um den gesamten Pilzkörper auf eine Temperatur von unter 10 Grad zu bringen, mussten wir in unser Instrument am hinteren Ende flüssigen Stickstoff einfüllen, der –176 Grad misst. Ein Thermosensor in der Spitze regulierte den Stickstoffzufluss. Als unsere Anlage zuverlässig funktionierte, ließen wir die Versuchstiere einen Duft lernen und legten unmittelbar danach den Pilzkörper durch Kühlung lahm. In diesem Fall konnten sich die Bienen nicht an das soeben Gelernte erinnern. Wir hatten ihnen eine »retrograde Amnesie« zugefügt. Dasselbe Resultat verzeichneten wir, wenn wir zwei oder drei Minuten warteten, bevor wir den Pilzkörper ausschalteten. Wenn wir den Pilzkörper aber erst fünf Minuten nach dem Lernvorgang kühlten, gab es keinen Effekt, und die Bienen konnten sich an den Duft erinnern. Als wir zur Kontrolle in anderen Regionen des Gehirns mit unserer Kühlmethode die Aktivität der Neuronen kurzzeitig außer Kraft setzten, registrierten wir keine Veränderung der Erinnerung. Eine Ausnahme bildete der Antennallobus (**Abb. 24**). Das war nicht überraschend, da er ja in erster Instanz Gerüche in Form von Duftkarten verarbeitet, die dann zur weiteren Auswertung vom Pilzkörper gelesen werden. Bei unseren Experimenten fanden wir jedoch einen zeitlichen Unterschied zum Pilzkörper. Bei der Kühlung des Antennallobus konnten wir die Gedächtnisbildung lediglich in der ersten Minute stören. Danach nicht mehr.

Da sich bei den Versuchen derselbe Zeitverlauf ergab wie beim Kühlen eines ganzen Tieres, schlossen wir, dass der Pilzkörper entscheidend für die Bildung des Duftgedächtnisses ist. Damit war uns der erste wissenschaftlich belastbare Beweis dafür gelungen, dass der Pilzkörper im Gehirn der Biene am Lernen beteiligt ist. Wir hatten eine Struktur mit einer Funktion in Verbindung gebracht, also eine Korrelation hergestellt. Bei den Zerstörungsexperimenten hingegen wäre es nicht möglich gewesen zu unterscheiden, ob die Lernfähigkeit der Tiere oder die Möglichkeit, gelernte Inhalte abzurufen, verlorengegangen war. Diese beiden

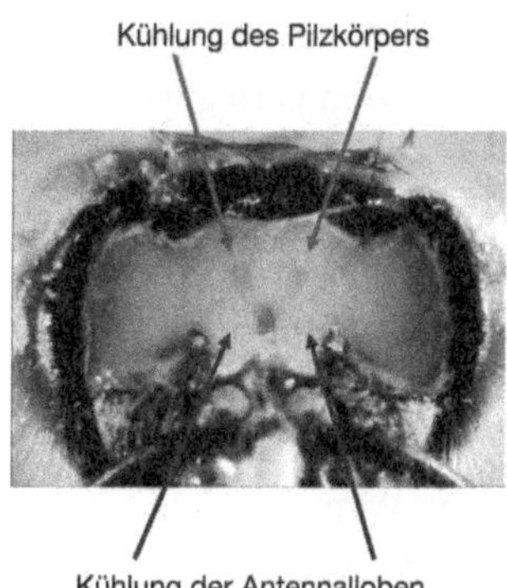

Abb. 24 *Um nachzuweisen, dass die Pilzkörper an der Gedächtnisbildung beteiligt sind, kühlten wir die beiden Pilzkörper zu verschiedenen Zeiten nach dem einmaligen Lernen eines Duftes. Es stellte sich heraus, dass die retrograde Amnesie nach Kühlen der Pilzkörper den gleichen Zeitverlauf nimmt wie die Kühlung des ganzen Tieres. Zum Vergleich wurden die beiden Antennalloben gekühlt. Dadurch kommt es nur innerhalb der ersten Minute zu einer retrograden Amnesie.*[14]

Sachverhalte konnten wir mit unserer Methode der reversiblen Ausschaltung des Pilzkörpers sehr gut auseinanderhalten.

Den Neurowissenschaftlern, die am menschlichen Gehirn arbeiten, standen solche Mittel lange Zeit nicht zur Verfügung. Sie konnten in der Regel nur aus den Folgen von Hirnverletzungen deutliche Rückschlüsse auf Struktur und Funktion ziehen. So startete die moderne Neurowissenschaft im 19. Jahrhundert mit dem intensiven Studium von Ausfallerscheinungen. In Frankreich begleitete der Arzt und Anatom Paul Broca die Krankheitsgeschichte eines Patienten, der nur die Silbe »tan« aussprechen konnte. Nach dessen Tod stellte er bei der Autopsie eine erhebliche Schädigung in der linken Hirnhälfte fest. Diese Struktur erklärte Broca zum Sprachzentrum. In dieser Tradition begaben sich die Anatomen auf die Suche nach Patienten, deren Hirn durch einen Schlaganfall oder durch äußere Einwirkungen geschädigt war, um daraus Rückschlüsse auf die Funktion bestimmter Hirnareale zu ziehen. Anfang des 20. Jahrhunderts lieferte ihnen der Erste Weltkrieg dann leider reichlich Material. So ist es wohl auch kein Zufall, dass mit Karl Kleist schließlich ein Militärarzt das Standardwerk zur Hirnlokalisation vorlegte: »Kriegsverletzungen des Gehirns in ihrer Bedeutung für die Hirnlokalisation und Hirnpathologie«.

Heute besteht die Möglichkeit, kurzzeitig bestimmte Hirnareale auszuschalten beziehungsweise zu stimulieren. Bei Hirnoperationen ist das gängige Praxis. Der Patient behält dabei das Bewusstsein, was zumindest insofern unproblematisch ist, als das Hirn selbst keine Schmerzen empfindet. Während sich der Chirurg in die Region vorarbeitet, in der er operieren möchte, kann er nun jederzeit testen, wie er am schonendsten durch bestimmte Areale hindurchkommt. Dazu stimuliert er bestimmte Bereiche und lässt sich vom Patienten berichten, was er wahrnimmt und empfindet. Ähnliche Versuche führte mein akademischer Lehrer Franz Huber durch. Wenn er den Pilzkörper von Grillen an verschiedenen Stellen mit kleinsten Strömen stimulierte, begannen sie zu zirpen. Huber folgerte daraus, dass aus dem Pilzkörper heraus die Befehle erteilt werden, welches motorische Programm ausgeführt wird. Auch bei Vögeln konnte man ähnliche Effekte erzielen, wenn man eine Mikroelektrode in eine bestimmte Region des Stammhirns setzte. Sobald sie eingeschaltet wurde, begann der Vogel zu kämpfen. Da kein Artgenosse in der Nähe war, ließ er seine Aggressionen am nächstgelegenen Objekt aus und stellte seine Kampfhandlungen erst wieder ein, wenn die Elektrode ausgeschaltet wurde.

Der Hammer! Ein Belohnungsneuron in Aktion

Aber was beweisen solche und ähnliche Versuche letztlich? Man sieht, dass man mit einer Stimulation oder, wie in unserem Fall mit einer Kühlung, ein bestimmtes Verhalten erzeugen oder verhindern kann. Damit aber ist weder eine belastbare Aussage darüber getroffen, wie die entsprechende Hirnregion das Verhalten bewirkt, noch was genau an der erregten beziehungsweise lahmgelegten Stelle geschieht. Für diese Art der Korrelation von Struktur und Funktion macht es keinen Unterschied, ob man in den Experimenten gerade eine Stelle erwischt hat, an der ein spezieller Nerventrakt durchläuft oder ob man tatsächlich in einem Areal gelandet ist, das auf eine hochintegrierte Weise das spezifische Verhalten erzeugt. Letztlich kann man mit Sicherheit nur sagen, dass die Region an der Erbringung der Leistung beteiligt ist. Sie ist notwendig. Aber ist sie auch hinreichend? Wenn ich mir ein Frühstücksei zubereite, kann ich das kochende Wasser als die Ursache für die Leistung ansehen. Es ist notwendig und hinreichend für mein 5-Minuten-Ei. Aber wie ist es mit dem Topf? Der Topf ist ebenfalls notwendig, denn ohne ihn könnte ich das Wasser nicht zum Kochen bringen, in dem das Eiweiß meines Frühstückseis fest werden soll. Doch der Topf ruft diese Reaktion nicht hervor und ist damit nicht hinreichend. Ich könnte mein Ei auch in einem anderen Gefäß zubereiten. Bezogen auf die Lokalisation von Leistungen in bestimmten Hirnarealen bedeutet dieses lebenspraktische Beispiel, dass uns weder das Studium der Ausfallerscheinungen noch die Stimulationsexperimente wissenschaftlich befriedigend Auskunft über die Ursachen geben konnten. Wir vermochten, im übertragenen Sinne, nicht zu sagen, ob wir mit unseren Methoden am Topf, am Wasser oder am Ei ansetzten. Erst wenn wir die spezifische Leistung einzelner Neurone identifizieren und diese auf einer experimentellen Ebene an- und ausschalten konnten, würden wir zu den Ursachen vorstoßen. Das sollte uns schließlich mit dem VUM-Neuron gelingen.

Zu meiner Arbeitsgruppe, die sich mit intrazellulären Ableitungen beschäftigte, gehörte der außerordentlich begabte Doktorand Martin Hammer. Seine ruhige und zurückhaltende Art passte sehr gut zum Menschenschlag der Elektrophysiologen, die tage- und nächtelang allein im Labor verbringen und auf das Gelingen ihrer Experimente warteten. Martin vertrieb sich die Zeit, bis die entsprechenden Signale auf dem Monitor zu sehen waren, mit Rauchen, weswegen sein Zimmer oft genug voll blauem Dunst war. Ich zog es daher vor, die Unterredungen mit ihm in mein Büro zu verlegen. Zu besprechen gab es viel, denn wir hatten schon längere Zeit erfolglos versucht, vom Ausgangsbereich des Pilzkörpers abzuleiten, um Aufschlüsse über das Lernverhalten zu bekommen. Eines Tages unterbreitete ich ihm den Vorschlag, unsere Suchrichtung umzudrehen. Was, wenn wir nicht weiter im Pilzkörper nach den neuronalen Korrelaten für Erlerntes suchten, sondern in den motorischen Bereichen, denen schließlich die Resultate der Lernvorgänge mitgeteilt werden mussten? Da die Bienen während der Dressurphase eines Versuchs mit Zucker belohnt werden, strecken sie in der Testphase den Rüssel aus, sobald der konditionierte Reiz kommt, obwohl gar kein Zucker auf sie wartet. So zeigen sie uns, dass sie den Reiz gelernt haben. Der Rüsselreflex wird im Unterschlundganglion ausgelöst. Ich legte Martin nahe, genau dort abzuleiten. Er nickte nur kurz und verschwand in sein Labor.

Wochenlang hörte und sah ich kaum etwas von ihm. Als ich mich bei ihm nach etwaigen Fortschritten erkundigte, nuschelte er mir lediglich zu, dass es sehr schwierig sei. Tatsächlich ist das Unterschlundganglion relativ klein und von außen schwer zugänglich, umschlossen von einer harten Kapsel, in der die Muskeln der Mundwerkzeuge verankert sind. Mit vielen Mühen und großem Geschick fand Martin Hammer schließlich einen Zugang und begann abzuleiten. Die Neurone, die er traf, reagierten exakt auf die Konditionierungen während der Lernvorgänge. Ihm gelang es auch, viele dieser Neurone zu färben, so dass wir guter Hoffnung einer Erweiterung unseres Wissens über die Vorgänge in der Hirnregion des Unterschlundganglions entgegensahen. Eines Tages erschien er an meiner immer offen stehenden Tür. Er kam herein und sagte in seiner unaufgeregten Art: »Ich glaube, Sie sollten sich mal etwas ansehen.« Ich unterbrach meine Arbeit und folgte ihm in sein Labor, in dem die Rauchwolken hingen. Als ich in das Mikroskop sah, konnte ich es nicht fassen. »Was ist denn das?«, fragte ich. Martin zuckte mit den Schultern und zündete sich eine Zigarette an. Ich konnte mich gar nicht losreißen und starrte in das Okular. Vor mir lag ein komplett gefärbtes Neuron, das einerseits mit den Zuckerrezeptoren der Mundwerkzeuge und der Antennen verbunden war und dessen Bahnen andererseits bis hinauf in den Pilzkörper liefen (**Abb. 25**). Das allein war schon ein Ereignis.

Nun zeigte mir Martin aber noch, dass dieses Neuron erstaunlich unspezifisch auf einen Zuckerreiz reagierte, obwohl es mit den entsprechenden Rezeptoren verbunden war. Während bei anderen Neuronen sofort ein scharf akzentuiertes Aktionspotenzial

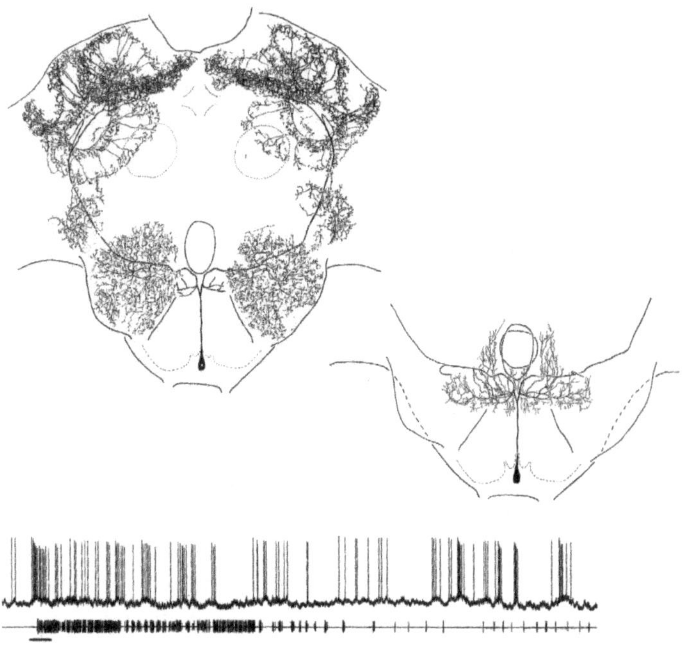

Abb. 25 *Das Belohnungsneuron VUMmx1. Links die Verzweigungen des Neurons im Gehirn, rechts die Verzweigungen im Unterschlundganglion, wo VUMmx1 Eingänge von den Zuckerrezeptoren erhält. Darunter ist das Ergebnis einer intrazellulären Registrierung während einer Zuckerstimulation zu sehen.*

gebildet wurde, sobald der entsprechende Reiz kam, verhielt sich diese Zelle »sloppy«. Wir haben keine genau treffende Übersetzung für dieses englische Wort gefunden, das sich in dem Bedeutungsraum von »salopp« bis »schludrig« bewegt. Es reagiert zwar, aber nicht auf eine markante Weise. Ich bat Martin in mein Büro, wo wir die ganze Nacht hindurch über seine Entdeckung diskutierten. Uns beiden war klar, dass wir es hier mit etwas Außerordentlichem zu tun hatten. Diesem Neuron konnte aufgrund seiner Reaktionsweise nicht die Aufgabe zukommen, Informationen aus den Zuckerrezeptoren ins neuronale Netzwerk einzuspeisen. Aber was machte es dann? In der Erschöpfung der frühen Morgenstunden kamen wir schließlich auf die Idee, Stimulationsversuche zu planen. Auf welche Weise würde sich das Verhalten des Tieres verändern, wenn wir das Neuron anregten und damit den Zuckerreiz im Dressurexperiment ersetzten?

Martin Hammer führte nun eine Reihe herausragender Versuche mit Vergleichsgruppen durch. Die Bienen der ersten Gruppe belohnte er während der Konditionierung auf gewohnte Weise mit Zucker und leitete dabei von dem Neuron ab, dem er den Namen VUMmx1 gab, was bedeutet, dass es ein Neuron ist, dessen Zellkörper ventral (V), ungepaart (U) in der Mittellinie (M) des maxillaren Segments (mx) des Unterschlundganglions liegt und das erste (1) Neuron dieser Art betraf. Bei den Tieren der anderen Gruppe führte er die gleichen Ableitungen durch. Sie allerdings bekamen keine Zuckerlösung während des Lernvorgangs. Stattdessen wurde bei ihnen das besagte Neuron stimuliert. Diese Stimulation erzeugte ebenso viele Aktionspotentiale, als wenn er das Tier mit Zucker belohnt hätte. Der Erfolg war identisch. Es gelang beide Gruppen auf den Reiz zu konditionieren. Die Bienen konnten mithilfe einer einfachen (wenn auch experimentell wirklich schwierigen) elektrischen Stimulation zu einem komplexen Verhalten gebracht werden. Martin Hammer hatte damit das für die Lernvorgänge wichtigste Neuron im Hirn gefunden, das Belohnungsneuron. Zum ersten Mal gab es nun eine direkte

Beziehung zwischen einer kognitiven Funktion (Belohnung beim Lernen), dem beobachteten Verhalten (Lerneffekt) und einem einzigen Neuron (VUMmx1).

Tiere und Menschen lernen über Belohnungen. Diesen Mechanismus hatten wir jahrzehntelang in unseren Experimenten eingesetzt. Nun plötzlich lag da ein Neuron in all seiner Schönheit vor uns, das diese Belohnung ausführte und hinreichend für das Lernen war. Ein unglaublicher Moment, der mir in einem konditionierten Reflex noch immer eine Gänsehaut erzeugt, wann immer ich daran zurückdenke. Wir konnten jetzt auch in der wissenschaftlichen Beschreibung einen Schritt weitergehen und nicht nur sagen, dass es eine Korrelation zwischen dem VUM-Neuron und dem Lernvorgang gab, sondern dass es sich hier tatsächlich um eine kausale Beziehung handelte: Das VUM-Neuron verursachte den Lernvorgang.

Mit »Nature« veröffentlichte 1993 eine weltweit bedeutende Wissenschaftszeitschrift die Entdeckung von Martin Hammer. Im Editorial in einer anderen Zeitschrift feierte Martin Heisenberg, die Autorität in der Drosophila-Gehirnforschung, die Identifizierung des Belohnungsneurons bei der Biene als Tor in eine neue Welt des Nachdenkens über das Gehirn. Denn es war zum ersten Mal gelungen, ein einzelnes Neuron als hinreichend für eine kognitive Fähigkeit des Gehirns zu identifizieren, nämlich seine Belohnungseigenschaft. Heute erscheint das als ein fast selbstverständliches Vorgehen in der Neurowissenschaft, die geprägt ist von optogenetischen Methoden, die es erlauben, einzelne Neuronen im Drosophilagehirn oder Gruppen bestimmter Neurone im Mäusegehirn durch Belichtung ein- und auszuschalten. Damals aber war das ein geradezu revolutionäres Ereignis. Zwar konnten Forscher um Eric Kandel (der später unter anderem dafür den Nobelpreis erhielt) bereits zu dieser Zeit einzelne Neurone in einem herauspräparierten Ganglion der Schnecke Aplysia stimulieren und synaptische Plastizität induzieren, die einem einfachen Lernvorgang zugrunde lag, aber ein ganzes Tier auf einen Duft zu dressieren, indem ein Neuron stimuliert wurde, das war auch den Schneckenforschern noch nicht gelungen. 1969 haben Irvin Kupferman und Eric Kandel ihre ersten Nachweise der Beteiligung von einzelnen Neuronen an der synaptischen Plastizität mit diesen Sätzen abgeschlossen, die auch gut unsere optimistische Stimmung nach der Entdeckung des VUM-Neurons wiedergeben: »Angesichts der Vorteile, die dieses Präparat für neurophysiologische Zellstudien bietet, könnte es sich auch für die Analyse der Lernmechanismen als nützlich erweisen … Vielleicht wird es auch möglich sein, mithilfe der klassischen und instrumentellen Konditionierungsparadigmen komplexe Verhaltensänderungen zu untersuchen.«[15]

Gemeinsamkeiten im Belohnungssystem von Affen und Bienen

Fast gleichzeitig mit Martin Hammer glückten Wolfram Schultz an der Universität Lausanne Ableitungen von Dopamin-Neuronen im Hirn des Affen. Anatomisch kannte man sie schon recht gut, auch standen sie im Verdacht, etwas mit den Emotionen der Säugetiere zu tun zu haben, ihre genaue Funktion jedoch lag noch im Dunkeln. Schultz konnte Affen auf Belohnung dressieren und dabei die Aktivität von Dopamin-Neuronen im ventralen Mittelhirn registrieren. Er leitete nicht intra-, sondern extrazellulär ab. Das heißt, er maß nicht an einem einzelnen Neuron, sondern inmitten einer Gruppe von Neuronen. Damit konnte er über einen längeren Zeitraum in der Tiefe des Affengehirns messen. Der Nachteil seiner Methode bestand darin, dass er die Neurone nicht einzeln zuordnen konnte, was bei der Größe eines Primatengehirns allerdings wenig zählt, da es von einer bestimmten Sorte Neuronen stets viele gibt. Auf diese Weise zeigte Schultz, damals in Fribourg (Schweiz), dass die Dopamin-Neurone im sogenannten ventralen Tegmentum des Mittelhirns mit der

Belohnung während des Lernens korreliert sind. Anders als Martin Hammer konnte er allerdings keine Stimulationen durchführen, da bei Affen im Gegensatz zur Biene nicht nur ein Neuron für die Belohnung zuständig ist, sondern Tausende diese Aufgabe ausführen. Eine so hohe Zahl von Neuronen lässt sich jedoch nicht präzise stimulieren.

Martin Hammer und Wolfram Schultz tauschten sich über ihre Forschungsergebnisse aus und veranstalteten ein gemeinsames Symposium. Ich erinnere mich sehr gut an diese Sternstunde der Wissenschaft. An zwei stammesgeschichtlich völlig verschiedenen Tieren wurde dasselbe Prinzip des Lernens entdeckt. Das legt die Vermutung nahe, dass wir es mit einem universalen Prinzip der Natur zu tun haben. Gelerntes kann durch Belohnung fixiert werden, und dafür sind identifizierbare Neurone zuständig.

Mit der Stimulierbarkeit des VUM-Neurons hatten wir eine phantastische experimentelle Möglichkeit, die Lernprozesse im Detail zu untersuchen. Zuerst stellte sich die Frage, auf welche Weise Reiz und Belohnung zusammenkommen. Dafür lagen damals zwei verschiedene Erklärungsansätze vor. Nach dem Psychologen Donald Olding Hebb galt die Regel: »Cells that fire together, wire together.« Er erklärte es zu einer Grundeigenschaft des Nervensystems, dass Neurone, die zur selben Zeit aktiv sind, eine Verbindung zueinander herstellen; Neurone, die die belohnende oder bestrafende Bedeutung eines Reizes vermitteln, müssen daran jedoch nicht zwangsläufig beteiligt sein. Bezogen auf das Belohnungsneuron würde Hebbs Regel Folgendes besagen: Wenn die Biene einen Duftreiz wahrnimmt, der erst einmal keine weitere Bedeutung hat, verliert sich die entsprechende neuronale Aktivität im Nervensystem. Anders stellt sich die Situation dar, wenn gleichzeitig (oder kurz danach) das Belohnungsneuron feuert, weil gemeinsam mit dem Auftreten des Duftes (genau genommen kurz danach) der Biene Zuckerlösung gegeben wird oder weil wir das Belohnungsneuron stimuliert haben. Wenn das zu einer Aktivierung von Pilzkörperneuronen führt, wären diese sowie das den Duft registrierende Neuron gleichzeitig aktiv. Damit käme es nach Hebb zu einer Verstärkung der Synapse des Duftneurons, dessen Aktivität nun den angeborenen Reflexkreis aktiviert, an dessen Ende das Herausstrecken des Rüssels steht. Die lernbezogene Änderung wäre also auf der postsynaptischen Seite in dem Neuron, das von den anderen beiden Neuronen Eingang erhält. Im Pilzkörper sind das jene Neurone, die den Pilzkörper bilden (**Abb. 26, links**).

Der österreichisch-amerikanische Neurowissenschaftler Eric Kandel fand ein anderes Prinzip der lernbezogenen Plastizität, als er die neuronale Schaltung bei der Schnecke Aplysia untersuchte. Demnach spielt sich der entscheidende Prozess an der Synapse eines sensorischen Neurons ab, also auf der präsynaptischen Seite (**Abb. 26, rechts**). Wenn man wiederum von dem Geruchsreiz ausgeht, der wahrgenommen wird, ohne dass ihm eine besondere Bedeutung zugeordnet wird, so besagt die mit dem Nobelpreis gewürdigte Kandel'sche Entdeckung Folgendes: Dem Duft – bei Kandel war es ein Kitzelreiz auf der Haut der Schnecke – gelingt es für sich allein nicht, das sensorische Neuron zum Weiterleiten der Information bis zur motorischen Reaktion zu bewegen. Die Rezeptoren nehmen den Reiz zwar auf, aber er löst innerhalb des neuronalen Netzwerks keine weiteren Prozesse aus und wird daher nicht weiter beachtet. Anders sieht es aus, wenn die Information vom Duftrezeptor für den Organismus wichtig ist. Dann verstärkt ein sogenanntes bedeutungsübertragendes Neuron – in unserem Fall das VUM-Neuron, bei Aplysia das facilitatorische Neuron – das Aktionspotential des sensorischen Neurons. Daraufhin wird von diesem sensorischen Neuron viel mehr Transmitter ausgeschüttet, so dass das nachfolgende Neuron viel stärker erregt wird. Auf diese Weise gelangt die Duftinformation in das Netzwerk, das für die Verhaltenssteuerung verantwortlich zeichnet. Eine Zeitlang stellte es sich als eine Art Gewissensfrage in der Gemeinde der Neurowissenschaftler, an welchen Mechanismus man glaubte. An den von Hebb oder den

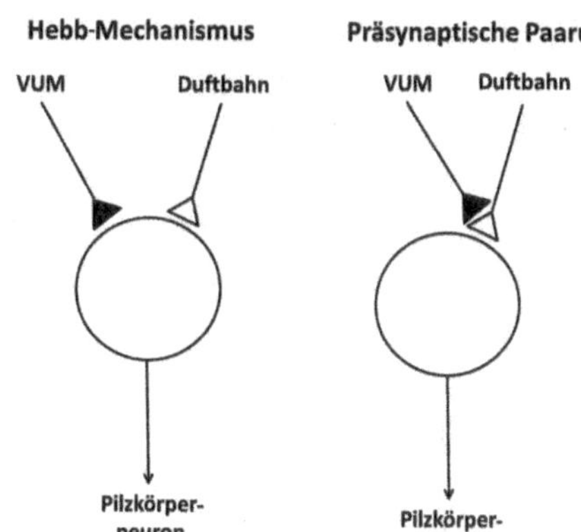

Abb. 26 *Schematische Darstellung der beiden Mechanismen, mit denen Synapsen durch Lernen verändert werden (induzierte synaptische Plastizität): links der Hebb-Mechanismus, rechts die präsynaptische Paarung nach Kandel. Die kleinen Dreiecke stellen die Synapsen dar, der große Kreis den Zellkörper des Neurons.*

von Kandel beschriebenen? Inzwischen weiß man, dass meist beide Mechanismen am Werk sind, bei Aplysia ebenso wie bei der Biene. Die Aktivität des VUM-Neurons verstärkt den sensorischen Eingang in den Pilzkörper nach dem Kandel'schen Prinzip. Die lernbezogene synaptische Veränderung schließt aber auch eine postsynaptische Komponente mit ein, denn die betreffenden Neurone bekommen sowohl vom sensorischen als auch vom VUM-Neuron Eingänge und verändern sich dadurch. Die Zusammenhänge sind aber komplizierter, denn auch das VUM-Neuron lernt, das heißt, es reagiert nach dem Lernen stärker auf den gelernten Duftstimulus. Auch das hat Martin Hammer nachgewiesen. Beide Eigenschaften teilt das VUM-Neuron mit den Dopamin-Neuronen: Ein gelernter Reiz wird zur Belohnung, und eine nach dem Lernen vorhergesagte Belohnung verliert ihre Belohnungseigenschaft. Auf den letztgenannten Effekt werden wir schon bald zu sprechen kommen.

Um herauszufinden, welche Vorgänge sich am Eingang des Pilzkörpers abspielen, muss man genauer in die Verschaltung und in die Vorgänge innerhalb der beteiligten Neurone schauen. Genau dafür braucht es das Zusammenwirken vieler Forscher, die unterschiedliche Methoden beherrschen. In jedem Fall hatte es das Belohnungsneuron der Biene ermöglicht, dem eingehenden Reiz mit besonderer Aufmerksamkeit zu begegnen und einem zunächst unbedeutenden Reiz (dem Duft) eine Bedeutung zu geben, nämlich eine Belohnung zu erwarten.

In ihrem gemeinsamen Symposium konnten Martin Hammer und Wolfram Schultz die faszinierenden Gemeinsamkeiten in den Mechanismen des Belohnungssystems herausarbeiten. Demnach beginnen die Dopamin-Neurone im Belohnungssystem von Primaten ebenfalls während des Konditionierungsprozesses auf den erlernten Reiz zu reagieren. So konnten wir schließlich mit der »Paarung« einen weiteren universellen Lerneffekt im Tierreich verstehen. Der funktioniert folgendermaßen: Nehmen wir an, die Biene hat den Rosenduft gelernt. Wenn man ihr nun Nelkenduft und unmittelbar danach Rosenduft zu riechen gibt, lernt sie auch den Nelkenduft, obwohl der gar nicht mit Zuckerlösung belohnt wurde. Wenn die Biene den Rosenduft vorher nicht gelernt hat, wird auch der Nelkenduft für sie neutral bleiben. Da das Belohnungssytem die Eigenschaft des gelernten Stimulus übernimmt, wird es aktiv, sobald die Biene Rosenduft riecht. Wenn man nun den Nelkenduft mit dem Rosenduft paart, wird er ohne äußere Stimulierung vom VUM-Neuron selbst belohnt und damit gelernt. Für den Lernerfolg stellt es sich somit als zweitrangig dar, auf welche Weise das Belohnungssystem angeregt wird. Da es im Fall der Paarung jedoch ohne die primäre Belohnung durch Zuckerlösung erfolgt, spricht man hier vom »Lernen zweiter Ordnung«. Ein Effekt, der auch im menschlichen Hirn ein ganz wichtiger, vielleicht sogar der wichtigste Lernvorgang ist, denn wir lernen ja weder in der Schule noch im Alltag über Belohnungsformen, die uns angeboren sind. Wir brauchen nur an die Bedeutung von Geld zu denken. Natürlich ist uns nicht angeboren, dass Geld eine belohnende Wirkung hat. Das erfahren wir erst über ein solches Lernen zweiter Ordnung. Dasselbe geschieht, wenn im Radio ein Lied gespielt wird, das in uns die Erinnerung an einen schönen Urlaub wachruft. Die positiven Gefühle, die damit verbunden waren, kehren zurück, selbst wenn die aktuelle Situation nicht das Geringste mit der Situation zu tun hat, in der das Lied damals erklang. Untersuchungen mit Hilfe der funktionellen Kernspintomographie haben gezeigt, dass die Struktur in unserem Gehirn, von der die Dopamin-Neurone aufsteigen (das ventrale Tegmentum), eine entscheidende Rolle bei diesem Lernphänomen spielt und zwar sowohl beim Lernen zweiter Ordnung mit belohnenden wie auch mit bestrafenden Reizen.[16]

Von Reizen und Erwartungen

Etwas anderes ist es mit Erwartungen. Wenn die Biene die Belohnung eines Reizes erwartet, weil sie ihn vorher bereits gelernt hatte, ist der Effekt geringer. Dieser Sachverhalt überrascht erst einmal, hat aber offensichtlich die Funktion, das Belohnungssystem vor Übersättigung zu schützen. Den Vorgang, der diese Leistung vollbringt, nennen wir »Blocking«. Dazu gibt es ein aufschlussreiches Experiment. Die Bienen lernen einen Stimulus, beispielsweise Rosenduft. In der zweiten Lernsituation bekommen die Bienen dann den Rosenduft und den noch nicht gelernten Nelkenduft zu riechen. Wenn man sie unmittelbar nach diesen beiden Düften mit Zucker belohnt, lernt die Biene den Nelkenduft nicht. Mit diesem Versuch konnten wir zeigen, dass eine erwartete Belohnung keinen Effekt hat. Denn die Biene erwartet ja für den Rosenduft eine Belohnung und zeigt es uns, indem sie ihren Rüssel herausstreckt. Der feine Unterschied zur Paarung besteht darin, dass zwar eine für das Lernen normalerweise geeignete Abfolge zwischen Reiz und Belohnung hergestellt wird, allerdings vorher noch der bereits gelernte Rosenduft gegeben wird. Damit verliert das Belohnungsneuron seine Fähigkeit, den Nelkenduft so zu verstärken, dass er gelernt werden kann, weil nun das Belohnungsneuron durch den Belohnungsreiz (Zucker) abgeschaltet wird (**Abb. 27**). Eine zugegebenermaßen erst einmal verwirrende Angelegenheit, die jedoch logisch auf-

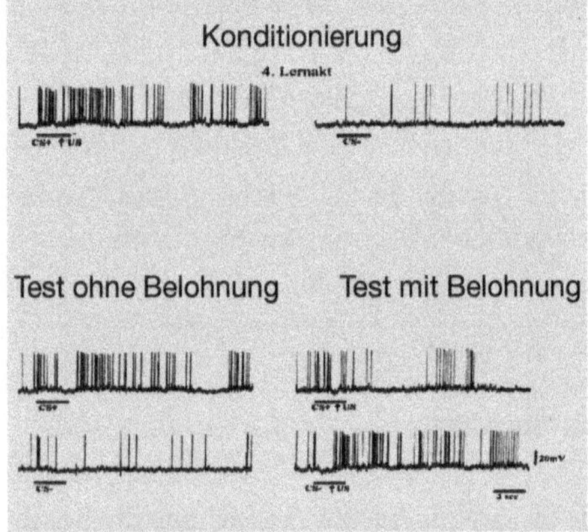

Abb. 27 *Die neuronale Aktivität des Belohnungsneurons VUMmx1 während der Konditionierung (oben) und während zwei verschiedener Testsituationen (unten). Während der Konditionierung folgt die Zuckerbelohnung (US: unkonditionierter Stimulus) auf den Duft, der gelernt werden soll (CS+: belohnter zu konditionierender Stimulus), nicht aber auf CS– (den nicht zu konditionierenden Stimulus). Die neuronale Aktivität des VUM-Neurons ist hoch, wenn der unkonditionierte Stimulus (US) eintritt. Nach dem Lernen ist die Aktivität auch hoch, wenn der CS+ erfolgt, weil vorher bereits dreimal konditioniert wurde. Das VUM-Neuron hat gelernt, auf den CS+ zu reagieren, nicht aber auf den CS–.*
Nach weiteren Konditionierungen und einem Zeitabstand, in dem sich das Gedächtnis konsolidiert hat, wird das Tier zwei Testsituationen ausgesetzt. Beim Test ohne Belohnung (links) wird erst CS+ und dann CS– gegeben. Das VUM-Neuron reagiert auf den CS+ stärker als auf den CS–. Beim Test mit Belohnung (rechts) folgt die Zuckerbelohnung (US) sowohl auf den CS+ als auch auf den CS–. Im ersten Fall löst die Zuckerbelohnung (US) keine Reaktion des VUM-Neurons aus, ja, es erfolgt sogar eine Hemmung (erkennbar am Ausbleiben der Aktionspotentiale). Nach dem CS– ist die Reaktion des VUM-Neurons auf den Zuckerreiz (US) hoch. Eine erwartete Belohnung führt also zu einer Hemmung der VUM-Aktivität, eine nicht erwartete dagegen zu einer hohen Aktivität.[17]

zulösen ist. In dem Moment, wo der Rosenduft die Aktivität des VUM-Neurons aufruft, fällt diese als Belohnung für den Nelkenduft aus, weil sie erwartet wurde.

Wenn also eine Belohnung vorhergesagt wird, verliert sie offensichtlich ihre Eigenschaft als Belohnung. Der entscheidende Faktor dabei ist, dass nur dann eine für das Lernen wichtige Bewertung (belohnend oder auch bestrafend) erfolgt, wenn diese Bewertung überraschend ist. Schon vor mehr als 2000 Jahren wussten die römischen Rhetoriker, dass man neue Texte besonders gut lernt, wenn sie überraschend sind, und heute weiß jeder Lehrer, dass Schüler nichts lernen, wenn ein neuer Stoff zu häufig wiederholt wird und die neuen Inhalte mit den alten zu innig vermischt sind.[18] Für das Begreifen von Lernvorgängen ist diese Einsicht von entscheidender Bedeutung. Offensichtlich verhindern lernende Systeme über diese Art der Blockierung, dass die Lernvorgänge unendlich weit gehen und ermöglichen, dass sie sich stets auf das Neue und Überraschende konzentrieren. Auf diese Weise schützt sich das Lernen vor Übersättigung und entdeckt immer wieder Neues. Wenn nämlich der konditionierte Reiz auf alles reagieren würde, was sich ihm bietet, verlöre er nach und nach seine Anpassungsfähigkeit. Deswegen ist das Belohnungssystem nicht andauernd aktiviert, sondern es wird im Gegenteil über solche Prinzipien wie das der Blockierung dafür gesorgt, dass jederzeit noch ein gewisses Potential an Belohnungen zur Verfügung steht.

Leider sollte es Martin Hammer nicht mehr vergönnt sein, noch mehr Licht in die neuronalen Vorgänge zu bringen, die bei Lernprozessen ablaufen. Er starb bei einem Autounfall und hinterließ eine gewaltige Lücke. Martin brachte nicht nur das intellektuelle Format, sondern auch das entsprechende Experimentiergeschick sowie eine ungeheure Geduld mit, um die spannenden Fragen zum Belohnungsneuron der Biene zu stellen und zu beantworten. Mehrere Doktorarbeiten, die wir nach seinem Tod im Team unternahmen und die seinen Spuren folgen sollten, waren sehr viel weniger erfolgreich, und auch mir gelang es nicht, vergleichbare Registrierungen durchzuführen.

PE1, ein individuelles Neuron lernt

Bei der Identifizierung des VUM-Neurons erwies sich die überschaubare Größe des Bienenhirns als außerordentlich glücklicher Umstand. Anders als bei Säugetiergehirnen waren hier nicht Tausende von Neuronen für die Belohnung zuständig, sondern nur ein einziges.[19] Wäre es da nicht erfolgversprechend, nach weiteren Neuronen zu suchen, die am Lernen beteiligt sind und uns Auskunft geben könnten, wie sich das Nervensystem der Biene an Lernerfahrungen anpasst und das entsprechende Gedächtnis bildet? Auf einer Konferenz in London traf ich 1989 Peter Mobbs, der in den Jahren zuvor zwei hervorragende Arbeiten über die Struktur des Pilzkörpers der Bienen veröffentlicht hatte.[20] Wir luden ihn nach Berlin ein, um seine Ergebnisse mit ihm zu diskutieren. Eines Abends sagte er nebenher, während wir in entspannter Runde beim Bier zusammensaßen: »Ich habe da ein Neuron gefunden, das erstaunlich dick ist. Das gibt es meines Erachtens nur ein einziges Mal auf jeder Seite des Bienengehirns.« Ich wurde sofort hellhörig. Denn je voluminöser ein Neuron ist, desto erfolgversprechender würden sich Ableitungsversuche gestalten, und vielleicht handelte es sich auch um ein Neuron mit besonderen Fähigkeiten. Nachdem mir Jürgen Rybak sagte, dass ihm dieses Neuron, das in 150 Mikrometer Tiefe sitzt, auch schon mehrmals aufgefallen ist, beschlossen wir, eine Doktorandin darauf anzusetzen. Juliane Mauelshagen, die bereits mit Martin Hammer zusammengearbeitet hatte, forschte dann zwei Jahre an diesem Neuron und war sehr erfolgreich. Sie konnte aufschlussreiche Färbungen machen und von dem Neuron ableiten. Wir nannten es PE1 (Pedunculus extrinsisches Neuron Nr. 1), weil es aus dem Stiel des Pilzkörpers herausprojiziert und das erste Neuron des Pilzkörpers in dieser Region war, dem wir einen Namen gaben.

Überraschenderweise erhöhte das PE1 seine Aktivität beim Lernvorgang jedoch nicht, wie wir angenommen hatten, sondern es verringerte sie! Wenn wir den gelernten Duft gaben, maßen wir an diesem Neuron eine geringere Zahl von Aktionspotentialen als vorher. Das konnte nur bedeuten, dass dieses Neuron mit anderen verbunden war und durch die Verringerung seiner Aktivität ein Signal aussendete, das dann über mehrere Stufen zu einer Reaktion führte. Wir fanden schließlich auch die Neurone,

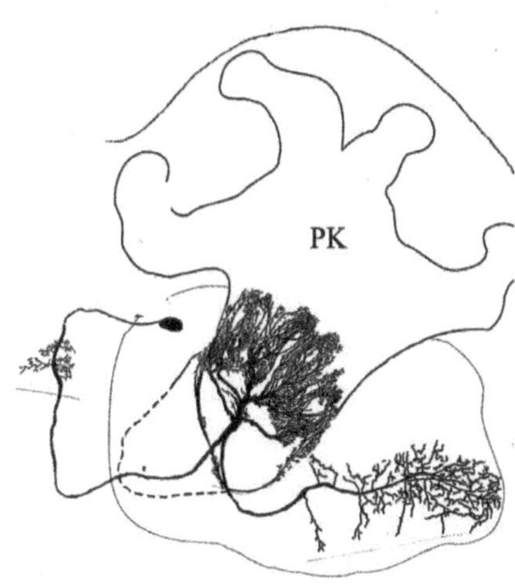

Abb. 28 *Das PE1-Neuron (PK: Pilzkörper)*

die dieses Signal im Netzwerk verarbeiteten. Die Reaktionskette läuft folgendermaßen ab: Das PE1-Neuron sendet seine Signale an hemmende Neurone im seitlichen Gehirnbereich. Wenn weniger Aktionspotentiale vom PE1-Neuron kommen, werden diese weniger gehemmt, senden also weniger Hemmung aus, so dass die Verbindung zu weiteren, nachgeschalteten Neuronen aktiv werden kann. Da diese Zielneurone wiederum ihre Eingänge direkt vom Antennallobus bekommen und ihre Signale zu Netzwerken im Unterschlundganglion senden, können die Signale aus dem Antennallobus auf diese Weise zu einer Aktivierung führen. Und weil aus dem seitlichen Gehirnbereich Neurone ins Bauchmark ziehen, kann eine solche Aktivierung schlussendlich in eine Verhaltensäußerung münden.

Leider ist auch mit Juliane Mauelshagen eine traurige Geschichte verbunden. Am letzten Tag eines mehrjährigen Forschungsaufenthaltes an der US-amerikanischen Yale-Universität bei meinem Freund Tom Carew nutzte sie die Gelegenheit, noch einmal ihrer zweiten Leidenschaft zu frönen, und ging zum Freeclimbing. Dabei verunglückte sie tödlich.

Das PE1-Neuron beschäftigte uns noch weiter, weil es auch

bei komplexeren Lernvorgängen eine Rolle spielt. Solche Situationen bekommt man durch die Verknüpfung zweier Bedingungen. Die Versuchstiere lernen, dass in einer blauen Umgebung Rosenduft und in einer gelben Umgebung Nelkenduft belohnt wird. Hier sind also sowohl der Kontext wie auch der Duft von Bedeutung. Bienen meistern diese Aufgaben hervorragend. Abed Husseini, ein Doktorand aus Indien, untersuchte das Verhalten des PE1-Neurons während des kontextabhängigen Lernens mit extrazellulären Ableitungen. Das erlaubte es ihm, die Aktivität des Neurons über viele Stunden aufzuzeichnen, was für eine solche schwierigere Lernaufgabe sehr wichtig ist. Er bestätigte unsere Experimente, nach denen die Aktivität dieses Neurons heruntergeregelt wird, wenn es um den gelernten Duft geht. Zugleich aber stellte er fest, dass die Aktivität des PE1-Neurons zunimmt, wenn es um den Kontext – in diesem Fall die Farbe – geht.[21] Damit hatten wir ein Neuron gefunden, das zwei Komponenten völlig unterschiedlich codieren kann. Das heißt, es vermag Wahrnehmungskategorien abzubilden, da es in der Lage ist, den Reiz und den Kontext in zwei Aktivitätsformen aufzuteilen, die, wie Plus und Minus, in der weiteren Verarbeitung im Bienenhirn niemals verwechselt werden können. Allerdings wissen wir noch nicht, wie die nachgeschalteten Prozesse laufen.

Woher Bienen wissen, was sie schon wissen

Haben Sie mal versucht, sich Wissen ein zweites Mal anzueignen? Also beispielsweise bekannte Vokabeln einer Fremdsprache noch einmal zu lernen? Sie werden es nicht schaffen, weil Ihr Hirn ständig signalisiert, dass es die Wörter bereits kennt. Binnen weniger Minuten müssen Sie dieses Projekt aufgeben. Es ist äußerst sinnvoll, diese Form der Zeitverschwendung zu verhindern. Aber wie funktioniert das eigentlich auf neuronaler Ebene? Jürgen Rybak machte uns auf eine Gruppe von etwa achtzig Neuronen aufmerksam, die am Ausgang des Pilzkörpers liegen. Wir nannten sie PCT-Neurone, eine Abkürzung für das Wortungetüm »**P**rotocerebral **C**alical **T**ract«, das den Verlauf ihrer Axone angibt, die im Bündel vom Protocerebrum in der Mitte des Gehirns zum Calyx (der oberen Region des Pilzkörpers) ziehen. Er konnte diese Neurone färben und sah die weitverzweigten Verbindungen sowohl im Calyx als auch in dem Bereich, aus dem sie herausprojizieren[22]. Die PCT-Neurone sind mit allen sensorischen Eingangsbereichen des Pilzkörpers verbunden. Meinem Doktoranden Bernd Grünewald stellte ich die Aufgabe, sich besonders der Duft- und der Sehregion zu widmen. Dabei kam heraus, dass die PCT-Neurone tatsächlich die Aufgabe übernehmen, eine Art Rückkoppelung vom Ausgangs- zum Eingangsbereich des Pilzkörpers herzustellen und damit dieser Struktur zu signalisieren, was sie bereits weiß und womit sie sich deshalb nicht mehr zu beschäftigen braucht. Dabei schließen diese Neurone allerdings nicht nur die einzelnen Sinneszentren kurz, sondern senden auch quer dazu. So wird der Ausgang der Duftverarbeitung nicht nur mit dessen Eingang rückgekoppelt, sondern diese Informationen gehen ebenso an den Sehbereich. Das scheint wichtig zu sein, damit die Biene auch über die Ergebnisse komplexerer, kontextabhängiger Lernerfahrungen Bescheid weiß.

Was jene PCT-Neurone tun, wenn komplexe Lernaufgaben anstehen, untersuchte die Doktorandin Ina Filla. Um über mehrere Tage von diesen Neuronen Aktionspotentiale abzuleiten, verwendete sie extrazelluläre Registrierung. Die Bienen lernten kontextuell, wie in dem Experiment von Abid Hussaini, dass sie bei einer bestimmten Farbe und einem bestimmten Duft belohnt wurden, während es in einem anderen Farbkontext und bei einem anderen Duft keine Belohnung gab. Die Neurone veränderten ihre Reaktionseigenschaften für den Farbkontext und den Duft in gleicher Weise und reagierten stärker auf die jeweils belohnten Signale (Kontext und Duft), und schwächer auf nicht belohnte Signale (Kontext und Duft). Die Veränderungen der Reaktion auf die Düfte waren besonders stark, wenn sie im jeweils richtigen Kontext getestet wurden und bildeten so genau das Verhalten ab, denn auch im Verhalten reagiert die Biene genauer, wenn sowohl der Kontext wie auch der Duft richtig war. Der Kontext schaltet also die Aufmerksamkeit ein, die dann im Verhalten und in den Neuronen gleichermaßen zu einer erhöhten Reaktion führt. Besonders spannend war es zu beobachten, dass manche Neurone diese Eigenschaften bereits am ersten Tag entwickelten, andere am zweiten und wieder andere erst am dritten Tag.[23] Diese langsame Gedächtnisbildung wird uns im nächsten Kapitel beschäftigen. Sobald die Bienen Fehler machten und beim falschen Duft im falschen Kontext durch die Rüsselreaktion zeigten, dass sie die Belohnung erwarteten, hatten die Neurone ebenfalls die entsprechenden Fehler gemacht. Sie reagierten dann auf den nicht belohnten Duft mit einer Erhöhung ihrer Reaktion. Jedenfalls erhält der Pilzkörper-Eingang ein sehr genaues Bild davon, was unter welchen Umständen gelernt wurde. Dort wird peinlich genau registriert, was bereits bekannt und was neu ist. Auf diese Weise kann sich das Netzwerk des Pilzkörpers stets auf die neuen und überraschenden Ereignisse und ihre Bedeutung konzentrieren.

Gedächtnis – Hauptsache, oft

Die Gedächtnisse der Bienen und ein besorgter Spaziergänger – Wie das Gelernte ins Gedächtnis kommt – Wenn Bienen schlafen und träumen – Gedächtnisbildung auf Molekül- und Zellebene – Wiederholen zum Erinnern, Verlernen zum Vergessen – Ein Speicher für Aktivitätsmuster – Es geht auch abstrakter: Regeln, Kategorien, Kontext – Gesicht oder nicht? – Alles eine Frage der Aufmerksamkeitssteuerung – Lernen aus negativen Erfahrungen

Die Gedächtnisse der Bienen und ein besorgter Spaziergänger

Die Themenbereiche Lernen und Gedächtnis hängen eng miteinander zusammen und beleuchten dabei verschiedene Seiten derselben Sache. Ohne Lernen und Lerninhalte gäbe es kein Gedächtnis. Wozu auch? Und umgekehrt wäre das Lernen ohne Gedächtnis vergeblich. Warum sollte man etwas lernen, wenn man keinerlei Möglichkeit hätte, das Gelernte zu bewahren? Immer und immer wieder würde man dasselbe neu lernen müssen, und die von den PCT-Neuronen geschalteten Feedbackschleifen, die dem Organismus zu erkennen geben, was er bereits weiß, wären nutzlos. Insofern bespielen Lernen und Gedächtnis dasselbe

Feld, nämlich das zur Erlangung von neuen Wahrnehmungen und Fertigkeiten, also neuem Wissen. Aber sie laufen beide von verschiedenen Seiten her auf, weswegen ich diese beiden Aspekte – soweit es geht – getrennt behandeln möchte. Vom Lernen war im vorigen Kapitel ausführlich die Rede, nun möchte ich zum Gedächtnis kommen.

Ich tastete mich Ende der sechziger Jahre zunächst von der Verhaltensseite an das Thema heran. Meine Grundüberlegung lautete: Wenn ich frei fliegende Bienen bei der Futtersuche beobachtete, müsste ich herausfinden, welche Formen von Gedächtnis sie überhaupt benötigen. Als die Lerchensporne mit als erste Pflanzen im noch blätterlosen Wald blühten, machte ich mich mit Stoppuhr und Listen auf den Weg in einen nahegelegenen Wald. Meine Frau nutzte die ersten wärmeren Tage des Jahres 1969 ebenfalls, legte unsere kleine Tochter in den Kinderwagen und begleitete mich. Während ich den Bienen hinterherjagte, um ihre Blütenbesuche zu protokollieren, ging sie spazieren und setzte sich dann auf eine Bank in der Nähe. Vorbeikommenden Passanten bot sich offensichtlich eine skurriler Anblick: Sie sahen einen Mann, der am Boden hockte und gebannt auf Blumen schaute, plötzlich aufsprang und wie wild geworden losrannte, dann wieder eine Weile stehenblieb, um erneut loszurennen. Ein Spaziergänger kam auf meine Frau zu und zeigte sich sehr besorgt: »Passen Sie bloß auf, hier ist ein Verrückter im Wald, der unablässig zwischen den Blumen herumspringt.« Meine Frau antwortete: »Keine Sorge. Das ist mein Mann. Der ist vielleicht ein bisschen verrückt, aber nicht gefährlich.«

Aus meinen Protokollen folgerte ich, dass die Bienen verschiedene Formen von Gedächtnissen ausbildeten, denn ich wusste ja, dass sie sehr schnell die Farben und Düfte von Nahrungsquellen lernten. Zuerst ist offensichtlich ein sensorisches Gedächtnis aktiv, das eher im Sekundenbereich liegt und den Bienen ermöglicht, von einer Blüte zur unmittelbar benachbarten zu gelangen und dort weiter Nektar zu saugen. Dann folgt ein frühes Kurzzeitgedächtnis von nur ein bis zwei Minuten Dauer, das nicht sonderlich präzise sein muss, da die Wahrscheinlichkeit, zu einer Blüte derselben Art zu kommen, sehr hoch ist. Wenn die Biene die Stelle mit den Lerchenspornen oder den aufgeblühten Kirschbaum verlässt, wächst die Wahrscheinlichkeit, nicht wieder zur selben Blütenart zu gelangen. Um trotzdem blütenstet zu bleiben, muss die Biene nun ein präziseres Gedächtnis bemühen, das von längerer Dauer ist und ihr für mehrere Minuten Informationen darüber zur Verfügung stellt, bei welcher Art von Blüte mit welchen Duft- und Farbeigenschaften sie die Nektarsuche fortsetzen soll. Diese Funktion übernimmt das späte Kurzzeitgedächtnis. Nach einer Weile hat die Biene ihre Kapazitätsgrenze beim Sammeln erreicht und fliegt zum Stock zurück, um die Ernte abzuliefern. Nun kann es sein, dass sie bereits nach zehn Minuten wieder ausfliegt, aber wenn es zu regnen beginnt oder dunkel wird, können mehrere Stunden oder Tage vergehen, bis sie sich wieder auf die Suche nach derselben Blütenart begibt. Dafür benötigt sie ein sehr präzises Gedächtnis, das alle Lernerfahrungen der letzten Nektarsuche bereithält. Hierfür zeichnet das Mittelzeitgedächtnis verantwortlich. Schließlich muss es auch noch ein Langzeitgedächtnis geben, da sich überwinternde Bienen auch im neuen Jahr noch an Gelerntes erinnern können.

Ich fand bald heraus, dass die Bildung des Langzeitgedächtnisses mehrere Lernerfahrungen benötigt, während das Kurzzeitgedächtnis bereits nach einer Lernerfahrung entsteht. Außerdem konnte ich das Kurzzeitgedächtnis löschen, wenn ich die Biene innerhalb weniger Minuten soweit abkühlte, dass in ihrem Gehirn keine Aktionspotentiale mehr feuerten. Diese Überlegungen waren jedoch nicht mehr als Arbeitshypothesen. Es könnte ja auch so sein, dass vor allem die rasch aufeinanderfolgenden Entscheidungen der Sammelbienen von einer ganz einfachen Regel bestimmt werden, die da lautet: »Flieg in Kurven über kurze Strecken, wenn es gerade viel Belohnung gibt, und fliege längere Strecken, wenn es gerade wenig gibt.« Eine solche Wahlstrategie wird »win-stay, loose-shift« genannt und verlangt kein genaues Gedächtnis. Eigentlich braucht die Biene dafür nur ein Gedächtnis, ob die Belohnung gerade unerwartet hoch war. Immerhin konnte ich bei meinen Spurts durch den Wald und bei Beobachtungen an Orangenbäumen in Israel sehen, dass die Flüge nach langem Saugen auf der Blüte tatsächlich kürzer und nach kurzem Saugen länger waren. Ich beobachtete außerdem, dass an Blüten ausgiebig gesaugt wurde, wenn dort über längere Zeit keine andere Biene oder Hummel vorbeigekommen war, da sich mehr Nektar angesammelt hatte. Hummeln, denen ich ebenfalls hinterherlief, verhalten sich ähnlich, wechseln aber immer wieder einmal zu einer anderen Blütenart, was Honigbienen nicht machen.[24]

Es galt also zu untersuchen, ob die einfache Regel »win-stay, loose-shift« zutraf oder ob Bienen auch bei rasch aufeinanderfolgenden Wahlen ihr Gedächtnis konsultieren. Gemeinsam mit meinem langjährigen Mitarbeiter Uwe Greggers führte ich folgendes Experiment durch: Eine Biene sammelt an vier verschiedenen künstlichen Nektarquellen, die sich darin unterscheiden, wie schnell die Zuckerlösung nachströmt, wenn die Biene daran saugt. Alle vier Quellen haben jedoch eine so niedrige Nachflussrate, dass die Biene viele Besuche machen muss, um ihren Honigmagen zu füllen. Schon nach wenigen Anflügen passt sie ihre Besuchsrate an die Nachflussmenge an, fliegt also häufiger zu der Stelle mit der höchsten und am seltensten zu der mit der niedrigsten Nachflussrate. Dabei weiß sie genau, welche Quelle welche Qualität hat. Wenn sie schnelle Entscheidungen macht, kümmert sie sich nicht darum, wie viel sie gerade aufgenommen hat und was sie über die gerade gewählte Quelle gelernt hat. Vergeht jedoch einige Zeit, dann wählt sie die Quelle entsprechend der erwarteten Belohnungsmenge.[25] Warum sie bis zur nächsten Entscheidung manchmal weniger Zeit und manchmal mehr Zeit verstreichen lässt, wissen wir nicht. Was auch immer der Grund dafür ist, das Ergebnis lässt sich jedenfalls nicht mit der Regel

»win-stay, loose-shift« vereinbaren. Bei rasch aufeinanderfolgenden Wahlen benutzt sie offensichtlich zwei Gedächtnisphasen, ein kurzes unspezifisches Gedächtnis und ein spezifisches späteres Gedächtnis, das wir »frühes Kurzzeitgedächtnis« genannt haben. Für alle Wahlen, die sie nach dem Zurückkehren vom Stock trifft, setzt sie sowieso ihr Mittel- und Langzeitgedächtnis ein, da sie die vorher besuchten Blüten wiederfindet und aufgrund der gelernten Blütensignale wählt.

Wie das Gelernte ins Gedächtnis kommt

In den neunziger Jahren näherten wir uns von der elektrophysiologischen Seite her an das Gedächtnis an. Im Fokus stand wiederum das Belohnungsneuron. Es markiert sehr schön den Grenzbereich zwischen Lernen und Gedächtnis. Das VUM-Neuron zeichnet zwar ausschließlich für Lernvorgänge verantwortlich, aber es trägt auch dazu bei, das Gelernte dem Gedächtnis mitzuteilen. Insofern brauchten wir uns nur all seine Verzweigungen anzuschauen, um zu sehen, an welchen Stellen im Bienengehirn Gedächtnis ausgebildet wird. Besonders auffällig erschienen uns die Verbindungen zum Pilzkörper und zum Antennallobus, so dass sich die Frage stellte, ob und wenn ja in welcher Weise sich die dort gebildeten Gedächtnisse unterschieden. Ich wusste bereits von den Kühlexperimenten, dass sich Antennallobus und Pilzkörper hinsichtlich der Gedächtnisbildung anders verhielten. Während wir im Antennallobus nur in der ersten Minute nach dem Lernvorgang die Gedächtnisbildung stören konnten, reichte diese Spanne im Pilzkörper bis etwa fünf Minuten und glich damit dem Zeitverlauf beim Kühlen des ganzen Tieres (**siehe S. 191, Abb. 24**).

Wir dachten uns noch ein weiteres Experiment aus, um die verschiedenen Orte der Gedächtnisbildung zu untersuchen. Dazu verwendeten wir Octopamin, den spezifischen Transmitter, mit dem das VUM-Neuron arbeitet. Während wir das Versuchstier mit einem zu lernenden Duft anbliesen, gaben wir eine Mikroinjektion von Octopamin entweder in den Pilzkörper oder den Antennallobus. Die Dosis berechneten wir so, dass sie in etwa der Ausschüttung des Transmitters durch das VUM-Neuron in aktivem Zustand entsprach. Auf das Tier musste es also wie eine Belohnung wirken. Das Ergebnis sah nun so aus: Wenn wir den Antennallobus während des Lernvorgangs mit Octopamin stimulierten, lernten die Tiere und zeigten ihr verändertes Verhalten sofort. Stimulierten wir damit jedoch den Pilzkörper, konnten die Tiere nicht besser lernen als sonst. Mit einem Test, den wir ein paar Stunden später durchführten, konnten wir aber feststellen, dass sich das Gedächtnis gebildet hatte. Dieser Versuch verrät viel über die Dynamik dieses Prozesses: Gedächtnis wird in verschiedenen Hirnregionen mit unterschiedlichen Geschwindigkeiten gebildet, und der Pilzkörper spielt dabei die wichtigste Rolle.[26]

Um diesen Vorgang zu erhellen, ist die oft verwendete Metapher der Bibliothek oder der Festplatte nicht sonderlich hilfreich. Die neuronalen Netzwerke arbeiten weder im Kopf der Biene noch in unserem eigenen nach diesem Prinzip. Mittlerweile haben beispielsweise die MRT-Untersuchungen menschlicher Gehirne während der Lern- und anschließenden Abrufvorgänge ein anderes Bild ergeben. Demnach ist während der Lernvorgänge für bewusstwerdende Inhalte der Hippocampus aktiv, für das Erinnern des Gelernten dagegen sind Regionen im präfrontalen Cortex zuständig. Diese beiden Strukturen liegen an ganz verschiedenen Stellen des Hirns. Aus diesen und unseren eigenen Experimenten lassen sich weiterreichende Schlussfolgerungen ziehen: Die Bildung des Gedächtnisses ist nicht als passiver Speichervorgang zu beschreiben, sondern als Einpassungs- und Umstrukturierungsprozess. Das neu Gelernte wird dabei mit dem bereits existierenden Gedächtnis verknüpft. Im Gehirn findet dabei ein aktives Sortieren in verschiedenen Arealen statt, während der Organismus nicht zusätzlich lernt. Das konnten wir mit einem weiteren Experiment zeigen. Dabei haben wir unsere Versuchstiere nur mit der rechten ihrer beiden Antennen einen Duft lernen lassen und währenddessen auf der linken Seite ihres Gehirns Pilzkörperneurone registriert. Die Neurone wiesen während des Lernvorgangs keine lernbezogene Aktivität auf, wohl aber drei Stunden später. Während dieser Zeit waren die Tiere keinen weiteren Reizen ausgesetzt. Das Gedächtnis wurde also umorganisiert, indem das Gehirn mit sich selber sprach.

Jedes Gehirn absolviert während des Schlafes täglich ausgedehnte Phasen, in denen es nur noch mit sich selbst zu tun hat. Neue Erkenntnisse legen denn auch nahe, dass der Schlaf einen entscheidenden Faktor bei der Gedächtnisbildung darstellt. So hat der Neurowissenschaftler Jan Born, damals an der Universität Lübeck, seine menschlichen Probanden Wortlisten oder einen Weg durch ein virtuelles Labyrinth lernen lassen. Während der darauffolgenden Nacht verlängerte er bei einigen die Tiefschlafphasen durch elektrische Stimulationen des Hirns. Jene Probanden, die durch die Manipulation mehr Tiefschlaf fanden, konnten sich besser an die gelernten Wörter erinnern als die Vergleichsgruppe. Born führte noch ein weiteres bemerkenswertes Experiment durch.[27] Dieses Mal befanden sich die Wortlisten in einem Buch. Wenn die Probanden die entsprechende Seite aufschlugen, um zu lernen, entfaltete sich ein Geruch, zum Beispiel der von Rosen. Während der Tiefschlafphasen gab er einem Teil der Versuchspersonen nun denselben Duft zu riechen. Die entsprechenden Probanden erinnerten sich am nächsten Tag besser als die unbedufteten. Dieser Versuch beeindruckte mich derart, dass ich in meinem Institut ein Schlaflabor für Bienen einrichtete. Man kann nämlich sehr gut sehen, wann Bienen schlafen. Sie lassen dann ihre Antennen herunterhängen.

Wenn Bienen schlafen und träumen

Wir konnten schließlich das gleiche Experiment mit Bienen durchführen und kamen zum selben Resultat. Um eventuelle Zufallseffekte auszuschließen, gaben wir ihnen während des Schlafs auch einen Duft, den sie während des Lernens nicht gerochen hatten. In diesem Fall kam es zu keiner Steigerung ihrer Gedächtnisleistung. Ebenso wenig, wenn wir den Kontextduft, den sie beim Lernen gerochen hatten, in der Wachphase ausströmen ließen. Das war schon beeindruckend, aber es kam noch besser. Wir ließen die Bienen nur ein einziges Mal lernen und gaben dabei den Duft. In der Schlafphase beduffteten wir dann einige der Tiere, andere nicht. Als wir alle nach zwölf Stunden testeten, konnten sich ausschließlich die Bienen, denen wir während des Schlafes den Kontextduft gegeben hatten, noch an das Gelernte erinnern. Dieses Ergebnis überraschte uns, da die Tiere auf diese Weise mehrere Phasen der Gedächtnisbildung übersprungen hatten. Normalerweise registrieren die Bienen einen einmaligen Lernvorgang lediglich in ihrem Kurzzeitgedächtnis, wie es auch bei der Vergleichsgruppe geschah. Dementsprechend vergessen sie das Gelernte nach einiger Zeit wieder. Allein durch die Gabe des Kontextduftes während des Schlafs aber hatten wir erreicht, dass der Inhalt des Kurzzeitgedächtnisses nicht nur in das Mittel-, sondern sogar in das frühe Langzeitgedächtnis überführt wurde.[28]

Diese Gedächtnisbildung im Schlaf spielt auch im normalen Verhalten der Bienen eine Rolle. Lernen sie zum Beispiel einen neuen Weg zurück zum Stock, dann erinnern sie sich an diesen nicht besonders gut, wenn sie in der Nacht danach nicht schlafen dürfen.[29] Die Arbeitsgruppe von Tom Seeley stellte darüber hinaus fest, dass Bienen ihren Schwänzeltanz weniger präzise durchführen, wenn sie in der Nacht davor am Schlafen gehindert wurden.[30] Im Schwänzeltanz weist die Tänzerin auf eine bestimmte Stelle im Gelände hin, an der sie eine wichtige Entdeckung gemacht hat. Das kann sie nur leisten, wenn sie sich an diese Stelle erinnert. Der Schlaf spielt also bei Bienen eine ebenso wichtige Rolle wie bei uns Menschen. Bemerkenswert: Selbst die so legendär fleißigen Bienen legen tagsüber ein kurzes Nickerchen ein. Meist um die Mittagszeit. Diese Art der Bienen-Siesta genehmigen sie sich häufiger, wenn sie als Sammlerinnen nicht besonders gefordert sind.[31] Junge Innendienst-Bienen schlafen zwar ähnlich viel wie Sammlerinnen, verteilen ihren Schlaf jedoch gleichmäßig über den Tag und die Nacht, was biologisch sinnvoll ist, da die Larven auch in der Nacht Hunger bekommen und gefüttert werden müssen.[32]

Darüber, wie der Vorgang der Gedächtnisstabilisierung im Schlaf abläuft, gibt es zumindest bei Ratten erste Vorstellungen. Man spricht dabei von einem »Replay«, einer Wiederholung der Vorgänge, die sich während des Lernens am Tag im Gehirn abgespielt haben. Wenn eine Ratte lernt, sich in einem Labyrinth zu orientieren, kann man eine Ableitung von den Zellen machen, die für das Ortslernen zuständig sind. Wenn man nun während des Schlafs ableitet, stellt man fest, dass dieselben Zellen noch einmal, und zwar in umgekehrter Reihenfolge, aktiviert werden. Die Sequenz der Ortsangaben wird im Hirn während des Schlafes so abgespielt, als würde die Ratte vom Ende ihres Weges durch das Labyrinth alle Markierungspunkte noch einmal sehen.[33] Wir suchten daraufhin in unseren Ableitungen nach einem solchen Replay, konnten jedoch bislang noch keine Hinweise darauf finden, dass auch die Gedächtniskonsolidierung bei den Bienen auf diese Weise funktioniert. Die Dufterinnerungen während des Tiefschlafs sprechen aber dafür, dass auch bei Bienen ein solcher Replay stattfindet, denn es ist sehr wahrscheinlich, dass der Kontextduft die Gehirnprozesse erneut aufruft. Selbst wenn wir den genauen Ablauf noch nicht geklärt haben, klar ist, dass wir es bei der Gedächtniskonsolidierung mit einem autonomen Prozess zu tun haben, in dem sich das Gehirn nur noch auf sich selbst bezieht. Während des Schlafes wird – bei Bienen ebenso wie bei uns – sowohl die gesamte Motorik als auch die Sensorik abgeschaltet.

Möglicherweise ist nicht nur der Tiefschlaf, sondern auch der Traumschlaf für die Gedächtnisbildung wichtig. Diese Thematik wird in der Wissenschaftlergemeinde jedoch recht kontrovers diskutiert, da es Befunde gibt, nach denen Probanden nicht nur von Träumen berichten, wenn sie in der REM-Schlafphase aufgeweckt werden, sondern auch, wenn man sie aus dem Tiefschlaf holt. Ohnehin können wir nur vom Menschen sicher sagen, dass er träumt, da die Wissenschaft nur in seinem Fall die Möglichkeit hat, Probanden im Schlaflabor aufzuwecken und nach ihren Träumen zu befragen. Das können wir selbstredend bei Tieren nicht. Allerdings hat wohl jeder Besitzer einer Katze oder eines Hundes schon einmal beobachtet, dass ihr Haustier während des Schlafs Laufbewegungen macht und den Kopf bewegt, als würde es sich gerade in einer Traumwelt befinden. Auch bei Bienen kann man Zeichen für das Träumen entdecken: Während sie schlafen, liegt ihr Körper entspannt auf der Seite und ihre Antennen hängen herab. Manchmal aber zucken sie, ohne aufzuwachen, plötzlich mehrmals hintereinander mit den Antennen. Insofern ist es durchaus möglich, dass auch Bienen träumen, beweisen können wir das allerdings nicht.

Gedächtnisbildung auf Molekül- und Zellebene

Dank der verschiedenen Arbeitsgruppen, die sich in den neunziger Jahren an meinem Institut bildeten, konnten wir Lern- und Gedächtnisprozesse auf unterschiedlichen Ebenen untersuchen. Wir wollten unter anderem herausfinden, welche Prozesse hinter den verschiedenen Gedächtnisphasen stecken. Wir wussten, dass auf das sensorische oder nicht-assoziative Gedächtnis das Kurzzeitgedächtnis folgt, dann wird das Mittelzeitgedächtnis aktiv und schließlich das stabile Langzeitgedächtnis. Die zeitliche

Dynamik dieser Gedächtnisphasen ist nach unserer Vorstellung an die Abläufe des Futtersammelns angepasst. Es muss also molekulare und zelluläre Vorgänge im Bienengehirn geben, die wie Kettenglieder ineinandergreifen und schließlich zu einem stabilen Gedächtnis führen. Andererseits sollten sich aber auch Gründe finden lassen, warum das Gehirn nicht gleich das Langzeitgedächtnis erzeugt. Sollten die dafür erforderlichen molekularen Prozesse so viel Zeit in Anspruch nehmen, oder wird die Bildung des Langzeitgedächtnisses vielleicht solange verhindert, bis klar ist, ob es sich überhaupt lohnt, etwas stabil einzuspeichern?

Besonders spannend war die Frage, wie Gedächtnisprozesse auf der Zellebene aussehen. Da wir als Neurowissenschaftler von der Annahme ausgehen, dass allen geistigen Vorgängen spezifische neuronale Zustände entsprechen, musste sich zeigen lassen, wie sich Zellstruktur und Abläufe innerhalb der Zelle während der Gedächtnisbildung änderten. In enger Zusammenarbeit der Arbeitsgruppen von Sabine Schäfer und Bernd Grünewald, die mittels Patch-Clamp-Elektrophysiologie die in den Nervenzellen fließenden Ströme verfolgten, mit der von Uli Müller, die sich um die konkrete Biochemie kümmerte, konnten einige entscheidende Reaktionswege identifiziert werden, die ich im Folgenden stark vereinfacht für die Bildung des Duftgedächtnisses skizzieren möchte.

Wenn ein Lernakt stattfindet, der in Form von Gedächtnisbildung verstetigt werden soll, muss das Belohnungsneuron beteiligt sein. Insofern finden die entscheidenden Prozesse an der Verbindungsstelle zwischen einem olfaktorischen Neuron (das die Duftinformationen aufgenommen hat) und Neuronen im Pilzkörper (unter Einbeziehung des Belohnungsneurons) statt.

Wenn das Tier nun einen Duft lernt, schüttet das Belohnungsneuron seinen Transmitter Octopamin aus. Dadurch wird – wie bereits bei der Bildung von Aktionspotentialen auf Seite 128 erläutert – im postsynaptischen Neuron das Enzym Adenylylcyclase aktiviert, das den internen Botenstoff cAMP bildet, der seinerseits das Enzym Proteinkinase A aktiviert. Die Adenylylcyclase (AC) wird nicht nur über den Rezeptor für Octopamin angeregt, sondern auch von Calcium, das durch die Kanäle kommt, die auf den Transmitter Acetylcholin (ACh) in den olfaktorischen Projektionsneuronen reagieren. Auf diese Weise werden zwei neuronale Wege über ihre Transmitter in einem Molekül, der Adenylylcyclase, zusammengeführt. Deswegen nennt man dieses Molekül einen molekularen »Koinzidenzdetektor«: Er registriert zwei gleichzeitig eintretende Ereignisse aus der Außenwelt, in diesem Fall den Duft und die Zuckerbelohnung. Wenn beide im selben Moment auftreten, regt die Adenylylcyclase die Produktion des cyclischen AMP (cAMP) sowie der Proteinkinase A besonders stark an. Die Proteinkinase setzt eine ganze Kaskade weiterer Reaktionen in Gang: Sie öffnet Kanäle, die den Zufluss von Calcium in die Zelle ermöglichen. Sobald mehr Calcium in die olfaktorische Zelle gelangt, schüttet diese mehr von ihrem eigenen Transmitter aus und überträgt eine höhere Erregung an die ihr nachgeschalteten Neurone. Der hohe Calciumspiegel in der Zelle führt außerdem zur Aktivierung anderer Enzyme, die im Bienengehirn das Enzym Stickstoffmonoxid-Synthetase (NOS) anregen. Dieses erzeugt Stickstoffmonoxid (NO), ein Gas, das in benachbarte Zellen diffundiert, zum Beispiel in das präsynaptische Projektionsneuron.[34] Dort bewirkt es eine Verstärkung der synaptischen Übertragung, weil das Neuron gerade vorher aktiv war und dadurch selbst einen erhöhten Calciumspiegel aufweist. Auf diese Weise werden die durch Lernen ausgelösten Prozesse im postsynaptischen und im präsynaptischen Neuron zusammengekoppelt. Das NO kann aber noch mehr. Es aktiviert ein anderes Enzym, die Guanylylcyclase (GC), die ihrerseits cyclisches Guanosinmonophosphat (cGMP) bildet. Dieses wiederum aktiviert ebenfalls die Proteinkinase A (PKA). Damit ist ein wichtiger molekularer Weg während eines Lernvorgangs beschrieben. Wird er wiederholt, so führt dies zu einer verstärkten Aktivierung der Proteinkinase A, was weitere Reaktionswege auslöst. Zum Beispiel werden im Zellkern bestimmte Gene eingeschaltet (etwa über das als CREB abgekürzte Protein), die ihrerseits die Herstellung von Eiweiß einleiten. Mit diesen Strukturproteinen werden neue Kanäle gebaut, durch die dann noch mehr Calcium einströmt. Außerdem werden neue Zellstrukturen gebildet. Auf diese Weise können auch neue Verzweigungen hergestellt und andere gekappt werden. Im Resultat verändert die Zelle ihre Struktur dauerhaft und bildet neue Verschaltungen, die man als »Gedächtnisspur« bezeichnen kann. Der zu Beginn durch die Aktivität des VUM-Neurons angestoßene Prozess läuft nun auch ohne neue Impulse des Belohnungsneurons ab. Darin besteht der Unterschied zwischen Lernen und Gedächtnis auf zellulärer Ebene. Während Lernvorgänge nur durch die Aktivität des Belohnungsneurons möglich sind, wird die Gedächtnisbildung vom VUM-Neuron auf biochemischer Ebene lediglich angeregt und ist im weiteren Verlauf von ihm unabhängig. Nachdem alle molekularen und zellulären Gedächtnisbildungsphasen durchlaufen sind, entsteht das Langzeitgedächtnis als ein neues Muster von Verschaltungen.

Ein überzeugender Beweis für die Bedeutung der Proteinkinase A bei der Langzeitgedächtnisbildung gelang meinem Mitarbeiter Uli Müller mit einem phantastischen Trick. Er stellte ein Molekül her, das bei Belichtung cAMP freisetzt. Dieses wurde vom Gehirn der Biene aufgenommen. Wenn die Biene nur eine Lernerfahrung macht, bildet sie, wie erwähnt, lediglich das Kurzzeitgedächtnis. Wenn aber nach einer solchen einmaligen Lernerfahrung das Gehirn belichtet und dadurch cAMP freigesetzt wurde, entstand sofort Langzeitgedächtnis.[35] Genau das Gegenteil – dass nämlich kein Langzeitgedächtnis entsteht, egal, wieviele Lernvorgänge durchgeführt werden – erreicht man, wenn man verhindert, dass die Proteinkinase A aktiviert wird. Das gelang mit einem molekularbiologischen Trick, mit dem die Bildung der PKA heruntergeregelt wird.[36]

Mit seinem Experiment hat Uli Müller aber noch etwas anderes nachgewiesen und damit eine zweite, zur damaligen Zeit in den Neurowissenschaften allgemein akzeptierte Annahme hinterfragt. Der Gedächtnisforscher und Nobelpreisträger Eric Kandel hatte mit Studien zur Plastizität der Nervenverschaltung bei der Meeresschnecke Aplysia gezeigt, dass die Adenylylcyclase – wie oben dargestellt – als molekularer Koinzidenzdetektor fungiert, weil sie von zwei unterschiedlichen Molekülen gesteuert wird. Dieser Befund wurde von einer ganzen Reihe internationaler Arbeitsgruppen gestützt, die mit Mutanten der Fruchtfliege Drosophila arbeiteten, deren Gedächtnisbildung durch Veränderungen ihrer Gene blockiert ist.[37] Uli Müller wies nun nach, dass die cAMP-abhängige Proteinkinase A im Bienengehirn, anders als bei Drosophila und der Schnecke Aplysia, auch für den Übergang vom Kurz- zum Langzeitgedächtnis zuständig ist. Heute ist die Schlüsselstellung der Proteinkinase A bei der neuronalen Plastizität allgemein anerkannt.

mRNA in doppelter Mission

Damit die Informationen aus den Genen der zelleigenen Eiweißproduktion zur Verfügung gestellt werden können, müssen sie abgeschrieben werden. Das übernimmt die nach ihrer Boten-Funktion benannte Messenger-RNA (abgekürzt: mRNA). In der Neurowissenschaft galt es lange Zeit als ausgemacht, dass sich die biochemischen Prozesse der Überschreibung ins Langzeitgedächtnis innerhalb von 24 Stunden vollziehen und dafür neue mRNA gebraucht wird. Wenn durch Ablesen der DNA neue mRNA hergestellt wird, spricht man von »Transkription«, wohingegen die Synthese von Proteinen mit bereits vorhandener mRNA als »Translation« bezeichnet wird. Da Lernvorgänge im Nervensystem vorbereitet sind, liegt es nahe, bei flüchtiger Gedächtnisbildung eine Abfolge von Translationsvorgängen zu erwarten und bei der Entwicklung des dauerhaften Gedächtnisses Transkription anzunehmen. Diese Einteilung passte sehr gut, da die kurzfristigen Gedächtnisformen demnach mit vorhandenem Material gebildet werden konnten, während die Entstehung neuer RNA bedeutete, dass Gene abgelesen wurden, was dann die Neubildung von zelleigenen Molekülen ermöglichte. So schien gut erklärbar, dass mit dem Langzeitgedächtnis andere Neuronenverschaltungen entstehen, in der sich Lernerfahrungen dauerhaft niederschlagen konnten.

Diese These untersuchten wir nun an Bienen. Durch die Gabe von Proteinsynthese-Blockern wie Cycloheximid, Actinomycin D, Emetin, Anisomycin und anderen Antibiotika kann man die Translation beziehungsweise die Transkription in der Zelle unterbinden. Die Ergebnisse, die wir erhielten, standen in krassem Widerspruch zu der herrschenden Meinung in den Neurowissenschaften. Das frühe Langzeitgedächtnis der Biene, das sich im Bereich von acht bis vierundzwanzig Stunden bildet, konnte nicht durch Transkriptionsblocker verhindert werden. Nach unseren Befunden beginnt die Transkription erst nach dem zweiten und dritten Tag auf zellulärer Ebene zu wirken. Wir fassten unsere Arbeitsergebnisse zusammen und reichten den Artikel ein. Die Gutachter wollten nicht glauben, was sie da lasen und forderten weitere Experimente, die unsere in ihren Augen zu kühne These belegen sollten. Wir mussten nachweisen, dass wir die Transkription während der ersten vierundzwanzig Stunden tatsächlich wirkungsvoll unterbinden konnten und unsere Versuchstiere trotzdem ein frühes Langzeitgedächtnis entwickelten. Das gelang uns auch, indem wir uns der biochemisch ausgerichteten Arbeitsgruppe von Hans-Hinrich Kaatz, damals an der Universität Tübingen, anschlossen. Schließlich konnten wir in zwei Doktorarbeiten von Susanne Wittstock und Daniel Wüstenberg zweifelsfrei beweisen, dass unsere Aussagen über das Langzeitgedächtnis stimmten.[38] Die Schlussfolgerung lag auf der Hand: Das Langzeitgedächtnis bis zu vierundzwanzig Stunden ist translationsabhängig, kommt also mit der vorhanden mRNA aus, und die

Struktur der Zelle bleibt erhalten. Danach setzt die Transkription ein, neue mRNA wird gebildet, und es kommt zu Strukturveränderungen.[39] Schließlich konnten wir auch die Gutachter überzeugen, unser Paper wurde angenommen und veröffentlicht. Ob die Bienen bezüglich der Proteinsynthese während der Gedächtnisbildung eine Ausnahme bilden oder ob die Hirnforschergemeinde mit ihrer Einteilung irrte, wurde nicht abschließend geklärt. Möglicherweise hatten jene Forscher, die bei anderen Tieren an dem Thema arbeiteten, nicht scharf genug zwischen Translation und Transkription unterschieden, so dass sich eine experimentell nicht hinreichend gesicherte Meinung als eine Art Dogma herausbilden konnte.[40]

Wiederholen zum Erinnern, Verlernen zum Vergessen

Auch beim Thema Gedächtnis stellt sich jenes Staunen ein, wenn man einen kleinen Schritt zurücktritt und sich fragt, was eigentlich der Sinn verschiedener Gedächtnisformen ist. Warum lässt das Gehirn sein Gedächtnis mehrere Phasen durchlaufen, statt einfach alles durch Belohnung Gelernte zu speichern? Eine mögliche Antwort liegt im Energiebedarf. Es ist leicht vorstellbar, dass die Einleitung der oben beschriebenen Prozesse für die Speicherung im Langzeitgedächtnis recht energieaufwendig ist, da sie mit Strukturveränderungen auf zellulärer Ebene einhergehen. Bei Weibchen der Fliege Drosophila fand man, dass häufiges Lernen und anschließende Gedächtnisbildung so viel Energie in Anspruch nehmen, dass sie anschließend bis zu 40 Prozent weniger Eier legen.[41] Indem das Gehirn mehrere Gedächtnisinstanzen von kürzerer Dauer und mit niedrigerem Energiebedarf vorlagert, kann es Energie sparen und gewinnt Zeit, um herauszufinden, welche Lernvorgänge es wirklich wert sind, nicht vergessen zu werden. Zwischen den ersten Lernakt und die Langzeitspeicherung wird eine »Latenzzeit« in Form verschiedener

Gedächtnisphasen eingebaut, innerhalb derer das Gelernte erst einmal aufbewahrt wird. So, wie man beim Aufräumen außer den Stapeln für Dinge, die man fortwerfen und solche, die man aufheben möchte, noch einen dritten anlegt für die Dinge, die man *vielleicht* noch gebrauchen kann. Um nun herauszufinden, was erhalten bleiben soll, gibt es ein ebenso einfaches wie universelles Prinzip, das in den Hirnen aller Lebewesen Anwendung findet. Wir wenden es sogar bewusst an, wenn wir uns etwas unbedingt merken wollen – seien es Vokabeln einer Fremdsprache oder motorische Abläufe wie Autofahren und Klavierspielen. Wir prägen uns Sachverhalte in das Langzeitgedächtnis ein, indem wir sie wiederholen. Durch Wiederholung signalisieren wir unserem Gehirn, dass es uns wirklich wichtig ist und dass es den Aufwand lohnt, die entsprechende Energie für die zellulären Umbauprozesse bereitzustellen. Den Vorgang der Überführung des neu Gelernten in ein dauerhaftes Gedächtnis nennt man »Konsolidierung«. Die dabei ablaufenden biochemischen Prozesse Translation, Transkription und Proteinsynthese konnten – wie weiter vorne beschrieben – eingehend studiert werden, da sie sich durch Antibiotika selektiv unterbinden lassen. Inzwischen werden die Vorgänge auch direkt an der DNA, der Erbsubstanz im Zellkern, untersucht, wobei sich gezeigt hat, dass die für die Gedächtnisbildung zuständigen Gene dauerhaft ein- oder ausgeschaltet werden können. Interessanterweise sind daran auch sich selbst vermehrende Eiweißmoleküle (Prionen) beteiligt, die für bestimmte Krankheiten, wie die bei Menschen auftretende Creutzfeldt-Jakob-Krankheit, verantwortlich sind.

Gleichwohl steht die Investition in den dauerhaften Umbau der Hirnstruktur für die Gedächtnisbildung immer unter Vorbehalt. Das erfahren wir, wenn wir uns über Jahre nicht mit einer Thematik beschäftigt haben, die uns einst sehr vertraut war. Am Ende unserer Schulzeit kennen wir uns in mehreren Wissensgebieten aus, die in unserem weiteren Leben keine Rolle mehr spielen. Je mehr Zeit verstreicht, desto schwerer fällt es uns, das ehemals Gelernte zu rekapitulieren, irgendwann können wir nur noch sagen, dass wir uns einmal in diesem Gebiet ein wenig auskannten. Unser Hirn hat dann offenbar entschieden, die Energie zur Aufrechterhaltung des Langzeitgedächtnisses abzuziehen, da dessen Inhalt längere Zeit nicht mehr aktiviert wurde und die gespeicherten Lernakte für den Organismus offenbar bedeutungslos geworden sind. Es wird vergessen.

Die Abnahme des Gedächtnisses durch Nichtbenutzung muss man jedoch von anderen Vergessensformen unterscheiden. Wenn wir erfahren, dass eine früher belohnte (oder bestrafte) Situation nun nicht mehr entsprechend bewertet wird, ändert sich auch unser Gedächtnis. Diese Änderung beruht auf einem Umlernen durch neue Erfahrung. Gedächtnisforscher nennen dieses Phänomen »Extinktion«, wir sprechen in unserem Zusammenhang auch von »Ablernen«. Bereits Pawlow wusste, dass Umlernen nicht zur Löschung des alten Gedächtnisinhaltes führt, weil dieser wieder spontan auftreten kann. Das heißt, es gibt so etwas wie eine Gedächtnisspur, die erhalten bleibt, auch wenn das Wissen für den Organismus nicht mehr relevant ist. Auch das Extinktionslernen beruht ja darauf, dass ein alter Gedächtnisinhalt aufgerufen, aber nun nicht mehr wie erwartet bewertet wird. In Experimenten an Ratten hat man festgestellt, dass die Tiere den alten Gedächtnisinhalt ganz verlieren, wenn man ihnen nach einem erinnernden Extinktionslernen Antibiotika verabreicht. Daraus schlossen die Forscher, dass die alte Gedächtnisspur durch die Extinktion labil wird und dann gelöscht werden kann, wenn man die Proteinsynthese blockiert. Da man es hier mit einer Art Wiederholung der Konsolidierung zu tun hat, nannten sie diesen Prozess »Rekonsolidierung«. Aus diesen Versuchen leiteten sich auch therapeutische Hoffnungen ab, eventuell die Gedächtnisspur bei Gewaltopfern während der Rekonsolidierung durch die Gabe von Antibiotika löschen zu können. Leider blieben diese Bemühungen bislang ohne Erfolg. Wahrscheinlich ist dieser Aspekt des Gedächtnisses doch noch wesentlich komplexer.[42]

Über das Extinktionslernen hat meine Mitarbeiterin Dorothea Eisenhardt eine Fülle von spannenden Untersuchungen durchgeführt. Auch Bienen lernen in Extinktionsexperimenten, nicht mehr auf den früher gelernten Duft zu reagieren. Behandelte sie die Bienen anschließend mit einem Antibiotikum, blieb die spontane Wiedererinnerung aus.[43] Somit konnten wir die Theorie der Rekonsolidierung überprüfen, kamen jedoch zu einer anderen Interpretation, die wir die »interne Belohnungstheorie« nennen. Dabei gehen wir vom VUM-Neuron und unserer Beobachtung aus, dass es nach dem Lernvorgang stärker auf den gelernten Reiz reagiert als vorher. Mit anderen Worten: Das Belohnungsneuron vermag selbst zu lernen. Das heißt aber, dass während des Extinktionslernens, bei dem der gelernte Stimulus nicht mehr belohnt wird, das VUM-Neuron trotzdem aktiv ist. Auf diese Weise findet eine Art inneres Erinnerungslernen statt. Das Tier wird allein durch die Aktivität des Belohnungsneurons daran erinnert, dass es den entsprechenden Reiz gelernt hat. Somit hat man es mit zwei entgegengesetzten Vorgängen zu tun. Im Erinnerungsmodus erinnert die Biene, dass sie einen Reiz gelernt hat, während sie zugleich lernt, dass der ehedem belohnte Reiz nun nicht mehr belohnt wird. Es entsteht hier also ein sensibler Gleichgewichtszustand. Zu Anfang schlägt das Pendel in Richtung Extinktion aus, weil die Biene die ausbleibende Belohnung neu lernt. Nach einer Weile aber, wenn sich der Ablernvorgang seinerseits konsolidiert, gewinnt das Erinnerungslernen die Oberhand und die Gedächtnisspur des ursprünglichen Lernaktes wird wieder deutlich. Wenn wir nun in dieser Phase durch die Gabe von Antibiotika die Proteinsynthese unterbinden, geht die Gedächtnisspur zurück. Das bedeutet wiederum, dass durch das Erinnerungslernen das alte Gedächtnis rekonsolidiert wird. Anders als unsere Kollegen, die mit Ratten arbeiten, nehmen wir also nicht an, dass das alte Gedächtnis labil wird und erneut eine proteinsyntheseabhängige Phase durchläuft. Wir meinen, dass jenes alte Gedächtnis durch das interne Belohnungssignal des

VUM-Neurons neu entsteht.[44] Wahrscheinlich hängt der bisherige Misserfolg der Blockierungsversuche bei traumatisierten Patienten mit der enormen Komplexität der Konsolidierungsvorgänge zusammen, die sich vor allem dadurch ergibt, dass beim Erinnerungslernen einerseits und dem Ablernen andererseits zwei gegeneinander wirkende Prozesse ablaufen. Der letzte Beweis für unsere Theorie fehlt jedoch noch. Wenn es uns gelänge, während der Ablernvorgänge das Belohnungsneuron und damit das interne Erinnerungslernen auszuschalten, und wenn wir dann noch die Proteinsynthese hemmen könnten, dann müsste das Gedächtnis der Tiere vollständig verblassen. Damit wäre die Rolle des Erinnerungslernens gut belegt. Dieses Experiment ist uns allerdings noch nicht gelungen.

Matrix, ein Speicher für Aktivitätsmuster

Bisher ging es darum, die Bedingungen zu erforschen, unter denen das Gehirn lernt und anschließend Gedächtnisinhalte erzeugt, die abgerufen werden können. Aber was wird nun eigentlich gespeichert im Gehirn? Und wo? Wir wissen, dass die Antennalloben und die Eingangsbereiche der Pilzkörper eine wichtige Rolle spielen, weil sich dort das VUM-Neuron verzweigt (siehe S. 195, Abb. 25). In jedem der beiden Antennalloben trifft sich das VUM-Neuron mit mindestens 10 000 Neuronen, und jeder dieser Kontakte schließt viele Synapsen ein. Wir kennen die genaue Zahl nicht, aber eine grobe Abschätzung ergibt 500 Synapsen pro Neuron, so dass in jedem der beiden Antennalloben 5 Millionen Synapsen zur Speicherung von Gedächtnisinhalten zur Verfügung stehen. Macht man eine ähnliche Abschätzung für den Eingangsbereich des Pilzkörpers, dann kommt man auf mehr als 30 Millionen Synapsen in jedem der beiden Pilzkörper. Wenn ein Duft von jeweils 10 Prozent der möglichen Synapsen codiert wird, können sich also über 3,5 Millionen Synapsen auf jeder

Seite des Gehirns durch Lernen verändern und im Muster ihrer Veränderung den Gedächtnisinhalt speichern. Wenn wir dieses Muster an Veränderung sehen könnten, würden wir schon viel besser verstehen, wie ein Gedächtnisinhalt im Gehirn der Biene gespeichert wird.

Das VUM-Neuron trifft an sechs Stellen, die sich links und rechts einer gedachten Symmetrieachse durch den Kopf befinden, auf die Duftbahn: in den beiden Antennalloben, in den Calyces der Pilzkörper und in den beiden lateralen Protocerebra (**siehe S. 195, Abb. 25**). Bereits unsere ersten Messungen mit der Calcium-Imaging-Methode im Antennallobus zeigten die Gedächtnisspur als eine Verstärkung der Reaktion auf den gelernten Duft.[45] Dabei haben wir die Glomeruli vermessen, die ihrerseits schätzungsweise 30 000 durch Lernen veränderbare Synapsen enthalten. Bei unserer Suche nach der Gedächtnisspur im Netzwerk der Neurone konzentrierten wir uns anschließend vor allem auf den Pilzkörper, weil wir vermuten, dass der Gedächtnisinhalt des gelernten Dufts vor allem dort vorliegt. Außerdem wird seit den bahnbrechenden Arbeiten von Martin Heisenberg an der Fruchtfliege Drosophila eine Modellvorstellung über die Verschaltung im Eingangsbereich des Pilzkörpers diskutiert,[46] die wir gerne in unsere Überlegungen miteinbeziehen wollten. Und nicht zuletzt lässt sich diese Frage im Calyx des Pilzkörpers besser studieren, weil wir dort mit der Calcium-Imaging-Methode synaptische Komplexe darstellen können.

Paul Szyszka führte solche Messungen für seine Doktorarbeit durch.[47] Die Bienen lernten, einen Duft mit Belohnung zu assoziieren (CS+) und einen anderen Duft (CS–) nicht. Dann verglich er die vom CS+ und CS– erzeugten Aktivitätsmuster vor und nach dem Lernen. Dabei fand er eine gewaltige Zahl von punktförmigen Strukturen, die entweder ihre Calcium-Aktivität durch Lernen verstärkten, verringerten oder nicht veränderten. Sowohl die Zahl als auch die Verteilung von verstärkten, verringerten und unveränderten Verschaltungen unterscheiden sich für den belohnten (CS+) und den nicht belohnten Duft (CS–). Die punktförmigen Strukturen sind wahrscheinlich keine einzelnen Synapsen, sondern ganze Komplexe von Synapsen. Die Veränderung des Musters lässt uns aber erahnen, wie groß die Zahl der an der Speicherung des Duftgedächtnisses beteiligten Neurone ist. Trotzdem ist dies nur ein kleiner Teil der durch Lernen veränderbaren Synapsen im Pilzkörper. In der Abbildung wird etwa der vierzigste Teil des Eingangs eines Pilzkörpers dargestellt und auch davon nur ein Ausschnitt aus einer Schicht dieser dreidimensionalen Struktur. Dem gesamten Muster von veränderten Synapsen entnimmt das Gehirn der Biene, welcher Duft belohnt wurde. So sieht also die Gedächtnisspur für den gelernten und den nicht gelernten Duft aus. Die Biene liest daraus ab, welcher Duft gelernt wurde und welcher nicht. Für sie ist es das Engramm, der Gedächtnisinhalt. Aber was können wir damit anfangen? Wir können nicht daraus ablesen, welchen der vier Düfte (1-Hexanol, 2-Oktanol, Linalool oder Limonen) Paul Szyszka in diesem Experiment verwendet hat, denn wir können die »Geheimschrift« des Bienengehirns nicht lesen. Dazu müssten wir die gesamte Verschaltung im Bienengehirn kennen, die über die Duftrezeptoren auf der Antenne in das Netzwerk von Tausenden Neuronen in den Antennallobus zieht, von dort zu den Hunderttausenden von Neuronen im Pilzkörper und dann über viele Tausend Neuronen aus dem Pilzkörper bis zu den Motoneuronen, die Mundwerkzeuge, Beine und Flügel der Biene steuern. Dennoch haben wir dem Bienengehirn etwas Wichtiges abgelauscht: Wir wissen nun, wie für ihre Ausleseneurone das Duftgedächtnis aussieht.

Wie ein Gedächtnisinhalt in einem Netzwerk von Verschaltungen im Pilzkörper gespeichert wird, kann mit einem schematisch vereinfachten Bild veranschaulicht werden. Wir stellen uns das komplexe Netzwerk der Neuronenverbindungen wie ein Gitterwerk von regelmäßig miteinander verknüpften Neuronen vor. Darin spielt sich die »assoziative Verknüpfung« ab, die die Grundlage des Lernens und der Gedächtnisbildung ist. Das Ganze nennen wir eine »assoziative Matrix«. Außerdem gibt es modulierende Neurone. Sie melden den Zustand des Tieres – ob es hungrig ist, ob es sich in Sammelstimmung befindet oder in einem sozialen Kontext und vieles mehr. Solche modulierenden Neurone legen fest, ob es zu einer assoziativen Verknüpfung kommt oder nicht. Das Engramm für einen bestimmten gelernten Reiz beruht auf dem Muster der veränderten synaptischen Verschaltungen, in dem Bild mit roten und schwarzen Punkten für verschiedene Gedächtnisinhalte markiert. Diese Muster können sich überlappen, umso mehr, je ähnlicher die Reize sind. Bei einer formalen Berechnung des Speicherinhalts einer solchen assoziativen Matrix stellt sich heraus, dass pro Reiz möglichst nur zwei bis fünf Prozent der möglichen Verknüpfungen belegt werden sollen. Eine assoziative Matrix hat einen gewaltigen Speicherinhalt, der mit der Zahl der beteiligten Neurone wächst. Der Pilzkörper umfasst ungefähr 130 000 Neurone, sein Speicherinhalt muss also beträchtlich sein, und das ist bei den vielen Lernaufgaben der Bienen auch wichtig.

Das Auslesen der Inhalte einer solchen assoziativen Matrix ist eine schwierige Aufgabe, die von den theoretischen Neurobiologen noch nicht überzeugend gelöst wurde. Das Bienengehirn wählt hierbei die Strategie, eine große Zahl von Pilzkörperneuronen auf relativ wenige Neurone (etwa tausend) zu verschalten. Auf diese Weise werden viele verschiedene Kombinationen von Pilzkörpermeldungen ausgelesen. Wir haben uns gefragt, was diese Ausleseneurone codieren, und Registrierungen von solchen Neuronen durchgeführt. Das PE1-Neuron (**Abb. 28 auf S. 206**) ist beispielsweise ein solches Ausleseneuron. Ebenso die PCT-Neurone, die den Ausgang mit dem Eingang des Pilzkörpers verbinden. Nachdem wir von einer Vielzahl weiterer Ausgangsneurone abgeleitet hatten, konnten wir feststellen, dass keines dieser Neurone eine spezifische, abgegrenzte Eigenschaft hat. Stets reagierten sie auf verschiedene Düfte und unterschiedliche Lichtreize. Das heißt, sie senden als jeweils einzelnes Neuron keine eindeutigen

Kommandos an andere Stellen im Nervensystem der Biene. Die über den Pilzkörper laufenden Verschaltungen liegen ja auch in einer parallelen Bahn und haben nichts mit schnellen und angeborenen Reaktionen zu tun, wie etwa Lauf- und Flugbewegungen, das Aufnehmen von Nahrung oder das Putzen des Körpers. Ebenso wenig wie sich unser Vorderhirn und der Hippocampus um solche raschen Steueraufgaben kümmern.

Die Ausgangsneurone des Pilzkörpers müssen daher wieder in einer Kombination von Zuständigkeiten eingesetzt werden. Welche Zuständigkeiten das sind, ist noch unklar. Ich vermute, dass es dabei um Bereiche geht wie »Das ist neu für mich«, »Das kenne ich schon«, »Ich bin jetzt auf Futtersuche«, »Jetzt bin ich im sozialen Verband«, »Ich navigiere nach meiner kognitiven Karte«, »Jetzt verteidige ich mein Volk« und vieles mehr. In jedem dieser Zustände sind verschiedene angeborene und gelernte Inhalte von Bedeutung und werden entsprechend aufgerufen.[48] Bei dieser Aufzählung habe ich eine Perspektive aus Sicht der Biene gewählt, weil sich diese kategorialen Zuordnungen auf den Binnenzustand des Tieres beziehen und ein neuronales Substrat für die Selbsterkenntnis sein könnten. Das ist natürlich hochspekulativ, aber ohne Spekulationen, die sich zu Arbeitshypothesen verdichten lassen, kommt keine Wissenschaft aus.

Es geht auch abstrakter: Regeln, Kategorien, Kontext

Bislang war überwiegend von assoziativem Lernen die Rede, bei dem Tiere wie Menschen einen spezifischen Reiz mit einer Belohnung verbinden und auf diese Weise den Stimulus zu identifizieren lernen. Diese Situation nutzen wir in Experimenten, bei denen wir mit Ableitungen arbeiten, weil sie leicht handhabbar ist und von unserem Versuchstier auch im fixierten Zustand zuverlässig ausgeführt wird. Frei fliegende Bienen verfügen allerdings über ein wesentlich größeres Repertoire: Sie können Regeln und

Kategorien erlernen, den Kontext in ihre Entscheidungen einbeziehen und ihre Aufmerksamkeit auf spezifische Reizkonstellationen richten. Um komplexere Lernformen untersuchen zu können, bauten wir verschiedene Apparaturen, die ein weitgehend ungestörtes Verhalten der Tiere ermöglichten. Beispielsweise ein Y-Rohr von etwa anderthalb Metern Länge und fünfzig Zentimetern Durchmesser, an dessen Verzweigung sich die Bienen für einen der beiden möglichen Wege entscheiden müssen. Wie sie sich verhalten, wird dann mit Kameras aufgenommen oder direkt beobachtet. Der große Vorteil dieser Versuchsanordnung besteht darin, dass Ort und Zeitpunkt der Entscheidung für die eine oder andere Alternative genau festgelegt sind.

Wir entwickelten auch eine senkrecht stehende Platte von der Größe eines Tisches mit verschiedenen Anflugorten, an denen kleine Schläuche Zuckerlösung zur Verfügung stellen. In unmittelbarer Nähe dieser Belohnungspunkte befinden sich Mikrophone, die registrieren, ob sich eine Biene annähert. Die Daten werden dann direkt in den Computer eingespeist und ausgewertet, so dass die Bienen keinen Experimentator zu Gesicht bekommen. Mit einer solchen Versuchsanordnung arbeiteten auch Martin Guirfa und seine Arbeitsgruppe zur Verhaltensanalytik. Martin erdachte Experimente, in denen die Versuchstiere etwa einen halben Tag lang, also um die fünfzehn Anflüge, auf symmetrischen Abbildungen belohnt wurden, auf unsymmetrischen aber nicht. Interessanterweise dauert es eine ganze Weile, bis sie die Aufgabe meistern. Plötzlich aber haben sie es kapiert, und sie wählen richtig. So ein Verhalten erinnert uns an einen Aha-Effekt, der bei vielen Tieren und beim Menschen wohlbekannt ist (**Abb. 29**).

Als die Bienen im Test dann völlig neue geometrische Objekte zu sehen bekamen, flogen sie zielsicher die symmetrischen an, obwohl dort keine Belohnung auf sie wartete. So konnten wir beweisen, dass Bienen Kategorien unterscheiden und dieses Wissen in ihre Handlungen einbauen können. Aber nicht nur das. Sie können auch mit der einmal gelernten Kategorie als solcher weiterarbeiten. Wenn man nämlich den Versuchstieren, die symmetrisch von unsymmetrisch unterscheiden können, nun die Aufgabe stellt, unsymmetrische Objekte zu lernen, unterläuft ihnen nur ein einziger Fehlversuch. Danach lösen sie auch diese Aufgabe. Wohlgemerkt mit völlig neuen geometrischen Figuren.

Eine weitere Kostprobe ihres kategorialen Lernvermögens gaben die Bienen im bereits erwähnten Y-Kasten. Das Loch, durch das sie ins Innere gelangten, war von einer spezifischen Markierung umgeben – beispielsweise von einer blauen oder gelben Fläche. Am Entscheidungspunkt hatten sie die Möglichkeit, entweder eine gelbe oder eine blaue Fläche am Ende der beiden Y-Schenkel anzufliegen. Sie wurden nun darauf dressiert, sich für die Farbe zu entscheiden, die sie am Eingang des Y-Rohrs sahen. War also der Eingang gelb, sollten sie zur gelben Fläche des Y-Rohrs fliegen, egal, ob sich diese auf der rechten oder der linken Seite befand. Die Bienen lernten rasch die Regel: Wähle das, was du am Eingang siehst auch am Ende des Y-Kastens, und du wirst belohnt. Nachdem sie diese Aufgabe gelernt hatten, zeigten wir den Bienen jedoch keine Farben, sondern Schwarz-Weiß-Muster. Dass sie die Aufgabe ohne Fehler lösten und zu den Längsstreifen flogen, wenn sich am Eingang des Rohres Längsstreifen befanden, zeigte, dass sie nicht die Farben, sondern tatsächlich die dahinterliegende Regel gelernt hatten. Erstaunlicherweise übertragen die Bienen die Vergleichsaufgabe nicht nur zwischen Farben und Formen, sondern auch auf eine Duftzuordnung nach einer Farbdressur, übrigens eine Aufgabe, die Mäusen nicht recht gelingt.

In einer weiteren Form des Regellernens wird der Kontext, in dem die Reize gegeben werden, interessant. So können Bienen am Vormittag und am Nachmittag an der gleichen Stelle zwei verschiedene Farben lernen oder im Süden eine andere als im Norden oder an einer Futterstelle eine andere als am Nesteingang. In all diesen Fällen verbindet die Biene die besondere Lernaufgabe mit einem zusätzlichen Hinweisreiz, entweder der Zeit, dem Ort oder der Belohnungsart (Futterbelohnung beziehungs-

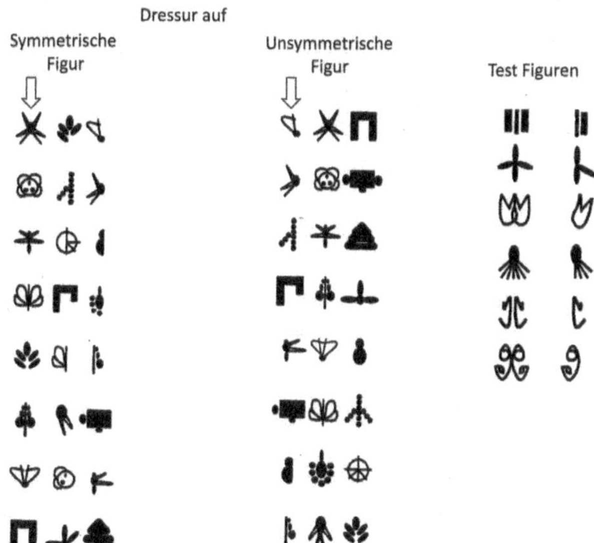

Abb. 29 *Bienen lernen spiegelsymmetrische von unsymmetrischen Mustern zu unterscheiden. Dazu werden sie auf verschiedene symmetrische gegen unsymmetrische Muster dressiert. Im Test sehen sie Muster, die während der Dressur nicht verwendet wurden. In unserem Test gab es dann immer ein symmetrisches und zwei unsymmetrische Muster.*[49]

weise erfolgreiches Zurückkehren in den Stock). Ihren direkten Heimflugweg lernt sie mit Bezug auf die Landmarken an der jeweiligen Futterstelle. Im Labor lernt sie, einen bestimmten Duft zu erwarten, wenn sie sich in einer blau beleuchteten Umgebung befindet und einen anderen Duft, wenn sie sich in einer gelben Umgebung aufhält (**siehe S. 209**).

Lernen komplexer Reize

Eine weitere Gruppe von Lernaufgaben stellt die Frage, ob ein Tier die Elemente der Wahrnehmung von der Summe dieser Elemente unterscheiden kann. Wenn man den Bienen zum Beispiel einen Duft A und einen Duft B gibt, können sie deren Unterscheidung gut lernen. Das fällt noch in den Bereich des einfachen assoziativen Lernens. Wenn man nun A und B jeweils einzeln belohnt, aber die Mischung von A und B nicht, gelingt den Bienen die Unterscheidung ebenfalls. Das ist eine erstaunliche Leistung, denn in der Mischung AB sind ja beide belohnten Düfte enthalten, also könnte man vermuten, dass die Versuchstiere auf die Mischung besonders gut reagieren. Da sich die Biene bei ihrer Wahl nicht auf die Gerüche allein beziehen kann, muss bei ihrer Entscheidungsfindung etwas hinzukommen, das über den Beitrag der einzelnen Komponenten hinausgeht. Formal könnte man das so fassen: AB = A+B+u. Das Ganze ist hier also mehr als die Summe seiner Teile. Nur wenn die Biene die mit »u« bezeichnete hinzutretende Komponente erschließt, wird sie die Aufgabe lösen. Sie muss also von den Düften abstrahieren und erkennen, dass es nicht um die Düfte als solche geht, sondern darum, ob sie einzeln oder gemeinsam auftreten.[51]

An dieser Stelle scheint es mir angebracht, auch auf die Grenzen der Bienenintelligenz hinzuweisen, die Martin Giurfa ebenfalls untersucht hat. Bienen können beispielsweise keine Verkettung von Regeln herstellen, was in der Logik als »transitive Inferenz« bezeichnet wird. Um das zu prüfen, gab er den Tieren bei fünf verschiedenen Stimuli jeweils andere Belohnungen. Beim Reiz F bekamen sie am wenigsten, bei E etwas mehr, bei D ebenso, bei C wiederum, auch bei B wurde ihnen eine höhere Dosis angeboten, und schließlich konnten sie bei A am meisten Zuckerlösung saugen. Von der Belohnung her gesehen ergab sich also die Hierarchie A>B>C>D>E>F. Im nächsten Schritt testete er Paare gegeneinander. Wenn ich Sie nun fragen würde, ob es bei B oder bei D mehr Belohnung gibt, würden Sie eine transitive Inferenz vollziehen, indem Sie die vorliegenden Regeln der gesamten Kette auf den Einzelfall beziehen und rasch herausbekommen, dass B größer als D und C größer als E ist. Das aber gelingt den Bienen nicht. Selbst wenn A gegen E getestet wurde, lagen sie falsch.[52]

Des Weiteren wollten wir sehen, ob die Bienen in der Lage sind, ihre Aufmerksamkeit gezielt auszurichten. Dazu haben wir sie in eine Art Kaspar-Hauser-Situation gebracht. Wir ließen sie ohne Farben aufwachsen, um ihnen die Frage stellen zu können, zu welcher Farbe sie sich spontan hingezogen fühlten. Dabei kam heraus, dass sie Violett besonders mögen. Das hat mich nicht überrascht, da ich bereits in meiner Doktorarbeit nachweisen konnte, dass die Bienen Violett extrem schnell, das heißt mit einer einzigen Belohnung, lernen, während sie für Blau und Grün wesentlich länger brauchen. Die Bienen verfügen also über ein angeborenes Suchbild, das ihnen nahelegt, für Violett besonders aufmerksam zu sein. Sie sind auf genetischer Ebene für Violett sensibilisiert und lernen den entsprechenden Farbreiz deswegen so rasch. Vor diesem Hintergrund gaben wir den Bienen die Aufgabe, zwischen Alternativen zu unterscheiden. Dazu ließen wir sie reines Blau lernen und legten ihnen dann im Test verschiedene Blautöne vor. Andere Bienen dressierten wir auf den Unterschied zwischen Blau und Blaugrün, bevor wir ihnen dieselbe Farbpalette gaben. Im Vergleich lösten letztere Versuchstiere die Aufgabe besser.

Offensichtlich hatten sie durch die Dressur auf die Farbdifferenz ihre Aufmerksamkeit auf Unterschiede zwischen den Farben gerichtet. So konnten wir genetisch vorbereitete und erlernte Aufmerksamkeitssteuerung unterscheiden. Natürlich interessierte uns Letztere besonders, und wir erdachten weitere Experimente zu dieser Thematik.

Gesicht oder nicht? – Alles eine Frage der Aufmerksamkeitssteuerung

Ein schönes Experiment zu Frage der Aufmerksamkeitssteuerung wurde von der Arbeitsgruppe meines ehemaligen Mitarbeiters Martin Giurfa durchgeführt (**Abb. 30**). Können Bienen Menschengesichter unterscheiden? Diese zunächst etwas abwegig klingende Frage ist durchaus berechtigt, wenn man sich klarmacht, wie gut Bienen Muster erkennen können. Schließlich müssen sie auch verschiedene Blütenformen zuverlässig unterscheiden können. Strichbilder eines menschlichen Gesichts bestehen aus Musterelementen. Mit ihnen lässt sich prüfen, wie gut Bienen die Unterscheidung bewältigen, ob sie eine Wahrnehmungskategorie »Gesicht« bilden und ob sie darauf ihre Aufmerksamkeit richten können. Man kann Strichgesichter nach ihrer Ähnlichkeit anordnen (**Abb. 30: obere beide Reihen**). Die Bienen sind in der Lage, von einem gegebenen »Gesicht« jeweils das übernächste zu unterscheiden (zum Beispiel die Paarung G1 und G3). Außerdem wird jedes Gesichtsmuster von jedem anderen Nicht-Gesichtsmuster unterschieden. In einem weiteren Test werden der Biene zwei Muster gezeigt, die sie nicht gelernt und auch im Training nicht gesehen hat. Wenn also die Bienen die Unterscheidung zwischen G1 (Rahmen) und G4 (gestrichelter Rahmen) gelernt haben, werden ihr die beiden Strichgesichter in der dritten Reihe gezeigt. War vorher G1 belohnt, wählt sie das schwarz umrandete Muster, war vorher G4 belohnt, wählt sie das gestrichelt umrandete Bild. Sie richtet sich bei diesem Test also nicht danach, ob sich die einzelnen graphischen Elemente ähneln, sondern nach dem Gesamteindruck des Bildes. In einem weiteren Test nach der Dressur auf die Unterscheidung G1 gegen G4 wird ihr das Bildpärchen in der vierten Zeile links gezeigt. Sie wählt das linke (schwarz umrahmt), wenn vorher G1 belohnt war und das rechte (gestrichelt umrahmt), wenn vorher G4 belohnt war. Hier zeigt sich, dass die gesamte Bildkomposition auch erkannt wird, wenn es zusätzliche (ablenkende) Bildpartien eines menschlichen Gesichts gibt. Wurde sie vorher auf diese Gesichtsbilder dressiert und zeigt man ihr dann in einem Übertragungstest die beiden Strichgesichter rechts in der vierten Zeile, ordnet sie diese auch richtig zu. Heißt das nun, dass Bienen ihre Betreuer – die treu sorgenden Imker –

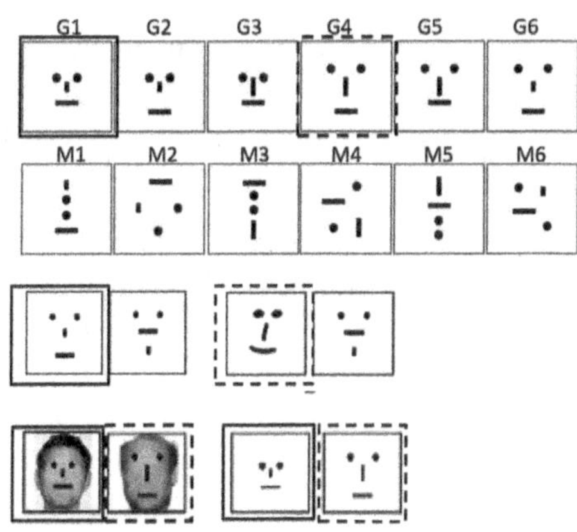

Abb. 30 *Erste und zweite Reihe: Unterscheidung innerhalb der Muster einer Reihe: Jedes zweite gesichtsartige Muster (G1–G6) und jedes zweite Vergleichsmuster (M1–M6) wird unterschieden. Unterscheidung zwischen den Mustern von Reihe 1 und 2: Jedes G- wird von jedem M-Muster unterschieden.*
Dritte Reihe: *Nachdem die Bienen gelernt haben, G1 von G4 zu unterscheiden (in der obersten Reihe umrahmt), werden ihnen diese vier neuen Muster gezeigt. Die Bienen wählen jeweils das gesichtsartige Muster.*
Vierte Reihe, *Bildpaar links: Die Bienen wurden auf die Unterscheidung von G1 und G4 dressiert. Dann wurden ihnen diese Bilder gezeigt. Wenn vorher G1 belohnt wurde, wählen sie das linke Bild, wurde vorher G4 belohnt, wählen sie das rechte der beiden Bilder.*
Vierte Reihe, *Bildpaar rechts: Die Bienen wurden auf die Unterscheidung der beiden Bilder in der vierten Reihe links dressiert. Wurde das linke Gesicht belohnt, wählen sie die linke Strichfigur, wurde das rechte Gesicht belohnt, wählen sie die rechte Strichfigur.*[54]

an ihren Gesichtern erkennen können? Im Prinzip ja – nur welcher Imker belohnt seine Bienen schon mit einer Zuckerlösung im Gesicht?

Strafdressur: Lernen aus negativen Erfahrungen

Aber auch bei den Bienen geht es nicht nur freundlich zu. Selbst so liebenswürdige Partner wie die Blumen zeigen sich nicht immer kooperativ. Manche Pflanzen sind besonders an starken Bestäubern mit einem kräftigen Flugapparat interessiert, die ihre Pollen auch über weite Strecken transportieren. Für solche Aufgaben kommen eher die Hummeln mit ihren kräftigeren Beinen, ihrem größeren Körper und ihrem längerem Rüssel infrage als die Honigbienen. Für diese kräftigen Gesellen haben manche Blumen besondere Blüten entwickelt. So die Luzerne (*Medicago sativa*) mit ihren Schmetterlingsblüten, deren untere zwei Kronblätter röhrenförmig zu einer Art Schiffchen verbunden sind. Dieses Gebilde muss erst mit den Vorderbeinen auseinandergedrückt werden, bevor der Bestäuber an den Nektar kommt. Wenn das Schiffchen geöffnet wird, sausen die Staubgefäße so kräftig von unten herauf, dass eine Honigbiene einfach weggeschubst wird, während sich eine Hummel nicht beeindruckt zeigt. Bienen werden auf diese Weise in der Natur »strafdressiert«, das heißt, sie lernen, solche wehrhaften Blüten zu vermeiden.

Strafdressuren sind bei Mensch und Tier nichts Ungewöhnliches. In der Lernpsychologie zum Beispiel spielen Strafdressuren eine wichtige Rolle, weil sie zu schnellem und sicherem Lernen führen. Viele Gehirnmechanismen des Lernens konnten so entdeckt werden. So lernen Ratten und Mäuse mit der unangenehmen Erfahrung eines elektrischen Strafreizes die damit verbundenen Reize zu vermeiden oder, wenn das nicht geht, sich so einzukugeln, dass sie möglichst wenig von der »Strafe« abbekommen. Auch ein verdorbener Magen kann zu schnellem Lernen führen, denn die damit verbundenen Duft- und Geschmacksreize werden sehr dauerhaft gespeichert, während die Sehreize kaum gelernt werden. Bitterer Geschmack etwa ist für Bienen ein aversiver Reiz, den sie nach Möglichkeit vermeiden. Die Unterscheidung zwischen zwei Düften oder zwei Farben wird verbessert, wenn der eine Reiz belohnt wird und der andere mit einer bitteren Lösung (zum Beispiel Chinin im Wasser) bestraft wird. Ein besonders wirksamer Strafreiz ist auch für Bienen ein elektrischer Stromstoß. Bienen strecken ihren Stachel reflexartig aus, wenn sie einen solchen Reiz erfahren. Riechen sie zuvor einen Duft, strecken sie später den Stachel heraus, sobald sie den Duft riechen, ohne dass ein Stromstoß gegeben wird.[55] Sie können auch lernen, dass in derselben Situation ein Duft belohnt und ein anderer bestraft wird. Auf den ersten strecken sie dann den Rüssel heraus und auf den zweiten den Stachel.

Junge Bienen sind weniger empfänglich für solche Strafreize, Sammelbienen dagegen sehr empfindlich. Für die jungen Verteidigerinnen am Stockeingang ist das hilfreich, denn sie müssen gewärtig sein, durch einen Angriff ihren Stachel zu verlieren und daran zu sterben. Dass dieser Einsatz im Dienste des Volkes für die Wächterinnen mit Schmerzen und also mit einem aversiven Empfinden verbunden ist, haben wir bereits besprochen (siehe S. 70 ff. und S. 137). Auch die jungen Versorgerbienen der Königin sind von einem Strafreiz wenig beeindruckt. Diese Robustheit wird von einer Komponente des Königinnenpheromons verursacht. Meine frühere Mitarbeiterin Alison Mercer, die diese aufregende Entdeckung gemacht und auf eine bestimmte Wirkung des Neurotransmitters Dopamin zurückgeführt hat, nimmt an, dass die Königin so ihren Hofstaat unter Kontrolle hält. Schließlich können auf diese Weise die jungen Bienen keine Strafreize lernen. Welche das sind, ist noch nicht bekannt.[56] Nun könnte man meinen, dass junge Bienen vielleicht weniger gut lernen können. Das ist aber nicht der Fall, denn sowohl die wenige Tage alten Versorgerbienen der Königin als auch die Stockverteidigerinnen lernen über Belohnung sehr gut.

All diese Versuche machen nicht nur deutlich, wie intelligent Bienen sind, sondern vor allem, wie groß das noch unbearbeitete Terrain ist. Leider konnten wir die Gehirnaktivität von frei fliegenden Bienen bislang nicht ableiten und somit keinen Einblick in die neuronalen Vorgänge bekommen, die sich abspielen, wenn Bienen derart komplexe Lernleistungen vollführen. Als roten Faden meiner Beschäftigung mit dem Thema Lernen und Gedächtnis sehe ich die Brückenschläge zwischen all den unterschiedlichen Bereichen der Erforschung des Bienenhirns. Dafür hatte ich die vielen verschiedenen Arbeitsgruppen an meinem Berliner Institut zusammengebracht. Einige Brücken, wie die zwischen dem Duftlernen und der Duftcodierung, sind geschlagen, bei anderen ist es noch nicht gelungen. Während ich diese Sätze schreibe, scheint es so, als sollten uns erste Ableitungen bei frei fliegenden Bienen glücken. Damit würde sich ein gewaltiger neuer Horizont auftun.

Superorganismus Bienenvolk:

Wie sich Bienen verständigen, orientieren und organisieren

Navigation: Wie kommen Bienen ans Ziel?

Entfernungsmessung absolut und relativ – Von Landmarken und Abkürzungen – Kontroversen um die kognitive Karte

Wir kennen verschiedene Arten des Lernens. Einen großen Raum nimmt sicherlich das belohnende Lernen ein. Schon als Kinder beginnen wir, uns für die Belohnung durch eine mehr oder minder raffinierte Variante von Zuckerlösung anzustrengen. Später lernen wir für Anerkennung in Form von Zensuren, Abschlüssen und schließlich Geld. Trotzdem gibt es noch eine ganz andere Form, sich Fertigkeiten anzueignen, die zunächst ohne offensichtliche Belohnung abzulaufen scheint: Man lernt aus Freude an der Sache selbst. Freiwillig, ungezwungen und ohne direkten Nutzen erkunden wir ständig unsere Welt. Eine nicht weiter begründbare Neugier treibt uns dazu, in geradezu spielerischer Weise Dinge zu begreifen. Im doppelten Wortsinn steckt darin bereits der erforschende Aspekt: Was man im weitesten Sinne tastend be-greift, begreift man schließlich auch intellektuell. Die bislang erörterten Experimente legen ebenso wie die offensichtliche Sammelpraxis der Bienen nahe, dass sie nur über belohnendes Lernen agieren. Sie scheinen nichts anderes im Sinn zu haben, als letztlich den süßen Nektar oder, im Labor, die Zuckerlösung zu bekommen. Doch dem ist nicht so. Bienen kennen sehr wohl jenes beobachtend-erkundende Lernen, das im Fachjargon »explorativ« genannt wird. Ein gutes Beispiel dafür sind die ersten Ausflüge, mit denen sie die Umgebung ihres Stockes erkunden. Während dieser Exkursionen landen die Bienen auf keiner der sich anbietenden Blüten und werden somit auch nicht mit Nektar belohnt. Diese Flüge dienen einzig dazu, die Landschaft kennenzulernen.

Wenn eine Biene das erste Mal in einer neuen Umgebung das Nest verlässt, fliegt sie zuerst nur zwei bis drei Meter vom Stock weg. Dann dreht sie sich um 180 Grad und schaut sich ihren Stock aus der Perspektive an, die sie beim späteren Landeanflug einnehmen wird. Nachdem sie ein paar Minuten lang ihr Bildgedächtnis gefüllt hat, fliegt sie mit hoher Geschwindigkeit davon. Bis Ende der neunziger Jahre haben wir die Bienen an diesem Punkt bereits aus den Augen verloren und konnten nichts darüber aussagen, wie genau ihr erster Erkundungsflug aussieht. Seit wir den Radar für unsere Forschung nutzen, wissen wir mehr. Wir konnten sehen, dass sich die Bienen zwischen 50 und 300 Meter von ihrem Nest entfernen, bevor sie zurückkehren.

In dieser Zeit studiert die Biene den Sonnenstand sowie Beschaffenheit und räumliche Struktur der Umgebung. Das ist notwendig, um nach dem Bildgedächtnis die nächsthöhere Orientierungsebene einzunehmen, auf der sie eine Wegintegration leistet. Dafür muss sie nicht nur die Wendungen ihres Körpers – bezogen auf die Sonne und das polarisierte Himmelslicht sowie im Verhältnis zu den Landschaftsmerkmalen – registrieren, sondern sie muss auch die jeweils in einer bestimmten Richtung zurückgelegte Entfernung messen. Aus diesen Werten ermittelt sie den zurückgelegten Weg. Am Wendepunkt addiert sie die einzelnen Wegsegmente offensichtlich zu 180 Grad, so dass sie sicher nach Hause zurückfliegen kann, auch wenn sie eine andere Route für den Heimflug nimmt, die nicht einmal die kürzeste Strecke sein muss.

Entfernungsmessung absolut und relativ

Wie Bienen die Entfernung messen, war lange Zeit umstritten. Eine These bezog sich auf den Energieverbrauch. Demnach würden die Bienen über die Mechanorezeptoren im Kropf (ihrem sozialen Magen, in dem sie Nektarproben für ihre Artgenossen aufbewahren) den Verbrauch während eines Fluges messen und könnten daraus die Entfernung ermitteln, so, wie wir über den Benzinverbrauch unseres Autos auf die zurückgelegte Entfernung schließen können, selbst wenn der Tachometer ausgefallen sein sollte. Das wäre nicht sehr genau, aber die Bienen bräuchten ja gar keine absolute Entfernung messen, wenn sie alle dieselben Fehler machen. Da eine Biene während des Schwänzeltanzes die zu einem bestimmten Ziel zurückzulegende Entfernung angibt, verfügen wir über ein hervorragendes Mittel, entsprechende Experimente durchzuführen. Die Energieverbrauchshypothese stellte H. Heran, ein Mitarbeiter von Frischs, auf. Er klebte der Biene beim Ausflug ein kleines Schild auf, das den Luftwiderstand enorm erhöhte. Tatsächlich gab die Biene beim Tanzen später eine größere Entfernung an. Ebenso, wenn er sie einen Berg aufwärts dressierte oder gegen den Wind fliegen ließ. Damit galt die These als bewiesen, bis Harald Esch sich folgenden Versuch einfallen ließ. Er hängte die Futterstelle für die Bienen an einen Gasballon, dessen Aufstiegshöhe er nach Belieben verändern konnte. Wenn er die Futterstelle am Boden ließ, gaben die Bienen die tatsächliche Entfernung an. Dann ließ er den Ballon gerade aufsteigen und überprüfte, in welcher Weise sich die im Schwänzeltanz angegebene Wegstrecke der Bienen veränderte. Da der Stock auf Erdniveau blieb, nahm die Entfernung zur Futterstelle mit der Höhe des Ballons zu und der nach oben gerichtete Flug war natürlich beim Hinflug energieaufwendiger. Zu seiner großen Überraschung gaben die Bienen jedoch eine geringere Entfernung an. Daraufhin machte er sich die baulichen Gegebenheiten der Universität Notre Dame, Indiana (USA), zunutze und dressierte seine Bienen auf Futterstellen, die er in den Fenstern von zwei Hochhäusern platzierte. Von Stockwerk zu Stockwerk gaben die Bienen eine geringere Entfernung an. Diese Experimente widersprachen der Energiehypothese offensichtlich. Aber wie stellten die Bienen dann die Entfernung fest?

Mandyam Srinivasan wiederum dressierte seine Versuchstiere so, dass sie durch einen 30 Zentimeter breiten und 6 Meter langen Tunnel fliegen mussten, um an die Futterstelle zu gelangen. Die Bienen teilten ihren Schwestern im Tanz danach eine Entfernung von sage und schreibe 140 Metern mit, also mehr als das Zwanzigfache! Die rekrutierten Bienen legten diese Strecke auch tatsächlich zurück, wenn sie sich außerhalb des Tunnels bewegten, aber sie suchten an der richtigen Stelle, wenn sie durch den Tunnel hindurchflogen. Als Srinivasan nun die Länge des Tunnels veränderte, gaben die tanzenden Bienen die Entfernung immer mit genau dem Faktor 20 multizipliert an. Wenn er den Durchmesser des ursprünglichen Tunnels vergrößerte, maßen die Bienen weniger als 140 Meter, »multiplizierten« also mit einem kleineren Faktor als 20. Die im Schwänzeltanz angeleiteten Bienen fanden die Futterstellen übrigens bei all diesen Versuchen ohne Probleme. Das Bezugssystem der Bienen musste sich auf irgendeine für die Bienen exakt wahrnehmbare Weise in verschiedener Höhe beziehungsweise im Tunnel verändern.[2]

Diese Experimente legten nahe, dass die Bienen die Entfernung mit den Augen über den sogenannten optischen Fluss maßen. So wie beim räumlichen Sehen auch (**siehe S. 118**) nutzen sie das Phänomen, dass nahe Gegenstände schneller, weiter entfernte dagegen langsamer zu fliegen scheinen, wenn man sich selbst bewegt. Das kann man während einer Bahnfahrt gut beobachten: Die Ähren auf einem Weizenfeld in der Nähe fliegen förmlich vorbei, wenn man aus dem Fenster schaut, während das weiter entfernte Bauerngehöft länger zu sehen ist und der Mond geradezu stillsteht. Auf diese Weise konnten die Tunnelexperimente erklärt werden. Die Biene maß eine größere Entfernung, weil die unmittelbare Umgebung im nur 30 Zentimeter breiten Kanal sehr rasch an ihr vorbeizog, also einen hohen optischen Fluss erzeugte. Demgegenüber gaben die Versuchstiere in den Experimenten von Harald Esch eine geringere Entfernung an, je höher sie flogen, da für sie der Boden weiter weg war. Aber wie konnten die Ergebnisse von H. Heran in diesem Lichte interpretiert werden? Warum gaben die Bienen bei einem höheren Luftwiderstand eine größere Entfernung an, wenn sie den Energieverbrauch gar nicht für die Messung benutzten? Die Erklärung ist so einfach, dass man schwer darauf kommt: Die Bienen fliegen automatisch tiefer, sobald sie Gegenwind bekommen. Wenn sie jedoch tiefer fliegen, erhöht sich der optische Fluss, weswegen sie eine größere Entfernung angeben.

Das aber ist nicht die einzige Weise, wie Bienen die Entfernung messen. Wir haben ein weiteres Experiment zu dieser Thematik durchgeführt, bei dem die Biene auf dem Weg zur Futterstelle an drei gleich hohen Zelten vorbeifliegt. Auf halber Strecke zum vierten der jeweils 75 Meter auseinander stehenden Zelte lag die Futterstelle. Wenn wir die Futterstelle wegräumten, nachdem die Bienen mit 30 bis 40 Anflügen über zwei bis drei Tage dressiert worden waren, suchten sie genau an diesem Ort danach. Im weiteren Versuchsverlauf reduzierten wir den Abstand zwischen den Zelten auf 50 Meter oder erhöhten ihn auf 100 Meter. Auch in diesen Tests war die Futterstelle weggeräumt. Die Suchflüge nahmen wir mit dem Radargerät auf. Die Bienen suchten ungefähr gleich intensiv an der Stelle mit der richtigen Entfernung vom Stock (262 Meter) und an der Stelle zwischen dem dritten und vierten Zelt, also bei 175 Metern (bei einem Zeltabstand von 50 Metern) bzw. bei 350 Metern (bei einem Zeltabstand von 100 Metern). Da sie weder an der einen noch an der anderen Stelle etwas fanden, flogen sie häufig zwischen diesen Stellen hin und her und kehrten schließlich zu ihrem Stock zurück. Die Bienen hatten also beide Orte im Kopf, woraus wir folgerten, dass sie sowohl über ein relatives als auch über ein absolutes Messsystem verfügen. Ihr relatives Abstandsgedächtnis bezieht sich dabei auf die nacheinander wahrgenommenen Zelte, die sie als Landmarken erfuhren. Daraus schlossen wir, dass sie – wenn auch in einfacher Form – über eine Mengenvorstellung verfügen.[3]

Von Landmarken und Abkürzungen

Nun zurück zum ersten Ausflug einer Biene. Was lernt sie eigentlich dabei? Wir haben unsere Versuchstiere nach der Rückkehr vom ersten Orientierungsflug am Stockeingang abgefangen, in einem dunklen Kasten an einen anderen Ort gebracht und wieder fliegen lassen. Lag die Auflassstelle in dem Areal, das die Biene bereits erkundet hatte, flog sie zielstrebig nach Hause. Ließen wir sie jedoch im selben Abstand vom Stock, aber in noch nicht explorierter Gegend frei, fand sie entweder gar nicht zurück respektive nur dann, wenn sie durch Zufall in das bereits bekannte Gebiet flog. So konnten wir beweisen, dass die Bienen nicht nur den beim ersten Ausflug gelernten Weg für ihre Orientierung nutzen, denn der hätte ihnen im Fall der Versetzung nicht helfen können. Die Bienen verwenden für die Navigation mehr als nur die Routine für die Wegintegration. Sie lernen darüber hinaus auch Landmarken. Das können Bäume oder Ansammlungen von Blumen sein, aber auch Bodenstrukturen, die sie offensichtlich nicht als bloße Bilder abspeichern, sondern die sie in einen räumlichen Bezug zum Stock zu setzen vermögen. Anstatt sich einfach nur den Weg zu merken, entwirft die Biene eine Art innerer Landkarte. Dabei spielen viele Faktoren eine Rolle, weil all ihre Sinnesorgane und ihr Lernvermögen dazu beitragen, sich die Landschaft zu merken. Dabei müssen wir zwischen egozentrischen und allozentrischen Aspekten unterscheiden. Bei der egozentrischen Navigation bezieht das Tier alle Umweltmarken auf sich. Bei der allozentrischen Navigation verwendet das Tier Landmarken, um sich zu einem Ort zurück zu orientieren.

Beide Orientierungsstrategien kennen wir Menschen auch. Egozentrisch tut man so, als sei man selbst der Mittelpunkt der Welt und merkt sich einfach den Weg, den man selbst gegangen ist. Allozentrisch hingegen, erkennt man an, dass das Zentrum der Welt außerhalb von einem selbst liegt und benutzt beispielsweise Strukturen in der Landschaft, um sich zurechtzufinden. Die Biene beherrscht all diese Formen der Orientierung und sichert auf diese Weise mit wenigen Orientierungsflügen ihre zuverlässige Rückkehr zum Nest, und zwar im Umkreis von bis zu 700 Metern um den Stock herum. Die Frage, die mich über Jahre umgetrieben hat, ist, ob denn all diese verschiedenen Methoden des Zurechtfindens für sich alleine stehen oder ob sie in einem gemeinsamen, hochorganisierten und flexibel einsetzbaren Landschaftsgedächtnis zusammengefasst werden. Eine solche integrierte Gedächtnisform kann man als »kognitive Karte« beschreiben (**Abb. 31**). Darin sind die Merkmale der Landschaft in ihren geometrischen Bezügen gespeichert – vergleichbar zu unserer Vorstellung von einer uns gut bekannten Gegend.

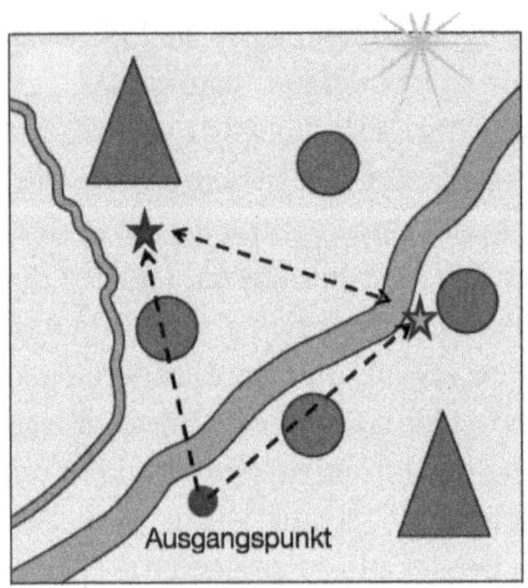

Abb. 31 *Die kognitive Karte speichert alle Landschaftseigenschaften in ihren geometrischen Bezügen. Sie baut auf egozentrischen und allozentrischen Orientierungsmechanismen auf und fügt sie zu einer gemeinsamen und hochflexiblen Gedächtnisstruktur zusammen.*

Die Skepsis meines englischen Kollegen Thomas Collett von der Universität von Sussex und vielen anderen Wissenschaftlern, die an der Navigation von Insekten arbeiten, stachelte uns in den letzten Jahren zu immer neuen Versuchen an, mit denen wir schließlich die Existenz einer kognitiven Karte im Hirn der Biene beweisen konnten. Colletts Vorstellungen von der Bienennavigation sind anders als unsere. Er stellt sich vor, dass Bienen direkt am Stock ein Bild des Horizonts einspeichern. Wenn sie dann weiter vom Nest entfernt sind und auf das Horizontprofil schauen, bemerken sie eine Abweichung von ihrem Bildgedächtnis und fliegen nun so, dass diese Abweichung immer kleiner wird. Sie verwenden also ein Bildgedächtnis. Demnach würde die Biene egozentrisch navigieren, weil das Tier in diesem Fall sein Bezugssystem in Form seines Gedächtnisses vom Horizontprofil direkt am Stock mit sich führen müsste. Andere Kollegen wie Holk Cruse und Rüdiger Wehner haben vorgeschlagen, die Bienennavigation so zu erklären, dass die Bienen auf ihren Orientierungsflügen verschiedene Landmarken mit ihrer Wegintegration verknüpfen. Das heißt, sie würden sich eine einmal abgeflogene Strecke anhand besonders auffälliger Punkte merken (Vektorgedächtnis), später erkennen, dass sie an dieser Stelle schon einmal waren und sich dann daran erinnern, welchen Weg sie von dort nach Hause eingeschlagen hatten oder eingeschlagen hätten, wären sie nach Hause zurückgeflogen. Nach dem Versetzen würden sie wieder zum Stock zurückfinden, weil sie an einer dieser besonderen Landmarken vorbeigekommen seien und sich von dort den Rückweg erschließen könnten. Weder aus Colletts noch aus Wehners und Cruses Sicht bestand die Notwendigkeit anzunehmen, dass die Biene über eine innere Karte der von ihr erkundeten Landschaft verfügt.

Um den Unterschied deutlich zu machen, gehe ich noch einmal vom Menschen aus. Wenn wir eine Landschaft kennenlernen, fallen uns Besonderheiten wie ein Hochsitz oder, in der Stadt, eine Kirche auf. Wir lernen dann vielleicht: Wenn wir an dieser bestimmten Stelle rechts gehen, kommen wir nach mehreren Hundert Metern auf den Weg, der uns nach Hause führt. Diese Orientierungsmethode nehmen meine Kollegen für die Bienen an. Es ist sehr wahrscheinlich, dass sich Bienen auf einer unteren Ebene anfänglich auch in dieser Weise orientieren. Natürlich lokalisieren sie einen Ort nicht nur nach der relativen Lage zu den gleichzeitig wahrgenommenen Sehobjekten, sondern auch nach der Fluganweisung aus der Tanzkommunikation zu dem Ort, seiner Lage zu langgestreckten Landschaftsmerkmalen, zu den Duftspuren, die vom Wind herangetragen werden, und vielem mehr. Aber das ist nicht die einzige Art der Orientierung, über die Bienen verfügen. Viel beeindruckender ist ihre Fähigkeit, die wir ebenfalls von uns kennen. Man geht eine Abstraktionsebene höher und erstellt im Kopf eine Karte des Gebiets, in dem man sich befindet. Das müssen wir heute nicht mehr, da wir Stadtpläne und Landkarten kaufen können oder das Handy als Lotsen benutzen. Die Tatsache aber, dass wir in der Lage sind, Karten zu lesen, beweist, dass unser Hirn mit einer kognitiven Karte der Umgebung arbeitet. Das können Bienen auch, wobei sie natürlich nicht über solch komplexe innere Vorstellungen verfügen wie wir und viele andere hochentwickelte Tierarten. Bienen verbinden nicht einfach nur verschiedene Punkte in der Landschaft mit Fluganweisungen für die Heimkehr, sondern sie speichern ein Netz von Landmarken in ihrem geometrischen Bezug, weswegen wir die Karte, die sie für die Navigation in der Umgebung in ihrem Gehirn anlegen, als kognitive Karte bezeichnen.

Der amerikanische Psychologe und Lerntheoretiker Edward Chace Tolman führte den Begriff »kognitive Karte« ein, nachdem er in Laborexperimenten an Ratten nachweisen konnte, dass die Tiere im Gehirn eine Repräsentation ihrer Umwelt entwickeln, die es ihnen erlaubt, der aktuellen Situation angepasste Wege zu wählen, selbst wenn sie diese vorher noch nicht gegangen sind.[4] Wird beispielsweise einer von mehreren möglichen Wegen durch einen Irrgarten blockiert, dann nehmen die Tiere den nächstmöglichen kürzesten Weg. Ein Kriterium für dieses Verhalten fand Tolman in den von ihm so genannten »novel shortcuts« (»neue Abkürzungen«). Dabei schlagen die Versuchstiere bis dahin noch nicht zurückgelegte Wege ein, über die das Ziel auf kürzester Strecke erreicht werden kann. Ein solcher »novel shortcut« setzt voraus, dass die Ratten den Irrgarten in Form einer Karte verinnerlicht haben und einen Ort ohne sensorischen Zugriff zu ihrem Ziel ansteuern können.

Die Aborigines in Australien orientieren sich übrigens ähnlich wie Bienen mithilfe ihrer kognitiven Karte, ohne auf Landkarten angewiesen zu sein. Die Ureinwohner Australiens verfügen über präzise Kenntnisse des Sonnenstandes sowie einen stark ausgeprägten magnetischen Sinn, mit dem sie jederzeit exakt die Himmelsrichtung orten können. Selbst in einem Raum ohne Fenster wissen Aborigines sofort, wo Norden ist. Es gibt auch Experimente, in denen man einen Aborigine im Dunklen an einen anderen Ort gebracht hat. Die Probanden wussten dann nicht nur, wie sie nach Hause zurückgelangen, sondern machten auch detaillierte Angaben darüber, dass und in welcher Weise sie versetzt wurden. Traditionell lebende Aborigines sind, anders als »in der Zivilisation« lebende Menschen, auf ein gutes Orientierungsvermögen angewiesen und haben den in allen Menschen ebenso wie in Vögeln und Bienen angelegten magnetischen Sinn stark trainiert. Das spiegelt sich auch in ihrer Sprache. Sie stellen räumliche Bezüge mithilfe ihres integrierten Kompasses her und sagen: »Du stehst nördlich von mir. Und wir gehen jetzt ein Stück Richtung Süden.«

Mithilfe einer Gruppe von Studenten führte ich in der Nähe von Marburg folgendes Experiment durch. Wir dressierten Bienen über die recht weite Strecke von 900 Metern in zwei verschiedene Richtungen. Am Vormittag gaben wir ihnen ein Ziel vor, das etwa 45 Grad vom Stock Richtung Südosten lag, am Nachmittag eines 45 Grad Richtung Nordosten (**Abb. 32**). Der Flug am Nachmittag führte die Bienen vom Stock direkt auf einen

Berg zu, der ihnen als Landmarke diente. Während des Ausflugs am Vormittag sahen sie den Berg links von sich liegen.

Als wir die Bienen nach erfolgter Dressur bei ihrem Ausflug am Stock abfingen und am Nachmittag an die Vormittagsstelle versetzten, hatten sie kein Problem direkt zum Stock zurückzufinden. Sie erkannten offensichtlich die Stelle und flogen trotz des anderen Sonnenstandes und der falschen Dressurzeit direkt nach Hause zurück. Das Gleiche gelang ihnen, wenn sie am Vormittag an die Nachmittags-Dressurstelle versetzt wurden. Wenn wir sie am Vormittag oder Nachmittag an einem Ort in der Mitte zwischen dem Vor- und dem Nachmittagsziel (**Abb. 32:** $R_{zwischen}$) aussetzten, flog jeweils die Hälfte der Bienen in die Richtung, in der sie die Futterstelle aufgrund der jeweiligen Dressur vermuteten – also am Vormittag nach Südosten, am Nachmittag nach Nordosten. Die andere Hälfte flog sowohl bei den Nachmittags- wie bei

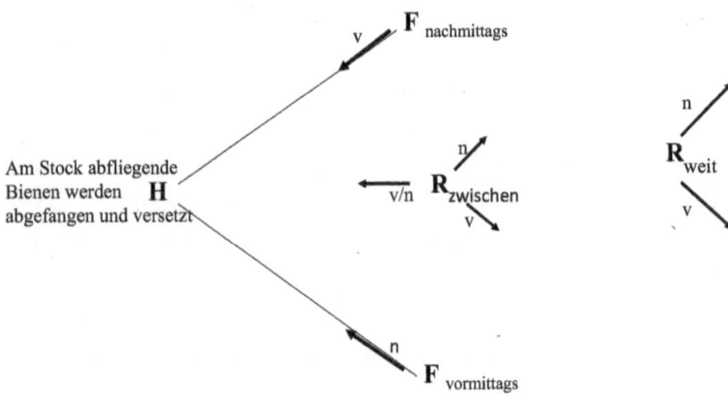

Abb. 32 *Eine Gruppe von Bienen wird vom Stock (H) am Vormittag auf eine ca. 900 Meter entfernten Futterstelle ($F_{vormittags}$) und am Nachmittag auf eine gleich weit entfernte, aber in einer anderen Richtung liegenden Futterstelle ($F_{nachmittags}$) dressiert. Nach der Dressur wird jeweils eine Biene bei ihrem Ausflug am Stock abgefangen und am Vormittag bei $F_{nachmittags}$ oder am Nachmittag bei $F_{vormittags}$, oder sowohl am Nachmittag wie am Vormittag bei $R_{zwischen}$ oder R_{weit} (eine ca. 3,5 Kilometer entfernte Auflassstelle auf der anderen Seite des Berges) aufgelassen. Die Abflugrichtungen werden an den jeweiligen Auflassstellen registriert. Die mittleren Abflugrichtungen sind hier als dicke Pfeile eingetragen.*[5]

den Vormittagstieren direkt zum Stock zurück. Die Motivation der Bienen, die Futterstelle zu finden, war also bei der Auflassstelle $R_{zwischen}$ nur noch bei der Hälfte der Versuchstiere vorhanden. Die andere Hälfte registrierte wohl, dass sie sich an einem Ort zwischen den Dressurstellen befanden und suchten direkt das Nest auf. Ließen wir Bienen an einer weit entfernten Stelle frei (**Abb. 32: R_{weit}**), behielten sie ihre Ausflugsstimmung und flogen genau in die Richtung, die sie genommen hätten, wären sie nicht versetzt worden (am Vormittag nach Südosten, am Nachmittag nach Nordosten). Was veranlasst die Bienen, sowohl ihre Ausflugsmotivation zu ändern als auch direkt zum Stock zurückzufliegen und dabei sogar die kürzeste Strecke (»novel shortcut«) zu nehmen? Das könnte daran liegen, dass sie in der Lage waren, $R_{zwischen}$ in einer kartenartigen Vorstellung zu lokalisieren. Dagegen sprach jedoch, dass sie von $R_{zwischen}$ nicht zu dem jeweils richtigen Futterplatz flogen.

Kontroversen um die kognitive Karte

Die erstaunlichen Orientierungsleistungen der Bienen waren ein Indiz, aber sicher kein Beweis für die Existenz einer kognitiven Karte. Die Bienen flogen von $R_{zwischen}$ zum Teil über einen »novel shortcut« zum Stock zurück. Man konnte – mit einiger Mühe – die Ergebnisse dieser Versuche noch im Sinne von Collett, Wehner und Cruse interpretieren. Wenn nämlich die Bienen möglicherweise das charakteristische Bild des Horizonts lernten, hätten sie nach einigem Herumsuchen im Gelände genau diese mit einer Heimfluganweisung verbundene Landmarke wiederfinden können. Diese Interpretation schien mir allerdings alles andere als überzeugend, da die Bienen bei unseren Versuchen zielstrebig nach Hause flogen. Zumindest theoretisch jedoch war diese Sichtweise möglich. So ersann ich noch eine ganze Reihe anderer Experimente, die alle in die gleiche Richtung wiesen, aber keine Beweise für eine kognitive Karte darstellten.[6] Bei all diesen Experimenten hatten wir das Problem, dass wir die Bienen von der Auflassstelle weg nur über etwa 30 Meter verfolgen konnten. Was sie danach machten, wussten wir nicht, allerdings sahen wir, dass sie stets sicher zum Stock zurückfanden. Als wir das Radargerät einsetzen konnten (siehe Abb. 33 auf S. 259), zeigte sich, dass die Bienen nicht nur zielstrebig von jeder Stelle im Umkreis von einigen Hundert Metern zum Stock zurückkehrten, sondern auch neue Abkürzungen zur Futterstelle nahmen.[8] Unsere Interpretation dieser Ergebnisse im Sinne einer kognitive Karte stießen jedoch auf Widerspruch.

Nun kam mir der Zufall zu Hilfe. Eines Tages nahm eine neuseeländische Arbeitsgruppe mit mir Kontakt auf, die Narkosephänomene untersuchte. Sie hatten herausgefunden, dass bestimmte Narkotika die innere Uhr des Menschen anhalten. Das fiel besonders bei längeren Operationen auf. Wenn die Patienten nach vier oder mehr Stunden erwachten, nahmen sie an, es sei dieselbe Zeit wie zu Beginn der Narkose. Dieses Phänomen wollten sie nun auch bei Insekten untersuchen. Ich fuhr nach Neuseeland und zeigte den Kollegen dort, wie man mit Bienen experimentiert. Wir narkotisierten die Versuchstiere für sechs Stunden und beobachteten, was sie nach dem Aufwachen taten. Sie hatten nicht realisiert, dass die Sonne unterdessen weiter nach Westen gewandert war und verhielten sich, als sei es sechs Stunden früher. Ihr Flugverhalten wich dementsprechend um etwa 90 Grad nach Osten ab. Um andere mögliche Ursachen auszuschließen, lud ich die neuseeländische Arbeitsgruppe nach Deutschland ein, damit wir die Bienen mit dem Radargerät verfolgen konnten. Die Befunde bestätigten sich. So konnten wir die Narkoseeffekte für die innere Uhr der Bienen überzeugend belegen. Die Ergebnisse haben wir dann in einer Arbeit zusammengefasst und publiziert.[9] Damit endete die Zusammenarbeit, und die Neuseeländer flogen wieder auf die andere Seite der Erdkugel. Wochen später schreckte ich eines Nachts aus dem Schlaf hoch und hatte plötzlich die

Idee, wie ich die Narkotisierung nutzen konnte, um nachzuweisen, dass die Bienen mithilfe einer kognitiven Karte navigieren.

Wir dressierten Bienen auf eine Futterstelle. Dann narkotisierten wir die Hälfte der Tiere für sechs Stunden, die andere Hälfte diente uns als Kontrollgruppe. Nun versetzten wir die Bienen. Die Kontrollbienen flogen erst einmal auf geradem Wege in die Richtung, die sie zum Stock zurückgebracht hätte, wenn sie nicht versetzt worden wären. Als sie nach dem Absolvieren dieser ersten Flugroutine merkten, dass sie nicht an ihrem Nest ankamen, änderten sie ihre Richtung und flogen direkt zum Stock

Abb. 33 *Um Bienen im Flug über viele Hundert Meter verfolgen zu können benötigt man ein spezielles Radargerät, ein harmonisches Radar[7]. Dieses sendet mit der unteren Antenne den Radarstrahl aus und empfängt mit der kleineren oberen Antenne ein Radarsignal, das von einer passiven Antenne auf der Biene (einem Transponder) ausgeht. Der Transponder ist 11 Millimeter lang und wiegt 18 Milligramm. Bienen können damit gut fliegen. Unser Radargerät hat eine Reichweite von 1 Kilometer und kann im Abstand von 3 Sekunden Signale empfangen. Je nach Qualität des Signals ist die räumliche Auflösung bis zu 7x7 Meter.*

zurück. Die durch die Narkotisierung zeitversetzten Tiere flogen anfänglich die gleiche Strecke, nur um neunzig Grad nach Osten verschoben. Wenn sie nun nicht auf eine kognitive Karte zurückgreifen konnten, müssten sie sich im Gelände verirren, da ja ihr Sonnenkompass durch das Anhalten ihrer inneren Uhr verstellt worden war und sie somit die gelernten Landmarken mit der falschen Richtung verbinden würden. Durch die sechsstündige Narkose hatten wir die Sonne gegenüber der Erde mit ihren Landmarken gewissermaßen um neunzig Grad verdreht. Aber keine der zuvor narkotisierten Bienen ging verloren. Alle fanden zum Stock zurück und brauchten dafür nicht einmal länger als die nicht narkotisierten Bienen. Die Bienen hatten also den Sonnenstand ignoriert und auf die Navigation nach Landmarken, die in ihrer kognitiven Karte eingetragen waren, umgeschaltet. Eine andere Erklärung konnte es für die Resultate dieses Experiments nicht mehr geben.[10] So dachten wir jedenfalls. Aber wie es in der Wissenschaft nicht selten zugeht, waren nicht alle Kollegen überzeugt. Genau das ist das Spannende in der Wissenschaft, jedenfalls solange mit fairen Mitteln gearbeitet wird.

Kurz nachdem wir unsere Einsichten 2014 publiziert hatten, fuhr ich zu einer Konferenz nach Sapporo in Japan, die auch von einigen Experten für die Navigation von Insekten besucht wurde. Dieser Gruppe waren meine Experimente, die die Existenz einer kognitiven Karte im Bienenhirn bewiesen, ein Dorn im Auge, da sie der Idee nachhingen, dass sich die Bienen ausschließlich über das mit Heimfluganweisungen verbundene egozentrische Bildgedächtnis in der Landschaft orientierten. Anstatt sich über die Eröffnung einer neuen Dimension der Bienennavigation zu freuen, versuchten sie, mich auf der Konferenz zu ignorieren. Einer aus der Gruppe zischte mir dann noch zu: »Wir machen dich fertig! Du wirst schon sehen!« Das war halb im Spaß gesagt – aber eben nur halb. Tatsächlich erschien im nächsten Heft des Journals, in dem wir die Navigationsexperimente mithilfe der Narkose publiziert hatten, ein Brief mit der Überschrift: »Still no convincing evidence for cognitive map use by honey bees!« (»Noch immer keine überzeugenden Belege für den Gebrauch kognitiver Karten bei Bienen!«).[11] Im Text entfalteten die Kollegen zwei Argumente gegen unsere Interpretation der Experimente.

Erstens sei es möglich, dass sich die innere Uhr der Bienen bereits während unseres Versuchs wieder zurückgestellt hätte. Zweitens hielten sie es für möglich, dass sich die Bienen über den Horizont und damit über das Bildgedächtnis orientiert hätten. Der erste Einwand hätte sich bei genauerer Lektüre der Ergebnisse aus den Narkose-Experimenten, die wir mit der Arbeitsgruppe aus Neuseeland gemacht hatten, gar nicht gestellt. Denn dort konnten wir nachweisen, wie lange die Bienen zur Korrektur ihrer inneren Uhr benötigten. Pro Tag betrug die Korrektur lediglich eine Stunde, so dass es sechs Tage dauerte, bis die innere Uhr kalibriert war und die Bienen den Sonnenkompass wieder fehlerfrei bei der Navigation einsetzen konnten. Diese Zeitspanne planen übrigens auch Leistungssportler ein, wenn sie mit Zeitverschiebungen zu tun haben. Ihr volles Leistungspotenzial können sie erst abrufen, nachdem so viele Tage vergangen sind, wie der Zeitunterschied in Stunden beträgt. Deswegen fliegt beispielsweise ein deutscher Boxer, der in Los Angeles um die Weltmeisterschaft kämpft, mindestens zehn Tage vor dem Kampfabend in kalifornische Gefilde. Wie ich im Anhang ausführlicher darstelle, konnten wir auch das zweite Argument zurückweisen, weil es auf unberechtigten Annahmen und Verallgemeinerungen beruhte.[12]

Nachdem wir unsere Erwiderung unter der Überschrift »The cognitive map hypothesis remains the best interpretation of the data in honeybee navigation« (»Die Hypothese der kognitiven Karte ist nach wie vor die beste Interpretation für die Daten zur Navigation der Honigbiene«) publiziert hatten, hörten wir erst einmal nichts mehr von den Kollegen. Im April 2015 hielt sich Barbara Webb, die auch zu der Gruppe der Zweifler gehört, in Berlin auf. Ich fragte sie, was sie denn nun von der Thematik der kognitiven

Karte bei der Biene im Allgemeinen und unserer Erwiderung im Besonderen hielt. Sie gab mir die für einen Wissenschaftler unbefriedigendste Antwort und sagte: »Wir glauben Ihnen nach wie vor nicht!« Glauben sollte in der Wissenschaft keine Rolle spielen. Der glückliche Umstand einer experimentellen Wissenschaft wie der Biologie ist ja gerade, dass Fragen durch Daten beantwortet und diese Antworten stets erneut überprüft werden können. Vor diesem Hintergrund ist jede wissenschaftliche Kontroverse ein Glücksfall, denn sie treibt unsere Erkenntnis voran.

Es gibt weitere Experimente, in denen die Bienen den Gebrauch einer kognitiven Karte unter Beweis stellen. Ein besonders eindrückliches sei hier noch geschildert. Wir dressierten

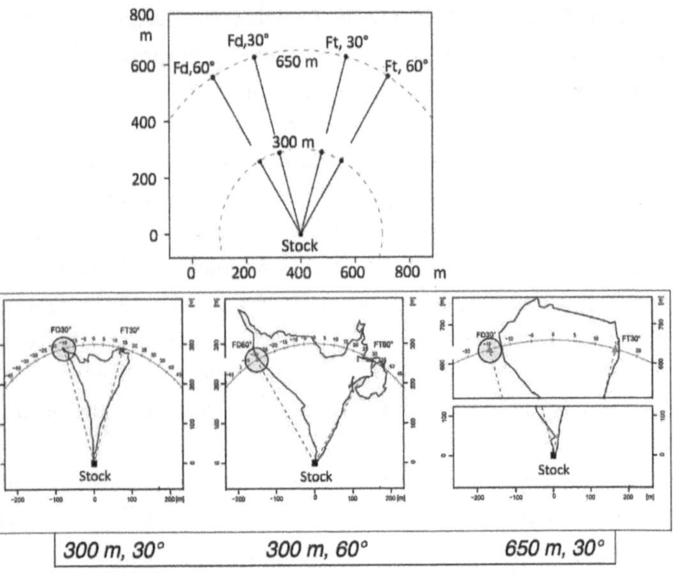

Abb. 34 *Bienen fliegen »novel shortcuts« zwischen einem gelernten Ort (Fd) und einem im Tanz erfahrenen Ort (Ft). Die obere Abbildung zeigt das Schema des Experiments, wie es im Text beschrieben wird. Die unteren drei Abbildungen zeigen die Bedingungen, unter denen »novel shortcut«-Flüge auftreten. Fd,60°, Fd,30°: ehemalige Futterstelle, die vom Stock aus gesehen unter 60° bzw. unter 30° zu den im Tanz mitgeteilten Stellen (Ft, 60° und Ft, 30°) liegt.*

Bienen auf eine 650 Meter entfernte Futterstelle (**Abb. 34**). Nach ein paar Tagen schlossen wir die Futterstelle und sorgten dafür, dass die Bienen auch an anderen Orten nichts mehr bekamen, weswegen wir die Experimente im Herbst durchführten. Daraufhin zogen sie sich erst einmal in den Stock zurück. Dort ließen wir ihnen eine andere Futterstelle (Ft) vortanzen, die ebenfalls 650 Meter entfernt und vom Stock aus gesehen unter 60 Grad von der Richtung zu ihrer ehemaligen Futterstelle lag. Wenn die Bienen der Tänzerin mehr als 15 Runden folgten, flogen sie zu Ft, bei einer geringeren Zahl von Tanzrunden flogen sie zu Fd. In beiden Fällen orientierten sie sich, nachdem sie ihr Ziel erreicht hatten, wieder zum Stock zurück. Wenn wir aber die gelernte und die im Tanz übermittelte Futterstelle so gestalteten, dass sie vom Stock aus nur 30 Grad auseinanderlagen, machten die Bienen etwas völlig Unerwartetes. Sie flogen zwar auch zu einer der beiden Futterstellen, traten danach aber nicht den Heimflug an, sondern begaben sich zu der anderen Futterstelle. Sie machten also einen »novel shortcut« von Ft zu Fd oder von Fd zu Ft. Diesen ihnen unbekannten Weg aber können sie nur fliegen, wenn sie von der Umgebung eine Vorstellung in Form einer Karte haben. Interessanterweise entscheiden sich die Bienen jedoch gegen diesen »novel shortcut«, wenn die Stellen 60 Grad auseinanderliegen. Offensichtlich ist ihnen in diesem Fall das Risiko zu hoch, da der Weg zwischen Ft und Fd dann ja auch 650 Meter lang ist. Erst als wir die gelernte und die vorgetanzte Futterstelle auf 300 Meter an das Nest heranrückten, flogen die Bienen den »novel shortcut« auch bei 60 Grad Winkelunterschied zwischen den beiden Stellen. Mit diesem Experiment haben wir auch nachgewiesen, dass eine selbst erfahrene und eine im Tanz mitgeteilte Stelle gemeinsam in einer Gedächtnisstruktur gespeichert sind. Mit diesem Ergebnis wird die nächste Frage aufgeworfen, nämlich ob im Tanz ein Ort oder eine Fluganweisung mitgeteilt werden. Diese Thematik soll uns im folgenden Kapitel ausführlicher beschäftigen.

Kommunikation: Kann denn Tanzen Sprache sein?

Sonne und Schwerkraft als Wegweiser – Getanzte Entfernungen und der Fehler im Auge des Betrachters – Irrungen und Wirrungen über private und soziale Kommunikation – Die Rolle von Erfahrung und Veranlagung – Nächtliche Tänze und symbolische Sprache

Im Jahr 1828 schrieb der deutsche Imker Nikolaus Unhoch: »Es wird manchem lächerlich, ja wohl gar unglaublich erscheinen, wenn ich behaupte, dass auch die Bienen (…) gewisse Lustbarkeiten und Freuden unter sich haben, dass sie sogar auch nach ihrer Art zuweilen einen gewissen Tanz anstellen. (…) Was eigentlich dieser Tanz bedeuten soll, kann ich noch nicht erklären, ob es vielleicht eine muthige Freude und Aufmunterung ist (…) das muss die Zukunft klären.«[13]

Die Euphorie dieses Imkers konnte ich lange Zeit nicht teilen. Wenn ich mich recht entsinne, hat es mich nicht sonderlich bewegt, als ich in der Schule das erste Mal vom Schwänzeltanz der Bienen hörte. Auch als ihn mir mein Doktorvater, Martin Lindauer, zum ersten Mal mit leuchtenden Augen zeigte, zündete noch kein Funke. Ich fand das Treiben eher lustig, aber im wissenschaftlichen Sinne beileibe nicht so interessant wie die Planktonorganismen in meinem heimischen Teich. Diese für mich heute nicht mehr recht erklärbare Distanz zum Phänomen des Schwänzeltanz sollte sich kurioserweise über vierzig Jahre meiner wissenschaftlichen Karriere halten. Das hing einerseits mit den Schwerpunkten zusammen, die ich mir gesucht hatte. Für die assoziativen Lernvorgänge während des Riechens und des Farbensehens, die ich von den sensorischen Eingängen bis in die neuronalen Netzwerke untersuchte, spielte der Schwänzeltanz keine Rolle. Außerdem gab es noch einen psychologischen Hintergrund: Im Studium lernte ich Rüdiger Wehner kennen. Wir teilten die Begeisterung für die Biologie im Allgemeinen und die Insekten im Besonderen, gingen gemeinsam auf Exkursionen, führten eine Forschungsreise nach Israel durch und wurden sehr gute Freunde. Rüdiger stürzte sich nach dem Studium auf das Thema Navigation und führte glänzende Versuche zum Polarisationssehen durch, bei denen er auch in genialer Weise die Tanzkommunikation der Bienen einsetzte.[14] Nach einem gemeinsamen Projekt in Israel über die Verhaltensweisen der Wüstenameise *Cataglyphis*[15] und parallel, aber unabhängig durchgeführten Versetzungsexperimenten zur Navigation der Bienen[16] realisierten wir beide auf unsere Weise, dass wir zu Konkurrenten wurden. Jeder von uns wollte sich als Wissenschaftler etablieren und musste das Gebiet abstecken, auf dem er forschen wollte. Da aber Konkurrenz und Freundschaft auf Dauer nicht gut zusammengehen, begannen wir – teils bewusst, teils unbewusst –, die Überlappungen zwischen unseren Themenfeldern zu reduzieren. Für mich hieß das, einen großen Bogen um die Navigation und damit um den Schwänzeltanz zu machen. Erst als wir im neuen Jahrtausend Bienenexperimente mit dem Radargerät durchführen konnten, näherte ich mich auch dem Gebiet der Tanzkommunikation an. Mit unserer Entdeckung, dass Bienen elektrostatische Felder wahrnehmen können und diese im Schwänzeltanz verwenden, stieß ich seit 2009 gemeinsam mit meinem langjährigen Mitarbeiter Uwe Greggers noch einmal von einer anderen Seite auf diese besondere Art der Kommunikation.

Natürlich studierte ich von Frischs Buch »Die Tanzsprache und

Orientierung der Bienen«[17] eingehend, als es zu Beginn meiner Zeit als Doktorand bei Martin Lindauer Mitte der sechziger Jahre auf den Markt kam. Kaum ein anderes Buch in meinem Regal zeigt so viele Lektürespuren wie dieses. In den Folgejahren hielt ich an der Universität auch Kurse zur Einführung in den Bienentanz und hatte zu diesem Zweck mehrere Beobachtungskästen, in denen die Studenten das Verhalten der Bienen sehen konnten. Mit den Jahren rückte ich jedoch von der Formulierung von Frischs ab, der den Tanz ja bereits im Titel seines Buches als Sprache bezeichnet. Allerdings war von Frisch so klug, dass er im Text das Wort »Sprache« meist in Anführungszeichen setzte und in der englischen Ausgabe überwiegend vermied. Darüber diskutierte ich oft mit meinem Lehrer und Doktorvater Martin Lindauer, der in der Vermenschlichung der Bienen noch weiterging als von Frisch und von ihnen wie von seinen Kindern sprach. Begriffe wie »Bienenkinder«, »Bienenwohnung«, »Kämmerlein« (für Wabenzelle), »Weiselwiege« (für die Zelle der heranwachsenden Königin), »Drohnenschlacht« kamen ihm leicht über die Lippen, wobei er die Worte so wählte wie sein verehrter Lehrer Karl von Frisch in seinem trotz alledem so lesenswerten Büchlein »Aus dem Leben der Bienen«[18]. Für mich stellte es schließlich eine Art der Emanzipation von Lindauer wie auch von Karl von Frisch dar, diesen Weg der Vermenschlichung nicht mitzugehen. Ich schaute mir damals betont nüchtern an, was die Bienen eigentlich während des Schwänzeltanzes tun: Sie bewegen ihre Flügel, wackeln mit dem Hinterleib und laufen in eine bestimmte Richtung. Je weiter das Ziel entfernt liegt, desto mehr Wackelbewegungen führen sie durch. Im Prinzip sieht das Ganze aus wie die Trockenübung für einen Flug. Mir schien es noch nicht einmal ausgemacht, dass die Biene eine Art Flugsimulation vornimmt, um sie anderen mitzuteilen. Schließlich könnte es auch sein, dass sie lediglich ihren letzten Ausflug erinnert, so, wie man es von Rennrodlern kennt, die in der Konzentrationsphase den gesamten Lauf inklusive der Körperbewegungen noch einmal durchgehen, bevor sie sich den Eiskanal hinunterstürzen. Viele Male sah ich ja auch, dass Bienen an einer sehr attraktiven Futterstelle bereits mit dem Abdomen hin und her wackeln. Da ich außerdem weder eine Grammatik noch eine Semantik entdecken konnte, lehnte ich es ab, den Schwänzeltanz als Sprache zu bezeichnen. Die Reichhaltigkeit und die Tiefe, die in diesem Verhalten der Bienen stecken, sollten mir erst später aufgehen.

Sonne und Schwerkraft als Wegweiser

Die merkwürdigen Bewegungen der Bienen sind seit Aristoteles bekannt, aber es blieb Karl von Frisch vorbehalten, sie in der ersten Hälfte des 20. Jahrhunderts zu entschlüsseln. Er legte eine normalerweise vertikal ausgerichtete Wabe in die Horizontale und beobachtete das Tanzgeschehen. Dabei fiel ihm auf, dass die Bienen ihre Tanzrichtungen beibehalten, auch wenn sich der Sonnenstand verändert. Als von Frisch die Wabe von der Sonne abschirmte, verloren die Bienen die Orientierung und tanzten in immer wieder andere Richtungen. Er schloss daraus, dass die Tänzerinnen die Sonne (oder ein Stück blauen Himmels) brauchen, um ihren Tanz auf das angestrebte Ziel hin ausrichten zu können. Aber die Sonne ändert ja andauernd ihren Standort. Das heißt, den Bienen musste es irgendwie gelingen, die Bewegung der Sonne auf ihrer Bahn auszugleichen. Um herauszubekommen, wie sie das tun, schirmte von Frisch die Bienen von der Sonne ab und ersetzte den Stern durch eine Lampe. Die Bienen akzeptierten das künstliche Licht und tanzten in dieselbe Richtung, wie sie es mit der natürlichen Sonne getan hatten. Nun aber ließ von Frisch die Lampe nicht wie die Sonne wandern, sondern hielt sie am selben Ort. Mit verstreichender Zeit änderten die Bienen die Richtung, die sie im Tanz angaben. Von Frisch verfolgte das mit der Stoppuhr und sah, dass die Abweichungen exakt dem Zeitverlauf entsprachen. Man hätte auf diese Weise eine Sonnenuhr bauen können, so, wie es Kinder am Strand tun, indem sie einen Stock in den Sand stecken, dessen Schatten ihnen als Zeiger dient. Bei der Bienenuhr wäre die von den Tieren angegebene Richtung der Zeiger. Sie würde jedoch ohne, und nur ohne, Sonne funktionieren. Von Frischs Schlussfolgerung ist plausibel: Die Bienen verfügen über eine innere Uhr. Mit ihrer Hilfe können sie den Lauf der Sonne ausgleichen und sie somit als Koordinate nehmen. Dementsprechend geben sie die Richtung relativ zum Sonnenstand an. Diese Einsicht konnte durch viele weitere Experimente untermauert werden.

So schickte von Frisch seinen Schüler und meinen Lehrer, Martin Lindauer, nach Ceylon (heute Sri Lanka). Dort fand er heraus, dass Bienen auf einer horizontalen Wabe keine Richtung mehr angeben, wenn die Sonne um die Mittagszeit im Zenit steht. In einem späteren Experiment dressierte Lindauer Bienen südlich des Äquators, wo die Sonne um die Mittagszeit im Norden steht. Dann nahm er das ganze Volk und versetzte es in eine Gegend nördlich des Äquators, wo die Sonne um zwölf Uhr im Süden steht. Nach dem Ortswechsel tanzten die Bienen falsch. Ihre Richtungsangaben waren um genau 180 Grad verdreht. Die Bienen, die nach der Versetzung schlüpften, hatten hingegen keinerlei Probleme bei der Richtungsangabe. Es ist den Bienen also angeboren, die Sonne für ihre Orientierung zu verwenden. Wie die Sonne steht, müssen sie hingegen erlernen. Ein ähnlicher Effekt konnte bei Experimenten beobachtet werden, in denen man einen Bienenstock von New York nach München flog. Die Bienen tanzten um etwa neunzig Grad falsch, was zeigte, dass die innere Uhr durch den Jetlag um circa sechs Stunden verstellt worden war.

Von Frisch ging nun in seinem berühmten Ofenrohr-Experiment (**siehe S. 91**) noch einen Schritt weiter und sorgte dafür, dass die Bienen auf einer horizontalen Wabe nur den Himmel, nicht aber die Sonne sehen konnten. Als sie daraufhin weiter unbeirrt tanzten und die Richtung exakt angaben, schloss er daraus, dass

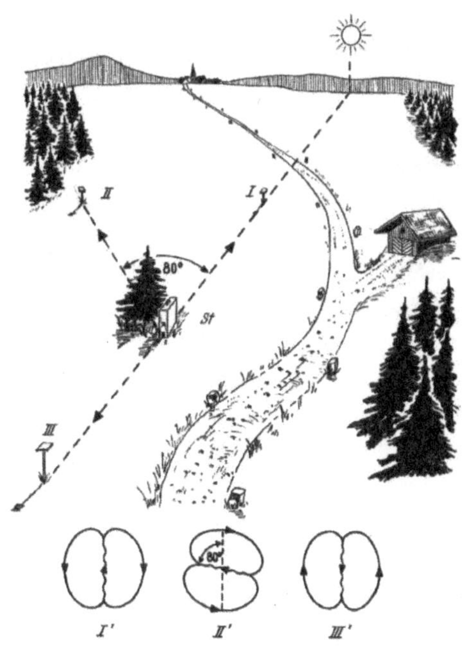

Abb. 35 *Mit diesem Bild hat Karl von Frisch in seinem Buch* »Tanzsprache und Orientierung der Bienen« *erklärt, wie die Richtung einer Futterstelle im dunklen Stock auf vertikaler Wabe zu einer bestimmten Tageszeit angegeben wird. Er schreibt: »Drei Beispiele für die Richtungsweisung auf der vertikalen Wabenfläche. St: Bienenstock, I, II, III: Futterplätze in 3 verschiedenen Richtungen, I', II', III': die entsprechenden Schwänzeltänze auf der vertikalen Wabe.«*

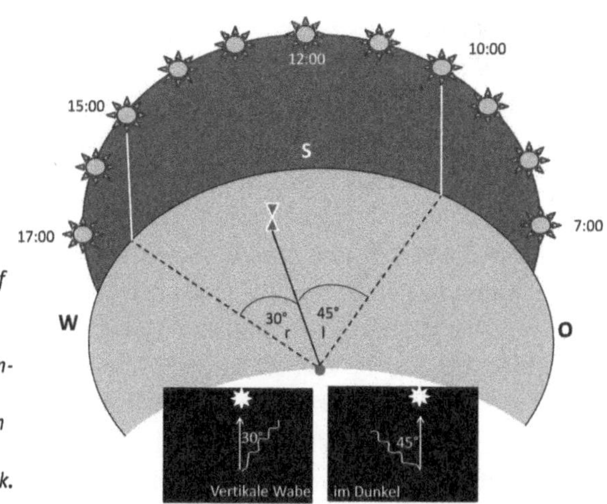

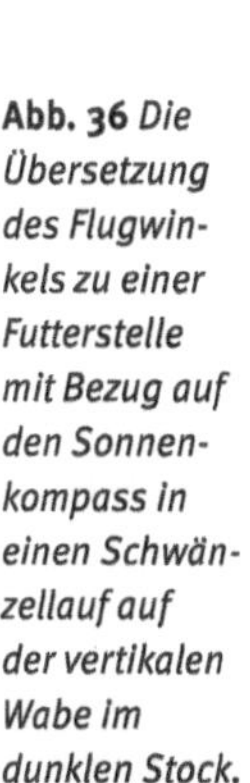

Abb. 36 *Die Übersetzung des Flugwinkels zu einer Futterstelle mit Bezug auf den Sonnenkompass in einen Schwänzellauf auf der vertikalen Wabe im dunklen Stock.*

sie die Polarisation des Sonnenlichts wahrnehmen konnten.[19] Sobald er sein Ofenrohr jedoch verschloss, verloren die Bienen die Orientierung und tanzten wild in alle möglichen Richtungen. Damit stellte sich jedoch die nächste Frage: Warum geben die Bienen bei ihrem Tanz im Stock die genaue Richtung an, obwohl es dort dunkel ist? Die Antwort fand von Frisch, als er die Wabe, mit der er experimentierte, aus der horizontalen in ihre angestammte vertikale Lage brachte. Sofort tanzten die Bienen wieder richtig. Somit musste es die Schwerkraft sein, die ihnen im dunklen Stock als Bezugsgröße diente. Die Übermittlung der Richtung im Tanz ist also doppelt abgesichert: Wenn die Tänzerin Zugang zum Himmelslicht hat, nimmt sie den Sonnenstand als Bezugsgröße, tanzt sie aber in der Dunkelheit, gibt sie die Richtung relativ zur Schwerkraft an (**Abb. 35 und 36**).

Getanzte Entfernungen und der Fehler im Auge des Betrachters

Beim Schwänzeltanz legt die Biene, mit ihrem Hinterleib wackelnd, eine bestimmte Strecke zurück. Dann läuft sie, ohne zu wackeln, im Halbkreis zurück zum Ausgangsort und wiederholt ihren Tanz mitunter viele Male. Wenn die Futterquelle besonders attraktiv ist, führt sie mehrere solcher Tanzrunden aus. Aber neben der Richtung geben die Bienen im Schwänzeltanz auch die Entfernung an. Von Frisch, der für seine Untersuchungen weder Kameras noch Computer einsetzen konnte, zählte, wie viele Runden die Tänzerinnen pro fünfzehn Sekunden drehten. Er fand heraus, dass die Bienen mehr Runden pro 15 Sekunden laufen, wenn sie kürzere Entfernungen angeben. Das Entfernungsspektrum, für das die Bienen den Schwänzeltanz verwenden, reicht von etwa 80 Metern bis zu maximal 10 Kilometern. Unter 80 Metern setzen sie andere Formen wie den Rundtanz ein. Dabei läuft die Tänzerin immer neue Kreise und wackelt nur hin und wieder einmal sehr kurz oder kaum merklich mit ihrem Hinterleib. Ursprünglich wurde angenommen, dass die Rundtänze keine Information über die Richtung enthalten. Dem ist jedoch nicht so, allerdings sind die Richtungsangaben weniger genau. Inzwischen wissen wir auch, dass die Entfernungsinformation in den Tänzen in der Zahl der Schwänzelbewegungen liegt. Diese Schwänzelbewegungen können wir mithilfe der von der tanzenden Biene ausgehenden elektrostatischen Felder sehr genau bestimmen (siehe S. 161 ff.). Einmal hin und her entspricht in den von uns gemessenen Tänzen 60 Metern.

Wie die Experimente im Tunnel gezeigt haben (siehe S. 249), hängt die Entfernungsangabe der Bienen von ihrem Abstand von den Umweltmarken ab. In einem engen Tunnel geben sie eine größere Entfernung an als beim Flugabstand über natürlichem Untergrund. Dies deutet darauf hin, dass die Messgröße des optischen Flusses direkt in die Zahl der Schwänzelbewegungen übersetzt wird. Nimmt man eine Fluggeschwindigkeit von 9 Stundenkilometern und eine Flughöhe von 4 Metern an, dann kann man aus den im Tunnel geschlossenen Daten über den optischen Fluss (18 Grad Sehwinkel-Verschiebung pro Sekunde[20]) errechnen, dass jede Schwänzelbewegung (einmal hin und her) eine Entfernung von 60 Metern codiert. Das stimmt gut mit unseren Messungen überein, in denen wir die digitale Codierung der Entfernung im Schwänzeltanz unter natürlichen Bedingungen – also bei etwa 3 Metern Flughöhe – bestimmt haben.

Wenn sich Bienen bei der Entfernungsangabe verstehen wollen, müssten sie alle in derselben Höhe fliegen. Das tun sie in der Praxis aber nicht. So ist es noch nicht klar, ob die Bienen tatsächlich verschiedene Entfernungen für unterschiedliche Flughöhen angeben oder ob sie eine weitere Kalibrierung vornehmen, mit der sie die Abhängigkeit von der Höhe verringern. Außerdem müssen sie mit dem Problem umgehen, dass sich die Fehler entlang einer Flugbahn umso mehr anhäufen, je länger die Strecke wird, da ja jede Messmethode mit Fehlern behaftet ist. Dieses Problem wird offensichtlich verringert, indem sie auffällige Landmarken bei häufigem Vorbeiflug zur Fehlerreduktion verwenden. Die evolutionäre Erfolgsgeschichte der Biene von 50 Millionen Jahren ist jedenfalls ein überzeugender Beweis. Der Grund für das Gelingen der Kommunikation zwischen der Tänzerin und den ihr folgenden Bienen liegt darin, dass sie nicht wie wir auf geeichte Metereinheiten angewiesen sind. Da die Erkundungen der Tänzerin und der darauffolgende Ausflug der Sammelbienen zeitlich nah beieinanderliegen, herrschen ähnliche Witterungsbedingungen. Insofern fliegen die Bienen in etwa gleich hoch und messen die Entfernung mit demselben optischen Fluss wie die Tänzerin. Die vermeintlichen Messfehler gibt es also nur im Auge des Betrachters, in diesem Fall: des Experimentators.

Außerdem könnte es noch einen weiteren Grund dafür geben, warum sich die Bienen erfolgreich über ein anzufliegendes Ziel verständigen. Sie könnten auch bei der Tanzkommunikation ihre kognitive Karte einsetzen, um die Fluganweisung der Tänzerin in einen Ort umzuwandeln. Wenn wir für eine uns bekannte Stadt eine Wegbeschreibung für einen bestimmten Ort erhalten – »Geh von hier aus sechshundert Meter in diese Richtung!«, dann taucht vor unserem inneren Auge sofort die Karte auf, die wir von dem Gebiet haben. Wir können uns gar nicht dagegen wehren, die Wegbeschreibung mit einem Ort zu koppeln und sagen uns vielleicht: Sechshundert Meter in diese Richtung, das muss also hinter der Bushaltestelle, aber noch vor der Kirche sein. Vieles spricht dafür, dass Bienen auf eine ähnliche Weise verfahren, indem sie das angegebene Ziel in geometrische Beziehungen zu gelernten Landmarken setzen. Sie suchen nicht nur an der Stelle mit der richtigen Entfernung, wenn sie einen Ort gelernt haben, sondern auch an der Stelle, die durch die richtige Abfolge von Landmarken gekennzeichnet ist. Wenn sie sich den Ort auf ihrer inneren Karte vorstellen können, wissen sie auch, wie sie dahin kommen. Welche Flughöhe sie dann wählen, also wie viel optischen Fluss sie erfahren, um ihr Ziel zu erreichen, ist in diesem Fall eher zweitrangig. Für diese Überlegungen gibt es aber zum jetzigen Zeitpunkt nicht mehr als erste Hinweise.

Irrungen und Wirrungen über private und soziale Kommunikation

Obwohl die Entdeckung des Schwänzeltanzes gut dokumentiert und mit unzähligen Experimenten belegt ist, gab es zwei Wissenschaftler, die hartnäckig behaupteten, von Frisch habe sich geirrt. Adrian Wenner und Dennis Johnson von der Universität Santa Barbara, Kalifornien, publizierten 1969 eine Reihe von Versuchen, mit denen sie nachzuweisen suchten, dass die Bienen die Futterquelle nicht über den Schwänzeltanz, sondern über den Geruch fänden.[21] Das löste einen Aufschrei in der internationalen Forschergemeinde aus. In etlichen Artikeln wurden Wenner und Johnson widerlegt. Die Debatte steigerte sich geradezu ins Ideologische, nachdem die beiden Kollegen renommierten Zeitschriften wie »Nature« und »Science« vorwarfen, sich von etablierten Wissenschaftlern wie dem Nobelpreisträger von Frisch beeinflussen zu lassen und vom allgemeinen Kanon abweichende Erkenntnisse zu unterdrücken. Wenner schrieb über diese Thematik schließlich sogar ein ganzes Buch.[22] Gemeinsam mit Martin Lindauer bot der bereits in die Jahre gekommene von Frisch den Kollegen Wenner und Johnson an, zusammen eine Reihe von Experimenten zu der Thematik durchzuführen, und er hatte deren Finanzierung bereits bei der Deutschen Forschungsgemeinschaft durchgesetzt. Die Arbeiten sollten auf einer Insel vor der Küste von Woods Hole, Massachusetts, USA, stattfinden. Doch Wenner zeigte sich zunehmend verbohrt und sagte in letzter Minute ab. Er wolle nichts mit jenen Leuten zu tun haben, die ihn seiner Meinung nach auszugrenzen suchten und seine Experimente nicht gelten ließen.

Nach Einführung des Radars konnten wir zweifelsfrei beweisen, dass Wenner falsch lag und von Frisch mit seiner Beschreibung des Schwänzeltanzes als Kommunikationsmethode der Bienen recht hatte (**siehe auch FAbb. 7-1**). Wir verwendeten keinen Duft und registrierten ganz genau, welche Flugstrecke die Nachläuferin einer Tänzerin zurücklegt. Dazu dressierten wir eine Tänzerin auf eine Futterstelle in 200 Metern Entfernung in östlicher Richtung. Nachdem sie im Stock getanzt hatte, schnappten wir uns eine der Nachläuferinnen, versetzten sie in unbekanntes Terrain und beobachteten, was sie tat. Wenn man sich vergegenwärtigt, was wir der Biene alles zumuteten, gingen wir dabei ein hohes Risiko ein, Wenner in die Hände zu spielen. Zuerst fingen wir die Biene ein, dann drückten wir sie in ein Gläschen, verfrachteten sie in die Dunkelheit der Hosentasche, fuhren sie über einige Hundert Meter mit dem Fahrrad über eine Wiese, ließen sie aus dem Röhrchen krabbeln, drückten sie dann aber gleich gegen ein Netz, um ihr den Transponder aufzukleben und ließen sie schließlich in einer ihr fremden Umgebung frei. Die Biene aber folgte nach all diesen Strapazen unbeirrt der Anweisung, die sie im Schwänzeltanz mitbekommen hatte und flog schnurstracks 200 Meter nach Osten, einen Ort, an dem sich weder Nahrung noch Duft befand.[23] Inzwischen haben wir mit dieser Methode Hunderte solcher Experimente mit verschiedenen Entfernungen von bis zu 2,5 Kilometern durchgeführt und stets die Interpretationen von Karl von Frisch bestätigt gefunden.

Die Widerlegungsversuche von Adrian Wenner sollten noch kuriose Spätfolgen haben. 2009 veröffentlichten Walter Farina und Christoph Grüter eine Arbeit[24], in der sie beschreiben, wie sie Tänzerinnen auf eine Futterstelle mit einem speziellen Duft trainiert haben. Die Crux des Experiments lag nun darin, dass Teile des Bienenvolkes bereits Erfahrungen mit diesem Duft an einer anderen Futterstelle gesammelt hatten. Nach dem Tanz beobachteten Farina und Grüter die Nachfolgerinnen und machten eine hochinteressante Entdeckung: Die Bienen, die den Duft bereits kannten, flogen nicht zu der im Tanz angegebenen Futterstelle, sondern dorthin, wo sie den Duft kennengelernt hatten. Nur die Bienen, denen der Duft unbekannt war, folgten der Fluganweisung zur Futterstelle. Insofern unterscheiden Farina und Grüter zwischen der »privaten Information«, die einzelne Tiere über bestimmte Düfte und Futterstellen haben, und der »sozialen Information«, die im Tanz mitgeteilt wird. Die statistische Auswertung des Versuches ergab, dass unter den gegebenen experimentellen Bedingungen die »private Information« überwog. Diesen Aufsatz nun bekam Jürgen Tautz in die Hände, den ich bereits seit meiner Assistentenzeit an der TH Darmstadt kenne. Damals studierte er Biologie und interessierte sich vor allem für Krebse. Nach der Promotion ging er über Konstanz nach Würzburg und traf dort noch Martin Lindauer. Von diesem Moment an schwenkte er auf Bienen um und unternahm alles, um sich als Nachfolger des Schülers von Frisch zu etablieren. Nun liest Jürgen Tautz die Arbeit von Farina und Grüters und zieht daraus eine falsche Schlussfolgerung. In einem Interview mit der »Süddeutschen Zeitung« lässt er sich anschließend darüber aus, dass dem Schwänzeltanz – anders als durch von Frisch interpretiert – keine Bedeutung für die Orientierung der Bienen zukomme und Adrian Wenner mit seiner Kritik am Wissenschaftsbetrieb im Allgemeinen und an von Frisch im Besonderen recht behalten habe.[25] Nun musste schnell gehandelt werden, um den Schaden, den Jürgen Tautz angerichtet hatte, zu begrenzen. Denn die »Süddeutsche Zeitung« gehört zur Standardlektüre vieler Gymnasiallehrer, deren Wissen um den Schwänzeltanz als eine der großen biologischen Entdeckungen des 20. Jahrhunderts nachhaltig erschüttert werden konnte. Im Deutschen Biologen-Verband gab es heftige Debatten über Jürgen Tautz, in deren Folge sogar beantragt wurde, ihn auszuschließen. Der zuständige Wissenschaftsredakteur der »Süddeutschen Zeitung« veröffentlichte eine mit einer Entschuldigung verbundene Richtigstellung. Dass auch die Journalistin, die Jürgen Tautz auf den Leim gegangen war, massive Probleme bekam, tat mir aufrichtig leid. In einem ausführlichen Interview über den Stand der Forschung in Sachen Schwänzeltanz konnte ich die Sache richtigstellen. Auch Farina und Grüters hatten ja an keiner Stelle von Frisch kritisiert, sondern nur darauf hingewiesen, dass es *neben* der im Schwänzeltanz vermittelten »sozialen Information« noch die »private Information« gibt, auf die Bienen zurückgreifen, wenn sie eigene Erfahrungen mit dem Duft haben, den die Tänzerin in den Stock hereinbringt. Diese »private Information« muss kein Duft sein, es kann sich auch um einen duftlosen Ort handeln, wie ich oben (**Abb. 34, S. 262**) dargestellt habe.

Die Rolle von Erfahrung und Veranlagung

Natürlich kann man sich fragen, wie groß der Effekt ist, den der Schwänzeltanz für die Bienen bringt. Da sie hier eine Menge Zeit und Kraft investieren, sollte sich schon ein merklicher Evolutionsvorteil zeigen. P. Kirk Visscher hat das untersucht. Er nahm sich eine horizontal liegende Wabe vor und verglich, was sich mit beziehungsweise ohne Zugang zum Himmelslicht tat. Von Frisch hatte ja bereits gezeigt, dass die Bienen in der Horizontalen ohne Zugang zum Himmelslicht nur noch wild durcheinandertanzen. Das konnte Visscher bestätigen und stellte zudem noch fest, dass sie trotzdem genauso viele Tänze aufführten, als wenn sie die Sonne zur Koordinierung hätten. Nun konnte er direkt vergleichen, wann die Bienen mehr eintragen. Mit gerichteten oder mit unkoordinierten Tänzen? Er setzte sie zwei verschiedenen, unter natürlichen Umständen vorkommenden Bedingungen aus. Das waren zum einen eher flächig verteilte Futterstellen wie auf einer Blumenwiese und zum anderen punktuelle Futterstellen wie einzelne Obstbäume. Er stellte fest, dass der Tanz bei weit verteilten Futterstellen wenig nützt. Wenn jedoch viel Futter auf eine Stelle konzentriert ist, zeitigt der Schwänzeltanz einen erheblichen Effekt.[26] Diese Experimente erlauben Rückschlüsse auf die evolutive Entwicklung des Schwänzeltanzes. Es liegt nahe anzunehmen, dass die Bienen einander zuerst in den (damals!) savannenartigen Regionen der südlichen Sahara und den subtropischen Zonen Afrikas schwänzelnderweise informiert haben, da die Nahrungsquellen in diesen Ökosystemen eher punktuell auftreten. Insofern könnte Afrika nicht nur die Wiege der Menschheit, sondern auch die der sozial organisierten Honigbiene sein. Wir dürfen aber nicht vergessen, dass sie den Schwänzeltanz außerdem für die Suche nach einem neuen Nistplatz verwendet, wenn sich das Volk teilt und der Schwarm ausgezogen ist.

Die Verwendung der Tanzbotschaft hängt davon ab, welche Erfahrungen Bienen im Gelände gesammelt haben (**Abb. 34, S. 262**). Daraus habe ich geschlossen, dass der Tanz zwei Arten von Botschaften beinhaltet, eine motivierende Information, die Sammelaktivität an einem früher schon besuchten Ort wieder aufzunehmen, und die Botschaft, zu einem neuen Ort zu fliegen. Diese Einteilung kann man noch weiter differenzieren. Tom Seeley von der amerikanischen Cornell University stellt die Tanzkommunikation in den größeren Zusammenhang der Futtersuche und be-

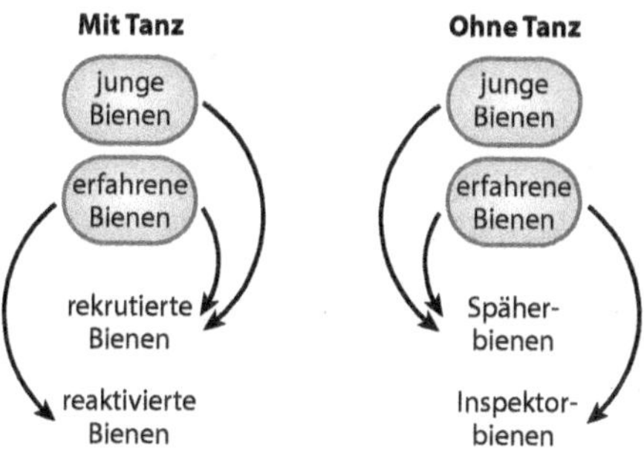

Abb. 37 *Die vier Arten, wie Bienen sich zu einer Futterstelle aufmachen: Wenn sie einem Tanz folgen und die dort übermittelten Informationen verwenden, bezeichnen wir sie als »rekrutierte« Bienen. Das können unerfahrene (junge) oder erfahrene Bienen sein. Wenn sie allerdings durch den Tanz lediglich veranlasst werden, erneut zu einer früher besuchten Sammelstelle zu fliegen, heißen sie »reaktivierte« Bienen. Auch ohne Tanzkommunikation machen sich Bienen auf den Weg. Verwenden sie dazu keine frühere Erfahrung, dann sind sie »Späherbienen«. Kennen sie aber schon eine Sammelstelle und inspizieren sie diese, um zu erfahren, ob es dort inzwischen wieder Futter gibt, nennt man sie »Inspektorbienen«.*

obachtet unter anderem junge Bienen sowie solche, die auf Entdeckungsreise gehen, ohne einem Tanz zu folgen (**Abb. 37**).[27] Demnach folgen die rekrutierten Tiere mit oder ohne Vorerfahrung der »sozialen Information« des Schwänzeltanzes. Als »reaktivierte« Bienen bezeichnet er die erfahrenen Bienen, die der »privaten Information« folgen und ihre alten Futterstellen erneut anfliegen. Die dritte und vierte Gruppe von Bienen machen sich auf die Suche nach Futterstellen, ohne einem Tanz zu folgen. Wenn sie keine Vorerfahrung haben, bezeichnet Seeley sie als »Späherbienen«, kennen sie bereits eine Futterstelle und nehmen sie ihre Sammelaktivität dort wieder auf, nennt er sie »Inspektorbienen«. Die Späherbienen werden dann, sobald sie erfolgreich waren, ihrerseits zu Tänzerinnen. Manche geben das Sammeln an der gefundenen Futterstelle allerdings wieder auf und setzen das Suchen fort.

Es wird angenommen, dass Späherbienen eine genetisch bedingte Anlage zur Ausbildung des Späherverhalten haben. Sie sind so etwas wie die Entdecker des Volkes, sie investieren all ihre Kraft darauf, Neues zu finden. Mich beschäftigt immer wieder die Frage, ob Späherbienen schon nach einem neuen Nistplatz suchen, bevor im Volk überhaupt Schwarmstimmung entsteht. Leider wissen wir das noch nicht, aber wenn es so wäre, würde es bedeuten, dass sich jedes Bienenvolk eine Gruppe von Tieren hält, die nur zum Entdecken da sind – sozusagen die Forscher im Bienenvolk. Sie stehen bereit, ihre gesammelten Informationen zum Nutzen des Volkes einzusetzen, wenn es nötig ist. Solange sie jedoch nicht danach gefragt werden, behalten sie ihr Wissen für sich.

Die Einteilung der Bienen in vier Gruppen zeigt gut, wie vielfältig die Steuerung der Sammelaktivität ist und wie auch ohne Tanzkommunikation neue Futterstellen gefunden werden können. Übergänge zwischen den Verhaltensweisen sind dabei immer möglich. Dies hängt von den Erfahrungen des einzelnen Tieres ab, von der Ausdauer, mit der es der Tänzerin folgt, den Bedürfnissen des ganzen Volkes und dem Angebot an Nahrung in der Umgebung. Auf keinen Fall aber folgt die einzelne Biene stets einer Verhaltensweise. Es mag eine gewisse genetisch bedingte Veranlagung geben, ein bestimmtes Verhalten auszubilden. Das zeigt sich am Beispiel der Pollensammlerinnen. Die Bereitschaft dazu hat eine genetische Komponente und kann in dem einen oder anderen Volk unterschiedlich ausgeprägt sein.[28] Auch die Fähigkeit, schnell aus Erfahrungen zu lernen, hat eine eindeutige genetische Komponente. So können besonders schnell oder besonders langsam lernende Bienen bereits nach zwei Generationen getrennt gezüchtet werden.[29] Nun sollte man meinen, dass ein Volk, das nur aus »gescheiten« (schnell lernenden Bienen) zusammengesetzt ist, auch viel Nektar und Pollen einträgt und daher als ganzes Volk besonders erfolgreich ist. Dem ist aber nicht so. Offensichtlich macht gerade die Mischung von schnell und langsam lernenden Bienen ein Volk erfolgreich.

Der Schwänzeltanz wurde vorwiegend im Bezug auf Futterstellen untersucht. Doch es gibt noch andere Ziele, über die sich Bienen auf diese Weise austauschen. So tanzen sie für Wasser, wenn es im Stock zu heiß wird. Sie tanzen für das Harz an sich öffnenden Knospen von Blüten und Blättern, das sie zum Verkleben von Löchern benötigen. Wenn die alte Königin mit einem Schwarm davonfliegt, tanzen ihre Getreuen auch für neue Niststellen, eine besonders aufregende Kommunikation, denn der ganze Schwarm muss sich dann auf ein gemeinsames Ziel einigen.

Wie genau die Übertragung der Information von der Tänzerin auf die Nachläuferin vonstatten geht, konnten wir durch die Entdeckung der Verwendung elektrostatischer Felder klären (**siehe S. 159 ff.**). Die bekannteste Abbildung aus dem Buch, in dem von Frisch den Schwänzeltanz präsentiert, zeigt Bienen, die der Tänzerin folgen (**Abb. 38**). Die immer wieder kopierte Abbildung von Frischs suggeriert, dass die Nachfolgerinnen stets hinter der Tänzerin stehen und über die Registrierung ihrer Luftstöße Informationen aufnehmen. Von dieser Annahme ging auch Axel Michel-

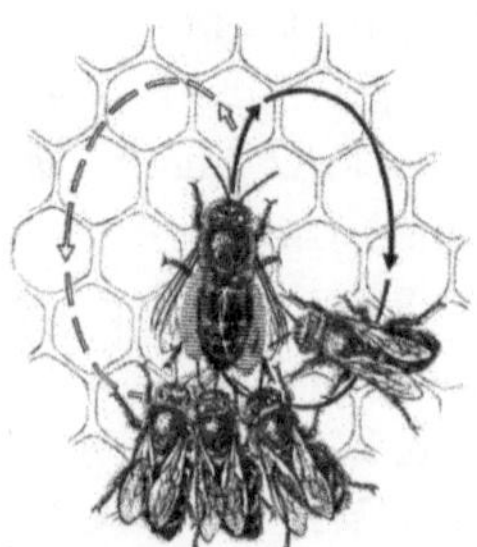 

Abb. 38 *Wie Nachläuferinnen eine tanzende Biene belauschen: Links die bekannte Abbildung aus dem Buch von Karl von Frisch.[30] Sie erweckt den Eindruck, dass die Nachläuferinnen nur hinter der Tänzerin stehen. In weiteren Abbildungen belegt Karl von Frisch sehr schön, dass die nachfolgenden Bienen auch rings um eine Tänzerin stehen können und nicht nur hinter ihr.[31] Die rechte Abbildung zeigt eine Tanzsituation auf einem Schwarm. Die 14 Nachläuferinnen sind rings um die Tänzerin herum angeordnet.*

sen, Physikprofessor an der dänischen Universität in Odense, aus, als er einen Schwänzeltanz-Roboter baute.[32] Er nahm an, dass es vor allem die nach hinten gerichteten und nur über sehr kurze Entfernung wirkenden Luftstöße sind, die von der Tänzerin ausgehen. Dieser Anschein mag entstehen, weil die Tänzerin in dem Moment, wo sie in einem Halbkreis zurückläuft, die anderen Bienen beiseiteschiebt. Aber während der Schwänzelphase stehen die Bienen in allen Richtungen um die Tänzerin verteilt. Darauf hatte auch von Frisch hingewiesen. In einem Schwarm wird das besonders auffällig. Dann sieht man, dass interessierte Bienen auch in der zweiten Reihe stehen können. Warum sie sogar in einer solchen Position Signale der Tänzerin aufnehmen können, wird verständlich, wenn man bedenkt, dass von der Tänzerin elektrostatische Felder ausgehen, die sich mit ihren Bewegungen ändern. Diese elektrostatischen Felder werden von den Bienen mit den Antennen registriert, in ihrem zeitlichen Muster unterschieden und gelernt (**siehe S. 161 ff.**). Der Kommunikationsfluss kann somit nicht durch akzentuierte Luftstöße zustandekommen. Die elektrostatischen Felder hingegen eignen sich hervorragend dafür, da sie sich in alle Richtungen ausbreiten. Diese Felder werden von den Bienen in der ersten Reihe wie durch eine elektrische Linse gebündelt, weil die Leitfähigkeit der wasserhaltigen Bienenleiber höher ist als die der Luft. Somit werden sie durch die Nachfolgerinnen nicht abgeschwächt, sondern sogar noch verstärkt.

Nächtliche Tänze und symbolische Sprache[33]

Nun steht natürlich noch die Frage im Raum, ob man denn beim Schwänzeltanz tatsächlich von einer Sprache reden kann, wie es von Frisch und viele seiner Schüler taten.[34] Wenn man über Sprache nachdenkt, fällt einem rasch auf, dass es da Zeichen gibt, die Bedeutung vermitteln. Die Zeichen vertreten Objekte, indem sie im Geist des Empfängers eine Assoziation hervorrufen. Wenn ich die fünf Buchstaben STUHL hier hinschreibe, wird möglicherweise bei jedem Leser eine andere Assoziation ausgelöst. Manch einer denkt vielleicht an den Stuhl, auf dem er gerade sitzt, ein anderer an den alten Lehnstuhl, den er einmal in einem Museum gesehen hat, wieder ein anderer vielleicht daran, dass jenes Wort STUHL gerade zur Erklärung der Wirkung von Zeichen herangezogen wird. Obwohl jeder seine eigenen Ideen dazu haben mag, werden wir uns doch immer darüber einig werden, was ein Stuhl ist und was nicht, obwohl es diesen Gegenstand in verschiedensten Formen und Materialien gibt. Dieser Fakt macht deutlich, dass wir es bei der zeichenhaften Kommunikation nicht einfach nur mit einem Übersetzungsprozess zu tun haben, in dem Objekte mit Bezeichnungen versehen werden wie etwa Waren in einem Regal. Zeichen schaffen eher Spielräume für Bedeutungen als präzise Festlegungen. Der US-amerikanische Mathematiker und Philosoph Charles Sanders Peirce unterteilt die Zeichen in drei Gruppen: Da wären zum einen die indexikalischen Zeichen, die unmittelbar auf ein Objekt hinweisen, so, wie Rauch ein Feuer oder der Wetterhahn die Windrichtung anzeigt. Die ikonischen Zeichen dagegen fußen auf einem Ähnlichkeitsverhältnis mit dem Objekt. Alle Piktogramme arbeiten auf dieser Ebene, vom Anschnall- bis zum Nichtraucherzeichen. Und schließlich gibt es die symbolischen Zeichen, die einzig auf Konventionen beruhen. In diese Kategorie fallen einige Verkehrsschilder, wie das für eine Hauptstraße oder die Vorfahrt, sowie die Wörter einer Sprache. So sieht das Wort STUHL nicht im Entferntesten wie das Objekt Stuhl aus. Die Buchstabenaneinanderreihung ist rein zufällig. Wir wissen nur, was damit gemeint ist, weil wir uns darauf geeinigt haben und uns diese Einigung in Elternhaus und Schule beigebracht wurde.

Vor diesem Hintergrund möchte ich mich nun der Kommunikation der Bienen widmen. Auch hier lassen sich die drei Ebenen der Bedeutung nachweisen: Die indexikalische Ebene entdeckt man sofort, wenn man sich den Schwänzeltanz anschaut, da die Tänzerin die Nachfolgerinnen auf etwas außerhalb des Stockes hinweist. Durch ihren Tanz zeigt sie den anderen Bienen eine Futter- oder Niststelle an, wie der Rauch das Feuer. Für diese Funktion sind die Geruchs- und Geschmacksproben, die von der Tänzerin an ihre Nachläuferinnen abgegeben werden, ein ganz konkretes indexikalisches Medium, denn die Nachläuferinnen lernen die geschmacklichen und geruchlichen Eigenschaften und erwarten sie an der angezeigten Stelle. Der Tanz selbst stellt sich letztlich als ein gelaufener Flug dar. Das wird bei der kleinen Indischen Biene besonders deutlich. Sie tanzt auf einer waagerechten Ebene oberhalb der Waben, die an einem Ast im Freien hängen.[35] Dabei bewegt sie sich, als ob sie fliegen würde, und zeigt den anderen Bienen so nicht auf realer, sondern auf bildhafter, ikonischer Ebene, wie sie ans Ziel kommen.

Die symbolische Komponente der Tanzkommunikation schließlich liegt auf der Ebene von Vereinbarungen. Diese werden jedoch nicht innerhalb des Stockes getroffen (genauso wenig haben wir uns als die heute lebende Sprachgemeinschaft darauf geeinigt, dass STUHL für jenes Sitzmöbel steht). Diese Konventionen besitzen einen größeren, evolutionären Charakter. In diesem Sinne einigten sich die Bienen im Verlauf ihrer Evolution darauf, dass die Entfernung durch eine bestimmte Form von Wackelbewegungen angegeben wird. Dabei kann, wie unter anderem die Experimente von Harald Esch (siehe S. 125) in den Hochhäusern seiner Universität ergaben, eine Wackelbewegung je nach Flughöhe verschiedene Entfernungen codieren. Dass hierbei die Irritation nur bei den Experimentatoren lag, während die Versuchstiere sicher ihr Ziel erreichten, unterstreicht die Tatsache noch einmal, dass es eine Vereinbarung über die Entfernungscodierung innerhalb der Honigbienen als Gattung gibt. An dieser Stelle könnte man noch einwenden, dass es sich letztlich nur um eine Fluganweisung handelt, die von der Nachfolgerin nachgemacht wird. Damit würde der für die Sprache charakteristische Prozess der geistigen Beteiligung fehlen, in dem Zeichen individuell interpretiert werden. Genau jener Prozess also, durch den wir uns von dem Zeichen STUHL zu verschiedenen Assoziationen anregen lassen und wie auch immer geartete mentale Zustände ausbilden.

Wenn im Schwänzeltanz jedoch nicht nur eine Fluganweisung, sondern tatsächlich ein Ort mitgeteilt würde, könnten wir auch für Bienen mit gutem Grund die zeichenhafte Übertragung von Bedeutung annehmen. Dies ist aber noch nicht zweifelsfrei nachgewiesen worden und beschäftigt mich zur Zeit besonders. Die Tänzerin könnte mit ihren Wackelbewegungen Zeichen übermitteln, denen von den Empfängerinnen Bedeutung zugemessen wird, indem sie ihnen einen Ort auf ihrer kognitiven Karte zuweisen. Da der Schwänzeltanz im dunklen Stock ausgeführt wird, liegt dieser Ort außerhalb der unmittelbaren Wahrnehmung und kann somit erst einmal nur als geistiger Zustand im Hirn der Empfängerin existieren.

Meine lange gehegte Skepsis gegenüber der Bezeichnung des Schwänzeltanzes als Sprache befindet sich nun in einem Stadium des grübelnden Nachdenkens. Das Vokabular der »Tanzsprache« ist außerordentlich begrenzt. Die verwendeten Symbole sind genetisch streng vorgegeben, nicht vielfältig einsetzbar und auch nicht kombinierbar. Ebenso fehlt dem Bienentanz eine Grammatik, obwohl man die verschiedenen Bedingungen, unter denen er ausgeführt wird (zur Suche nach Nektar, Pollen, Wasser, Harz, einer neuen Niststelle), als eine Art Grammatik auffassen könnte, denn die Nachläuferinnen »wissen« stets, um was es gerade geht, auch wenn dieselben Symbole eingesetzt werden. Zusammenfassend kann man daher sagen, dass die Tanzkommunikation keine Sprache im engeren Sinne ist, weil es die für eine Sprache (auch für die Programmiersprachen der Computer) typische Willkürlichkeit zwischen den semiotischen (Zeichen) und den biologischen Aspekten (Bedeutungen) nicht gibt. Da Bienen eine kognitive Karte für ihre Navigation in der Landschaft verwenden, könnten sie diese auch für die Bedeutungszuordnung ihrer (recht begrenzten) »Sprache« innerhalb des Stockes einsetzen. Da ich das aber noch nicht mit experimentellen Daten belegen kann, verstehe ich die Formulierung »Bienensprache« als Metapher und benutze lieber die Bezeichnung »Tanzkommunikation«.

Sprache hat nicht nur die Funktion der Kommunikation nach außen, sondern auch nach innen. Wir können uns mithilfe der Sprache über unsere inneren Zustände klar werden, unabhängig davon, ob wir sie dann auch anderen mitteilen oder nicht. Dass wir uns ängstlich, freudig oder glücklich fühlen, muss niemand außer uns erfahren. Für uns aber scheint es wichtig zu sein, das innere Erleben im Rahmen des nimmermüden inneren Dialogs zu benennen. Möglicherweise gibt es etwas Ähnliches bei den Bienen. Manche Bienen fangen nämlich spontan zu tanzen an – und zwar mitten in der Nacht. Dabei handelt es sich um sinnvolle Orte, also etwa Futterstellen, für die sie tagsüber geworben haben. Den Sinn dieser Tänze verstehen wir noch nicht einmal ansatzweise. Sind das einfach nur Rekapitulationen für die Aufgaben des bevorstehenden Tagewerks? Äußert sich darin ein gewisser Spieltrieb? Oder geht es bei diesen spontanen Tänzen eventuell wirklich um Entäußerungen innerer Zustände? Sa-

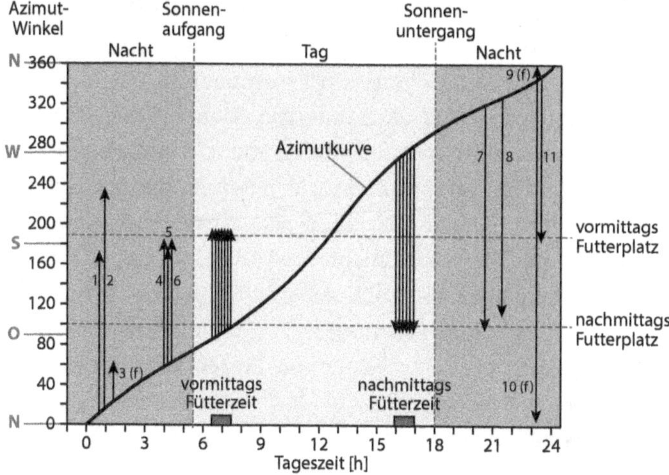

Abb. 39 *Tages- und Nachttänze von Bienen, die am Vormittag an einer Futterstelle im Süden (190 Grad von Norden) und am Nachmittag im Osten (95 Grad von Norden) gesammelt haben. Der mittlere Teil der Abbildung zeigt den Tag (zwischen Sonnenaufgang und Sonnenuntergang), die linke Seite die Zeit nach Mitternacht und die rechte Seite die Zeit vor Mitternacht. Die Pfeile geben die Tanzrichtung der Bienen an, die so dargestellt ist, dass die Pfeillänge auf den Sonnenazimut zu der betreffenden Zeit weist. Es wurden elf Tänze in der Nacht registriert (mit Nummern an den Pfeilen gekennzeichnet), wobei die Richtungsangaben allerdings ziemlich streuen. Um Mitternacht sind die Richtungsangaben unsicher (Pfeile 1, 2, 3, 9, 10, 11), aber in der frühen Nacht lässt sich die Nachmittagsfutterstelle (Pfeile 7 und 8) gut ausmachen, dasselbe gilt für die späte Nacht und die Vormittagsfutterstelle (Pfeile 4, 5, 6).*

gen sie vielleicht zu sich selbst: »Ich freue mich auf den Ausflug«? Ich möchte unterstreichen, dass ich mich hier auf das Gebiet der Spekulation begebe, weil es keinerlei Untersuchungen dazu gibt, und wir vielleicht nie etwas über das Geschehen im Bienengehirn sagen können, das abläuft, wenn es sich wie im Schlaf mit sich selbst beschäftigt. Allerdings gibt es einen ebenso kleinen wie aufregenden Datensatz im Buch von Karl von Frisch (1965, S. 357). Darin werden Beobachtungen von Nachttänzen mitgeteilt, die ich in **Abbildung 39** graphisch dargestellt habe. Es zeigt sich, wie genau die Bienen auch nachts über die Himmelsrichtungen orientiert sind. Sie scheinen die Sonne nach Sonnenuntergang entweder von Westen über Norden nach Osten zurückwandern zu lassen und die Sonne von oben auf den Horizont zu »projizieren« oder sie lassen die Sonne von Westen nach Osten weiterlaufen und »projizieren« den Sonnenstand von unten auf die scheibenförmige Welt. Diese »Projektion« entspricht dem Sonnenazimut. Wir wissen nicht, wie es den Bienen gelingt, ihn zu bestimmen, aber sie haben selbst in der Nacht eine genaue Vorstellung, in welche Richtung sie fliegen müssten. Durch die Messung elektrostatischer Felder von Tänzen konnten wir feststellen, dass in der Nacht tatsächlich viele Tänze ausgeführt werden, allerdings wissen wir noch nicht, welche Richtungen sie anzeigen und ob diese Tänze etwas mit der Erfahrung der Tiere am Tag zu tun haben. Wir wissen auch nicht, ob solche Tänze die Aufmerksamkeit anderer Bienen erfahren oder ob die Tänzerinnen sie sozusagen für sich alleine durchspielen.

Ebenso faszinierend sind Untersuchungen, aus denen man ableiten kann, dass Bienen möglicherweise auch dafür tanzen, *nicht* an eine bestimmte Stelle zu fliegen. Abbott und Dukas von der McMaster University in Kanada führten ein Experiment durch, in dem sie Bienen auf eine Futterstelle dressierten.[36] Dann legten sie an diesem Ort mehrere tote Bienen aus. Nun beobachteten sie, dass die dressierten Bienen zwar weiterhin Tänze ausführten, dies aber deutlich weniger ausgeprägt als bei Futterstellen mit der gleichen Belohnung. Das Ergebnis war, dass weniger Nachfolgerinnen an diese Stelle flogen. Offensichtlich hatten sie im Tanz ein Signal empfangen, das die Gefahr dieses Ortes mitteilte. Auf welche Weise die negative Anweisung: »Flieg bloß nicht dorthin!« weitergegeben werden könnte, ist bislang ungeklärt.

Auch das Thema Lüge im Schwänzeltanz wurde experimentell bereits in Angriff genommen. James Gould von der Princeton University dressierte die Versuchstiere auf eine künstliche Futterstelle, die er auf einem Boot in einem See aufbaute. Gould berichtet, dass Bienen dann im Stock dafür tanzten, aber niemanden dazu bringen konnten, an diesen Ort zu fliegen. Die Nachfolgerinnen schienen bald das Interesse an diesen Tänzerinnen zu verlieren, als ob sie sich – in der Interpretation von Gould – von diesen belogen fühlten. Die Ergebnisse dieses Experiments könnten starke Argumente für meine Entdeckung der kognitiven Karte liefern. Denn nur wenn die Bienen tatsächlich über eine innere Repräsentation der Landschaft verfügen und nicht einfach nur einer Fluganweisung der Tänzerin folgen, können sie einen Ort als vollkommen unbrauchbar für die Futtersuche ansehen, ohne ihn angeflogen zu haben. Die Nachfolgerinnen wissen dann sofort, dass der angegebene Ort mitten auf dem See liegt, der ein weißer Fleck in ihrem Landschaftsgedächtnis ist, weil sie diese Gegend nicht erkundet haben. Leider sind die von Gould erhobenen Daten nicht sehr belastbar, weil er die Bienen nicht auf dem Ausflug verfolgen konnte. Auch eine Wiederholung dieses Experiments brachte noch keine Entscheidung, denn es wurde dabei mit einer gedufteten Futterstelle gearbeitet, bei der es nicht wundert, wenn die Bienen der Duftfahne folgend auch auf den See hinausfliegen.[37] Seit Jahren suche ich nach einer geeigneten Stelle, an der wir das Experiment mit unserem Radargerät wiederholen können. Mittlerweile habe ich mir wohl mehr als fünfzig Seen im Brandenburger Umland angeschaut, doch keiner der Orte eignet sich dafür, da wir ein Ufer ohne Schilf und ohne Badestrand bräuchten. Überall dort aber, wo es keinen Schilfgürtel gibt, wird gebadet. Es sei denn, das Wetter ist kühl und regnerisch. Dann aber fliegen unsere Bienen nicht aus. Sollte jemand von einer geeigneten Stelle wissen, denken Sie bitte an mich!

Aus heutiger Sicht kann ich die Reserviertheit des jungen Assistenten Randolf Menzel gegenüber dem Schwänzeltanz kaum mehr nachvollziehen. Dieses Kommunikationsphänomen erscheint mir um so facettenreicher, je mehr ich mich damit beschäftige. Faszinierend ist es auch, die Begeisterung der Bienen zu sehen, wenn sie von einer Stelle derart überzeugt sind, dass sie kaum an sich halten können. Sobald wir die Konzentration der Zuckerlösung an einer Futterstelle verdoppeln, trinken die Bienen nur wenig und kehren stattdessen mit Höchstgeschwindigkeit zum Stock zurück. Dort schlüpfen sie häufig gar nicht erst hinein, sondern beginnen direkt nach der Landung zu tanzen. Es dauert dann einige Zeit, bis diese Biene wieder zur Futterstelle fliegt, weil sie lange für diesen Ort tanzt, um möglichst viele Sammlerinnen anzuwerben. Einmal sah ich sogar, wie eine Biene von der Flüssigkeit mit erhöhter Zuckerkonzentration trank und davon offensichtlich so überwältigt war, dass sie noch vor ihrem Rückflug zum Stock an der Futterstelle zu tanzen begann. Das begeisterte mich wiederum sehr, und ich registrierte, wie sich mein Körper unwillkürlich bewegte. Ein wenig so, wie einem Zuschauer beim Verfolgen eines Fußballspiels das Bein zuckt, wenn sich ein Stürmer müht, den Ball vor dem leeren Tor zu erreichen und ihn letztlich doch knapp verfehlt.

Organisation: Wie koordinieren sich 50 000 Individuen?

Staatslenkung, hormongesteuert mit Rückkopplung – Wenn eine Königin ins Schwärmen kommt – Die Schwarmintelligenz und das Konsensprinzip – Monarchie, Demokratie oder kognitive Einheit? – Ist im Superorganismus Bien alles vorprogrammiert? – Haben Bienen ein Was-wann-wo-Wissen?

Die Organisationsformen von Organismen kann man sich als Abfolge verschiedener Niveaus vorstellen. Zuerst findet man einzelne Moleküle. Wenn sie sich zu einer Zelle vereinen, entsteht die erste Komplexitätsebene. Zentrales Merkmal ist die Selbstreproduktion. Eine Zelle kann sich ohne Zutun von außen durch Teilung vermehren. Ab dieser Ebene spricht man von Leben. Zellen bekommen durch den Zusammenschluss von Molekülen besondere Eigenschaften, die keines der einzelnen Moleküle hat. Die Zelle ist also mehr als die Summe ihrer Teile. Dieses Organisationsphänomen nennt man »Emergenz«. Als Prinzip findet es sich auch auf der nächsthöheren Ebene wieder, wenn sich Zellen zu mehrzelligen Einheiten zusammentun und so Organismen bilden. Die höchste Komplexität wird erreicht, sobald sich einzelne Organismen zu einem sozial organisierten System zusammenschließen. Auch in dieser Stufe tritt Emergenz auf. Ein Superorganismus leistet infolge der Gemeinschaftsbildung mehr, als es jedes seiner Mitglieder vermag. Im Bienenstaat ebenso wie in der Menschengemeinschaft wird dieses Mehr an Fähigkeiten durch Spezialisierung erreicht. So, wie es in unserem Gemeinwesen die verschiedensten Berufe gibt, findet man im Bienenstaat Pflege-, Putz-, Empfangs-, Sammel-, Wächter- und Späherbienen[38].

Staatslenkung, hormongesteuert mit Rückkopplung

Antrieb für diese Art der Ausdifferenzierung ist der Druck, den die Evolution auf die Arten ausübt. Soziale Gemeinschaften steigern durch die spezifische Verteilung der Arbeit ihre Überlebensfähigkeit. Genau darin besteht der einzige Sinn der Evolution, nämlich die eigenen Gene in die nächste Generation zu bringen. Diese Sichtweise hat der britische Evolutionsbiologe Richard Dawkins geschärft, indem er vom »Egoismus« der Gene spricht[39]. Demnach sind es nicht die Organismen, die um ihr Fortbestehen kämpfen, sondern die Gene. Alle Körper wären damit so etwas wie der bunte Zierrat im Kampf der Gene um ihr Überleben. Wenn dem so ist, stellt sich jedoch die Frage, wie dieser Egoismus der Gene mit dem Altruismus der Bienen zu vereinbaren ist. Warum verhalten sich die Arbeiterinnen selbstlos, verzichten auf eigene Fortpflanzung, ziehen stattdessen die Nachkommen der Königin auf und setzen als Sammlerinnen zum Wohle des Bienenstaats sogar ihr Leben aufs Spiel?

Einen Teil der Antwort liefert die nach dem britischen Biologen William Hamilton benannte Regel, die das Phänomen der Verwandtenselektion (englisch »kin selection«) beschreibt. Wenn sich eine Königin nur mit einem Drohn paart, sind alle Bienen des Stockes Vollschwestern. Sie alle erhalten 50 Prozent ihres Erbguts vom Vater und 50 Prozent von der Mutter; ihr sogenannter Verwandtschaftskoeffizient gegenüber der Königin beträgt damit 50 Prozent, mit dem Drohn 100 Prozent. Hätten Arbeiterinnen eigene Nachkommen, läge der Verwandtschaftskoeffizient bei 50 Prozent. Untereinander aber sind sie zu 75 Prozent verwandt, da der Drohn aus einer unbefruchteten Eizelle (mit einem einfachen Chromosomensatz) entstanden ist und all seine Gene an jeden seiner Nachkommen in gleicher Weise vererbt, während die Königin über einen doppelten Chromosomensatz verfügt und davon immer nur die Hälfte in die nächste Generation weitergibt. Wenn sich die Schwestern untereinander beim Leben und Überleben helfen, bringen sie ihre eigenen Gene also mit einer höheren Wahrscheinlichkeit in die nächste Generation, als wenn sie sich selbst fortpflanzen. Den amerikanischen Soziobiologen und Ameisenexperten Edward O. Wilson regte die Selbstlosigkeit sozialer Insekten übrigens einmal zu einem Aperçu an. In einem Interview mit der »New York Times« sagte er, Karl Marx hätte mit seiner Idee, dass ein Gemeinwesen möglich ist, in dem der Einzelne auf seine Eigeninteressen verzichtet, schon recht gehabt. Allerdings habe er bei der falschen Art gesucht. Nicht bei den Menschen, sondern bei den sozialen Insekten wäre er fündig geworden.

Wenn die Königin allerdings von mehreren Drohnen befruchtet wird, verwässert sich das Verwandtschaftsverhältnis. Bienen mit demselben Vater sind dann zwar untereinander zu 75 Prozent verwandt, aber gegenüber ihren Halbschwestern mit anderen Vätern nur noch zu 25 Prozent. Der Altruismus sozialer Insekten beruht jedoch ohnehin nicht auf völliger Freiwilligkeit, denn die Königin verlässt sich nicht darauf, dass die Bienen ihres Volkes die Hamilton-Regel verstehen, sondern bringt die Arbeiterinnen über eine Art Droge dazu, sich um sie und ihre Nachkommen zu kümmern. Über einen speziellen Satz von Pheromonen gelingt es der Königin, die anderen Bienen zu manipulieren. Diese Duftstoffe greifen in den Hormonkreislauf ein und regulieren den gesamten Bienenstaat. An erster Stelle verhindern sie die Ausbildung von Eierstöcken, so dass die Königin das einzige geschlechtsreife Tier im Stock ist und bleibt. Außerdem bewirkt eine Komponente ihres Pheromons, dass sich die jungen Bienen nicht gegen die

Königin wenden und deren Pflege nicht zu früh aufgeben[40] – zumindest solange sie gesund und kräftig genug ist. Insofern erlangt der Superorganismus einen enormen Evolutionsvorteil, weil die Königin als das einzige sich fortpflanzende Tier nicht selbst der Selektion ausgesetzt ist. Die Auslese setzt hier nicht auf der individuellen Ebene, sondern auf der des gesamten Bienenvolks an.

Die jüngsten Bienen sind am stärksten dem direkten Einfluss der Königin ausgesetzt. Kaum geschlüpft, widmen sie sich ihrer Fütterung und Pflege. Dabei nehmen sie hohe Pheromondosen auf und helfen, diesen Botenstoff im Stock zu verteilen. Wenn sich nach mehreren Tagen ihre Futtersaftdrüsen ausgebildet haben, wechseln sie ihren Aufgabenbereich und übernehmen die Versorgung der Larven. Während dieser Zeit bekommen sie einen guten Einblick in den Zustand des Stocks, da sie wahrnehmen, wie viele Larven aktuell vorhanden sind und welchen Nahrungsbedarf sie haben. Zusätzlich sind die Bienen während dieser Zeit noch für das Putzen des Stocks zuständig. Der nächste Entwicklungsschritt führt die nunmehr fünf bis zehn Tage alten Tiere an den Aus- und Eingang des Stocks, wo sie als Empfangsbienen tätig sind. Hier können sie ihr Wissen über den inneren Zustand des Staates anwenden. Sie lassen sich von den eintreffenden Sammlerinnen eine Probe geben und entscheiden anhand der Güte des Nektars darüber, wie rasch die Ladung abgenommen wird. Wenn die Sammlerinnen sehr zuckerreiche Nahrung anbieten und gerade entsprechender Bedarf besteht, drängeln sich die Empfangsbienen geradezu, um den Nektar abzunehmen und in den Stock zu bringen. Die Sammlerinnen strecken ihren Rüssel heraus, würgen die Flüssigkeit hoch und fliegen gleich wieder los, um weiteren Nektar von dieser Qualität zu holen oder sind besonders motiviert, einen Schwänzeltanz aufzuführen. Wenn allerdings Angebot und Nachfrage nicht gut zusammenpassen, wird die Sammlerin ihre Beute langsamer, im Extremfall sogar überhaupt nicht los. Das wird für sie dann zum Anlass, Aufwand und Nutzen zu vergleichen. Kommt sie »zur

Einsicht«, dass es sich nicht lohnt, an der angeflogenen Stelle weiterzusammeln, sucht sie sich eine Tänzerin und lässt sich für eine neue Futterquelle anwerben. Deren Qualität kann die Sammlerin bereits während des Schwänzeltanzes mit ihrer alten Stelle vergleichen, indem sie der Tänzerin ein Stoppsignal gibt, worauf diese sie an einer Probe lecken lässt. Ist sie zuckerhaltiger, macht sich die Sammlerin sogleich auf den Weg. Ihre alte Stelle aber vergisst sie nicht. Denn wenn sich die Lage ändert und der Stock beispielsweise infolge starker Sonneneinstrahlung zu heiß wird, kann sich ein erhöhter Bedarf an niedrig dosiertem Nektar entwickeln. In diesem Fall wird die Sammlerin ihre hochkonzentrierte Lösung nur noch schwer los und fliegt zur alten Futterquelle mit der geringeren Zuckerkonzentration. Diese Regelung der Rückmeldung an die Sammlerin löst auch das Problem, dass nur die einzelne Sammlerin weiß, wie viel Aufwand sie zum Sammeln des Nektars investiert hat. War dieser Aufwand groß und gelang es ihr nicht rasch, eine Abnehmerin dafür zu finden, wird sie geneigt sein, diese Futterstelle aufzugeben.

An diesem kleinen Ausschnitt aus dem Leben im Bienenstaat kann man sehr gut erkennen, auf welch feinabgestimmte Weise die Kommunikation im Volk abläuft. Nach einer Instanz im Stock, die alles weiß und mithilfe dieses Wissens die Geschicke lenkt, wird man vergeblich suchen. Der Superorganismus ist nicht über hierarchische Befehlsketten strukturiert, sondern organisiert sich durch permanente Rückkopplung von Informationen selbst. Sogar die heikelste aller Fragen, die nämlich nach einer neuen Königin, wird auf diese Weise geklärt.

Wenn eine Königin ins Schwärmen kommt

Die Bezeichnung »Königin« weckt Assoziationen an eine monarchische Regierungsform. Die Vorstellung von der klugen Staatsführung im Bienenvolk ist wohl schon sehr alt. Im Pharaonenreich der Ägypter, 3000 Jahre vor unserer Zeitrechnung, findet man Bilder von Bienen immer wieder im Zusammenhang mit Königshieroglyphen (**Abb. 40**). Dies deutet darauf hin, dass der Herrscher des Bienenvolks als König gesehen wurde und man den Pharao selbst als einen dem Bienenkönig gleichen Machthaber pries.[41] Im frühen Mittelalter kam die Bezeichnung »Weisel« auf, die vom Wort »weisen« abgeleitet ist und so viel wie »Anführer« bedeutet (derjenige, der die Anweisungen gibt). Dieser Ausdruck findet auch heute noch Verwendung, mittlerweile jedoch in Anerkennung der Geschlechtsverhältnisse im Stock für eine Königin.

Die Bienenkönigin trägt ihren Titel allerdings zu Unrecht. Sie ist nicht die Machtzentrale, bei der alle Informationen über das Volk zusammenlaufen. Man könnte ohne große Polemik sogar sagen, dass sie das Tier im Stock ist, das am wenigsten über die Abläufe im Stock weiß. Ihre wichtigste Aufgabe ist die Sicherstellung der Reproduktion des Bienenvolkes. In einem Wort: Eierlegen. Und zwar bis zu zweitausend Stück pro Tag. Über das Ende einer Königin, die drei bis fünf Jahre alt werden kann, entscheidet sie nicht selbst. Kurioserweise schaffen eher die jungen Bienen im Stock entsprechende Tatsachen. Die Pflegebienen haben den Überblick über die Zahl der schlüpfenden Tiere und den insgesamt zur Verfügung stehenden Raum. Sie sind es auch, die mithilfe ihrer Wachsdrüsen neue Zellen bauen. Sobald sie eine starke Zunahme der Volksdichte registrieren, legen sie spezielle Weiselzellen für die Aufzucht neuer Königinnen an. Die sind größer und werden von der aktuellen Königin mit einem ganz normalen Ei bestückt. Genetisch hat die neue Königin dieselbe Ausstattung wie die Arbeiterinnen. Ihre spezifischen Eigenschaften bekommt sie erst durch den Hormonmix, mit dem sie gefüttert wird. »Gelee Royal« heißt dieser besondere Saft, der von den Pflegebienen eigens produziert wird und der in der Lage ist, bestimmte Gene einzuschalten, die bei den Arbeiterinnen nicht aktiv sind. Wenn die Larve der Königin den allgemein üblichen Futtersaft bekäme,

Abb. 40 *Beispiele für Darstellungen von Bienenköniginnen auf altägyptischen Hieroglyphen und Grabinschriften.*[41]

würde eine ganz normale Biene entstehen. Durch die Aufzucht mit Gelee Royal aber hebt sie sich allein körperlich von den anderen ab. Eine Bienenkönigin ist wegen des eiergefüllten Hinterleibs deutlich größer als die anderen Tiere ihres Volkes. Daran ist sie auch schnell zu erkennen, sollte sie nicht bereits vom Imker ein farbiges Nummernschild aufgeklebt bekommen haben.

Es gibt noch einen zweiten Regelprozess, mit dem der Stock die Notwendigkeit einer neuen Königin signalisiert. Wenn weniger Pheromon im Umlauf ist, beginnen sich bei einigen Arbeiterinnen Eierstöcke zu bilden. Im Volk entsteht Unruhe, da diese Entwicklung als Indiz dafür gesehen wird, dass entweder die alte Königin zu schwach geworden ist oder zu viele Tiere im Stock sind, so dass die von der Königin hergestellte Pheromonmenge nicht mehr ausreicht. Diese Signale nehmen die jungen Bienen ebenfalls auf und bestärken sie in ihrer Entscheidung, Weiselzellen anzulegen. In diesem Zusammenhang wird auch deutlich, dass die Königin doch mehr ist als das Fortpflanzungsorgan des Volkes. Sie steuert mit ihren Pheromonen den Zusammenhalt des ganzen Stocks. Insofern kann sie tatsächlich als Herrscherin angesehen werden, sogar für das wichtigste, worüber Tiere verfügen, nämliche ihre eigene Fortpflanzung. Eine junge Königin nimmt sich in den ersten Tagen instinktiv davor in Acht, in die Nähe der alten Königin zu kommen, denn eine Begegnung mit ihr kann tödlich enden. Wenn sie es schafft, einige Tage zu überleben, geht es an die Planung ihres Hochzeitsflugs. Dazu unternimmt die junge, noch unbefruchtete Königin Orientierungsflüge, damit sie die Umgebung kennenlernt und sicher wieder zum Stock zurückfindet. Die Drohnen, die aus unbefruchteten Eiern schlüpfen, folgen ihrem genetischen Programm, das sie zu sehr weiten Ausflügen veranlasst. Es ist möglich, aber unter evolutiven Gesichtspunkten nicht günstig, wenn sie die eigene Königin befruchten. Drohnen verschiedener Völker kommen wie auf Verabredung an eigenen Sammelplätzen zusammen, wo sie zu Hunderten auf ausfliegende Königinnen lauern. Sobald sich eine zeigt, wird sie geradezu überfallen. Die Drohnen versuchen nun ihren, in Relation gesehen, gewaltigen Penis während des Fluges in die Königin zu rammen. Sie treiben es so toll, dass sie oft zusammen mit ihr abstürzen. Nach der Kopulation gewinnt die Königin jedoch wieder die Oberhand, reißt den Penis ab und fliegt zu ihrem Stock zurück. Der dergestalt entmannte Drohn hat seine Schuldigkeit getan und stirbt bald nach dem einzigen Sexakt seines Lebens. Die Königin dagegen kann durchaus mehrere Ausflüge unternehmen, die dann mit weiteren Abenteuern verbunden sind. Wenn ihr Spermiensack gut gefüllt ist, kommt sie in den Stock zurück und beginnt mit dem Eierlegen.

Das wird von der alten Königin als Signal verstanden, sich eine neue Bleibe zu suchen. Sie fliegt erst einmal eine kurze Strecke und lässt sich an einer geeigneten Stelle nieder. Rasch folgen ihr Bienen aus dem Stock und bilden einen Schwarm. Interessanterweise ist die Altersstruktur dieser Bienen durchaus gemischt. Es

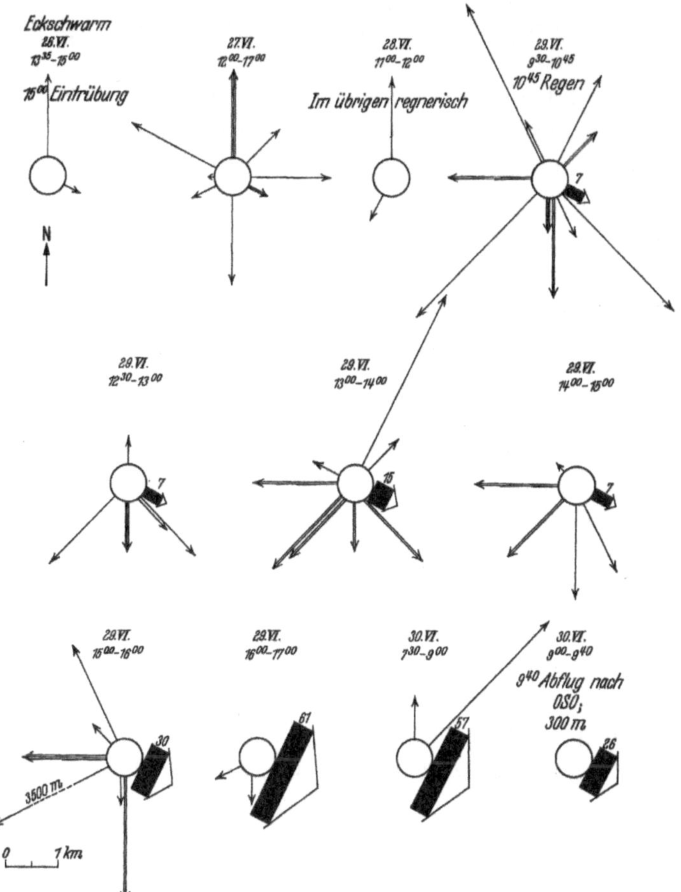

Abb. 41 *In diesem berühmten Experiment von Martin Lindauer wurden die Tänze auf einem Schwarm über vier Tage beobachtet. Die Dicke der Pfeile gibt die Zahl der Tänzerinnen zum angegebenen Zeitpunkt an.*[42]

schließen sich zwar größtenteils erfahrene Sammlerinnen der alten Königin an, aber es finden sich auch junge Tiere im Schwarm, die noch nie in ihrem Leben außerhalb des Stocks waren und möglicherweise gar nicht zurückfinden würden. Die erfahrenen Bienen begeben sich nun auf die Suche nach einer neuen Bleibe.

Sie schauen nach Löchern in Bäumen, in deren Innerem sich ein Hohlraum auftut. Dabei müssen sie nicht nur die Größe, sondern auch die vorhandene Feuchtigkeit und eventuelle weitere Öffnungen abschätzen. Dieses Abschätzen hat Tom Seeley in seiner Doktorarbeit genau beschrieben. Demnach laufen die Späherbienen die gesamte Höhle ab. Sobald sie etwas Geeignetes gefunden haben, fliegen sie zurück und beginnen, für die Stelle zu tanzen, indem sie ihre charakteristischen Wackelbewegungen auf der Oberfläche des Schwarms durchführen (**Abb. 38, S. 280**). Die anderen Bienen dienen ihnen dabei als Tanzboden. Im Schwarm muss nun jedoch Einigkeit über die neue Niststelle hergestellt werden. Da es nur eine Königin gibt, darf er sich nicht spalten.

Mein Doktorvater, Martin Lindauer, beobachtete viele Schwärme. Die Entdeckungen, die er dabei machte, gehören zu den großartigsten Leistungen der Verhaltensbiologie im vorigen Jahrhundert.[43] Bei einem Schwarm bot sich ihm die Gelegenheit der eingehenden Untersuchung, da er sich an einer Hausmauer niedergelassen hatte. Lindauer konnte beobachten, wie anfänglich wenige Späherbienen für sehr verschiedene Orte warben und dann im Lauf der Zeit immer mehr Späherinnen bevorzugt für eine Stelle tanzten. Plötzlich kamen aber wieder andere Orte ins Gespräch. Erst nach längerer Zeit votierten die Tänzerinnen mehrheitlich für eine Stelle (**Abb. 41**). In diesem Fall dauerte die Entscheidungsfindung dreieinhalb Tage.

Die Schwarmintelligenz und das Konsensprinzip

Wie aber kommt es zu einer solchen Entscheidungsfindung? Schließlich muss zwischen den verschiedenen Möglichkeiten so abgewogen werden, dass die beste der gefundenen Niststellen von all den Tieren akzeptiert wird, die für verschiedene Stellen werben. Zwei Vorgänge spielen zusammen: Tänzerinnen geben ihr Werben nach einiger Zeit auf, weil andere Späherbienen, die für einen besonders attraktiven Ort geworben haben, ihnen ein Stoppsignal geben. Ob sie dazu ebenfalls diesen Ort besuchen müssen, ist noch unklar.

Die Kommunikation im Schwarm scheint auf Konsens aus zu sein. Die Tänzerinnen schlagen ihre Stelle vor und geben damit einen Impuls in den Schwarm. Dann hören sie auf zu tanzen und schauen, ob ihr Vorschlag von den anderen für gut befunden, also von anderen besucht und dann ebenfalls beworben wird. Ist dem so, werben im einfachsten Fall alle Tänzerinnen nach einer Weile für dieselbe Stelle, anderenfalls erlischt die Aktivität, und der Schwarm wendet sich einer neuen Idee zu. Dieses Geschehen lässt sich mit einem Seminar vergleichen, in dem jemand ein Argument in die Runde wirft. Wenn sich nur wenige oder sogar niemand dafür interessiert, nützt es nichts, es endlos zu wiederholen. Es bleibt dann nichts anderes übrig, als zu verstummen und abzuwarten, welche Einfälle die anderen haben. Offensichtlich ist dieser Kommunikationsweg aber nicht ausreichend. Das Stoppsignal kommt hinzu und bedeutet, umgangssprachlich ausgedrückt, dass dem Starrsinn Einhalt geboten werden muss. Im Schwarm kommt dem Stoppsignal eine andere Bedeutung zu als im Stock. Hier heißt es etwa: Ich habe dir zugehört, habe die Stelle, von der du berichtest, mit meinen eigenen Erfahrungen verglichen und weiß, dass mein Vorschlag besser ist. Daraufhin stellt die derart unterbrochene Tänzerin ihre Werbung ein.

Erst wenn alle Bienen für dieselbe Stelle tanzen, kommt der Prozess zu einem Ende. Mit einem Mal werden alle Tänze eingestellt. Die erfahrenen Bienen verschwinden von der Oberfläche und kriechen in die Tiefe des Schwarms. Dort geben sie das Zeichen, mit dem Vibrieren der Flügel zu beginnen. Dieses Signal lässt sich vom geübten Imkerohr als Piepen wahrnehmen und entsteht durch Schwingungen der aneinandergepressten Flügel. Alle Bienen beginnen daraufhin, ihre Flugmuskeln rhythmisch zu kontrahieren. Wärme entsteht. Der Schwarm erhitzt sich bis auf 35 Grad Celsius. Schließlich kehrt eine geradezu unwirkliche

Stille ein. Plötzlich schießen alle Bienen auseinander und bilden eine wabernde Wolke. Als Wissenschaftler versucht man in der Regel, Emotionen zurückzuhalten. In diesem Moment ist das aber ganz unmöglich. Der grandiose Aufbruch eines Schwarms, sein langsames Zusammenfinden und dann sein zunehmend beschleunigtes Davonziehen in eine ganz bestimmte Richtung gehört mit zum Aufregendsten, was ich in meiner Arbeit erlebt habe. Fast bin ich versucht zu sagen, es ist schade, dass ein derartiges Ereignis durch die Vorsorge der Imker heutzutage so selten eintritt.

Nun stellt sich die Frage, wie der ganze Schwarm zum neuen Nistplatz findet, denn letztlich wissen ja nur ein paar Tänzerinnen (ein bis zwei Prozent des Schwarms) genau, wo die Stelle ist. Zwar können einige erfahrene Bienen auf ihre kognitive Karte zurückgreifen, wenn sie die Tänze belauscht haben, aber diejenigen, die noch keine Erkundungsflüge unternommen haben, können sich im Gelände nicht orientieren. Tom Seeley hat den Flug des Schwarms untersucht. Dazu richtete er herkömmliche Kameras vom Boden in den Himmel und stellte eine lange Belichtungszeit ein. Die fliegenden Bienen erschienen ihm dementsprechend als Striche auf seinem Film. Auffallend war nun, dass er viele kurze und einige lange Striche zu sehen bekam. Das bedeutete, einige flogen schnell, die meisten aber langsam. Seeley war sofort klar, dass die schnellfliegenden Bienen eine besondere Rolle spielten. Er nannte sie »streaker«. Diese »Flitzer« zogen ihre Bahnen in die Richtung des neuen Nestes. Die anderen flogen zwar keine geraden Bahnen wie die »streaker«, aber sie folgten der vorgegebenen Richtung. Die Hypothese lag nah, dass die »streaker« die ehemaligen Tänzerinnen waren, die nun den Schwarm führten. Beweisen allerdings konnte Seeley das nicht, weil er die Tänzerinnen nicht markiert hatte.

An dieser Stelle traten wir mit unserem Radargerät auf den Plan und konnten nicht nur zeigen, dass dem so war, sondern auch, wie sich die »streaker« verhielten.[45] Sie fliegen jeweils ein

Stück vor, warten dann auf den Rest oder fliegen sogar ein Stück zurück. Dann wird auf dieselbe Weise die nächste Wegstrecke in Angriff genommen. Das heißt, hier muss ein Mechanismus am Werk sein, der es 98 Prozent der Tiere ermöglicht, sich von 2 Prozent Informierten führen zu lassen. Die Schwarmintelligenzforschung hat herausgefunden, wie das funktioniert: Der Informierte gibt sich den anderen allein dadurch zu erkennen, dass er weiß, wohin es geht. Dazu führte Jens Krause von der Berliner Humboldt-Universität am Köln-Bonner Flughafen ein Schwarmexperiment durch.[45] Er wies zweihundert Probanden an, während des Vollbetriebs in die Haupthalle zu gehen und sich unter die Fluggäste zu mischen. Nach einer Weile löste er Feueralarm aus. Die Sirenen schrillten. Leichte Panik und Orientierungslosigkeit machten sich unter den Fluggästen breit, da man trotz aller Sicherheitshinweise eben doch in der Regel nicht weiß, wo die in diesem Fall zu benutzenden Notausgänge liegen. Einige seiner Probanden aber kannten sie sehr genau und steuerten sie zielstrebig an. Die Auswertung der Videoaufnahmen ergab, dass sich das Chaos nach und nach auflöste, weil immer mehr Leute den Informierten folgten, obwohl niemand im Flughafengebäude wusste, wer sie waren. Sie hatten sich weder durch besondere Kleidung noch durch Rufe oder Gesten zu erkennen gegeben, sondern waren lediglich direkt zu den Notausgängen gelaufen. Nach demselben Prinzip folgt der Bienenschwarm den »streakers«.

Ohne ihre Königin allerdings fliegt der Schwarm nicht zur neuen Niststelle. Das erfuhren wir bei einem Experiment, für das uns ein Imker eine Königin zur Verfügung gestellt hatte. Allerdings hatte er uns nicht gesagt, dass er ihr bereits einen Flügel gestutzt hatte. Das machen Imker des Öfteren, damit sie die Königin nicht verlieren. Für das Tier selbst stellt diese Amputation keine Beeinträchtigung dar, da es sich nach dem Hochzeitsflug nur noch mit dem Eierlegen befasst. Nachdem die Entscheidung für die neue Niststelle gefallen war, flog der Schwarm zwar los, kehrte jedoch bereits nach fünfzig Metern wieder um, weil die Bienen realisiert hatten, dass ihre Königin nicht mitgeflogen war.

Anders als bei den meisten Tierarten verlässt also nicht die junge Königin das Nest, sondern die alte. Warum das so ist, lässt sich nur vermuten. Aus Sicht der Evolution hat die jüngere Königin das größere Fortpflanzungspotenzial, so dass es vernünftig scheint, sie nicht dem Risiko des Ausschwärmens auszusetzen. Denn wenn nicht nach ein paar Tagen eine neue Niststelle gefunden ist, geht der Schwarm zugrunde. Statistisch gesehen gelingt diese Unternehmung jedoch in den allermeisten Fällen. Außerdem könnte die Bindung der Arbeiterinnen an die alte Königin aufgrund der jahrelangen Pheromonausschüttung größer sein. Der jungen Königin würden vielleicht zu wenige Tiere folgen, ihre Überlebensaussichten wären dann eher niedrig.

Monarchie, Demokratie oder kognitive Einheit?

Tom Seeley nimmt die Art und Weise, wie sich der Schwarm über eine neue Niststelle verständigt zum Anlass, von »Bienendemokratie« zu sprechen.[46] Ich tue mich ohnehin schwer mit dieser metaphorischen Verwendung von Begriffen, weil sie das beschriebene Phänomen oft mehr verdunkeln als erklären. Doch wenn man den Vergleich ernst nimmt und sich anschaut, wie unsere Demokratie funktioniert, fällt auf, dass der Prozess gerade nicht – wie im Bienenschwarm – bis zur Einigung getrieben wird. Wenn die CSU die PKW-Maut vorschlägt, wird sie beschlossen, sobald es eine, wenn auch knappe, Mehrheit dafür gibt, obwohl Grüne, Linke und die SPD eigentlich dagegen sind. Die widerstreitenden Überzeugungen hinsichtlich der PKW-Maut und aller anderen verhandelten Sachverhalte resultieren aus den unterschiedlichen Zielen der jeweiligen Parteien, den aufgrund der politischen Ausrichtung verschiedenen Bewertungsmaßstäben sowie den entsprechend anderen Methoden der Meinungsbildung. Kennzeichen der Demokratie ist in diesem Fall die Akzeptanz der Mehrheitsentscheidung, selbst wenn man gegenteiliger Auffassung ist.

Bei den Bienen verhält es sich jedoch völlig anders. Sie haben alle dasselbe Ziel, nämlich eine neue Niststelle zu finden. Dieses Ziel verfolgen sie mit denselben angeborenen Bewertungsmaßstäben und Methoden. Sie einigen sich auch nicht auf einen Kompromiss, bei dem die eigenen Ziele dem Entschluss der Mehrheit untergeordnet werden, sondern sie treffen erst eine Entscheidung, wenn alle für dasselbe Ziel tanzen bzw. die anders gerichteten Tänze aufgegeben wurden. Insofern scheint mir die Bezeichnung »Bienendemokratie« ungeeignet. Wie oben bereits angedeutet, greift auch der Vergleich mit der Monarchie (»Königin«) zu kurz. Zwar manipuliert die Bienenkönigin ihr Volk mithilfe der Pheromone in extremer Weise und erreicht so den Fortpflanzungsverzicht der anderen Bienen sowie ihre exklusive Versorgung, doch würde man vom Monarchen erwarten, dass er über die Vorgänge in seinem Reich unterrichtet ist, sich über die Vorratshaltung sowie den Zustand seiner Untergebenen informieren lässt und sich als oberster Kriegsherr versteht. All dies aber ist bei der Bienenkönigin nicht der Fall. Insofern kann ich aus meiner wissenschaftlichen Erfahrung heraus auch Lessing nicht folgen, wenn er in der Erzählung »Ernst und Falk« die beiden Freimaurer Bienen- und Ameisenstaaten miteinander vergleichen lässt. Als Leser allerdings finde ich diese Stelle erhellend, da sie mehr über Menschen als über Insekten sagt:

»Falk: Die Ameisen leben in Gesellschaft wie die Bienen.

Ernst: Und in einer noch wunderbareren Gesellschaft als die Bienen. Denn sie haben niemand unter sich, der sie zusammenhält und regiert.

Falk: Ordnung muss also doch auch ohne Regierung bestehen können.

Ernst: Wenn jedes Einzelne sich selbst zu regieren weiß: Warum nicht?

Falk: Ob es wohl auch einmal mit den Menschen dahin kommen wird?

Ernst: Wohl schwerlich!

Falk: Schade.

Ernst: Jawohl.«[47]

Das Organ, das ständig Entscheidungen zu treffen hat, ist das Gehirn – unseres und das aller anderen Tiere. Eine Fülle von Neuronen ist an solchen Prozessen beteiligt, und keine Nervenzelle birgt allein alle Informationen, die für eine Entscheidung notwendig sind. Es liegt daher nahe, die Vorgänge im Bienenschwarm mit denen im Gehirn zu vergleichen, denn formal bestehen beide Einheiten aus Teilen, die nicht über alle nötigen Information verfügen.[48] Aber auch dieser Vergleich geht über eine formale Ähnlichkeit nicht hinaus. Die besteht darin, dass sich gegenseitig ausschließende Vorgänge wechselseitig hemmen. Muss beispielsweise entschieden werden, ob unsere Beine gehen oder rennen sollen, sorgen Verschaltungen im Rückenmark dafür, dass nur eine der beiden Möglichkeiten programmiert und die andere zur Gänze unterdrückt wird. Wenn Sie sich die beiden Bilder in **Abbildung 42** anschauen, werden Sie erleben, dass für einen Moment die obere Spitze des Dreiecks (a) vorn ist und im nächsten Augenblick hinten. Der Würfel sieht einmal so aus, als ob die untere linke Ecke hinten ist und dann scheint sie wieder vorn zu liegen (b). Wahrnehmungen zwischen diesen Zuständen sind nicht möglich.

Die Eindeutigkeit von Entscheidungen zwischen den jeweiligen Netzwerken im Gehirn entsteht aus Hemmvorgängen zwischen ihnen. Dieses Prinzip der wechselseitigen Inhibition findet sich auf allen Ebenen der Gehirntätigkeit, in unserem Gehirn ebenso wie in dem der Bienen. Wir Menschen haben zusätzlich noch das Glück, dass wir diese Erlebnisse sprachlich und formal fassen können. Wenn sich formale Beschreibungen von Prozessen mit wechselseitiger Hemmung auf verschiedene Systeme (zum Beispiel Primatengehirn, Bienenschwarm) anwen-

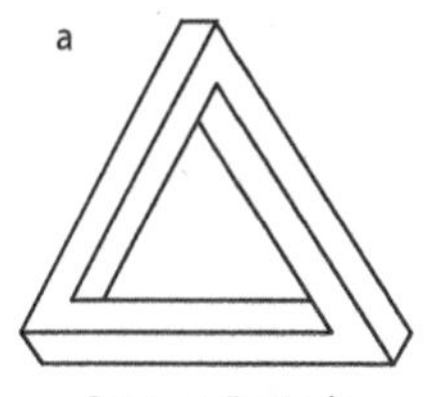

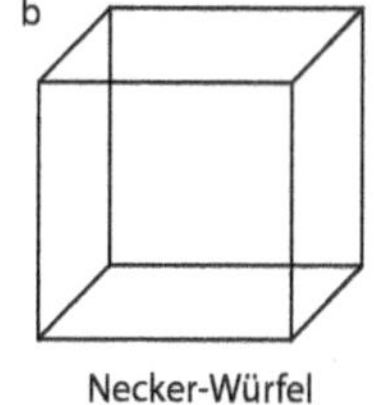

Abb. 42 *Zwei Beispiele für Kippbilder. Jedes Bild hat zwei Ansichten, die nicht gleichzeitig wahrgenommen werden können, sondern hin und her kippen.*

den lassen, bedeutet das jedoch noch nicht, dass die betrachteten Systeme auch eine darüber hinausgehende Ähnlichkeit haben. Das führt mich zu der Überzeugung, dass die Metapher, der »Schwarm sei eine kognitive Einheit«[49] wenig zum Verständnis der Kommunikationsweisen im Schwarm beiträgt. Kognitive Leistungen sind Fähigkeiten von Gehirnen, nicht von Ansammlungen von Tieren, und mögen diese noch so raffinierte Kommunikationsweisen haben.

Ist im Superorganismus Bien alles vorprogrammiert?

Es ist beeindruckend, das austarierte Zusammenspiel im Bienenvolk zu beobachten. Wie in einem gewaltigen Uhrwerk scheint hier Zahnrad in Zahnrad zu greifen. Doch was bedeutet dieser Prozess nun für das einzelne Individuum im Stock? Bert Hölldobler und Ed Wilson schreiben in ihrem großen Ameisenbuch: »Im Gehirn einer Arbeiterin findet sich keinerlei Blaupause einer Sozialordnung. Es gibt auch keinen Aufseher oder eine Gehirnkaste mit einem Gesamtentwurf im Kopf. Vielmehr regelt sich das Leben der Kolonie durch Selbstorganisation. Der Superorganismus existiert in den einzelnen vorprogrammierten Reaktionen der Organismen, aus denen er besteht.«[50] Das mag alles für Ameisen wie auch für Bienen gelten. Allerdings beschleicht mich bei dieser Darstellung ein gewisses Unbehagen. Denn letztlich würde es bedeuten, dass die Sammlerinnen auf ihren Ausflügen die anspruchsvollsten Leistungen vollbringen, um gewissermaßen am Stockeingang ihre Intelligenz auszuschalten und danach wie vorprogrammierte Roboter zu agieren.

Seit den Zeiten des mittelalterlichen Philosophen William von Occam kursiert das Diktat der Einfachheit in der wissenschaftlichen Theorie. Den ausufernden Problemerörterungen seiner Zeit, die den Begriff »scholastisch« zu einem geflügelten, negativ besetzten Wort werden ließen, stellte Occam sein gedankliches Rasiermesser entgegen, mit dem er alles Überflüssige einer Darstellung abzuschneiden empfahl. Dieses Prinzip wirkte bis in die neuzeitliche Wissenschaft hinein und hat nicht nur positive Aspekte gezeitigt. Die Selbstverpflichtung, immer die einfachste Theorie zur Erklärung heranzuziehen, beschneidet nicht nur die Argumentation in Occams Sinne, sondern auch den erklärten Gegenstand selbst. Das zeigt der – bis heute anhaltende – Disput über die Existenz einer inneren Vorstellung von der Landschaft bei der Biene, kurz kognitive Karte, und das könnte sich auch als hinderlich in Bezug auf den Begriff des Superorganismus erweisen. Die Theorieebene, die Bienen als marionettenhafte Wesen mit »vorprogrammierten Reaktionen« sieht, nimmt dankbar die einfachsten Erklärungen an. Nach Möglichkeit zieht man nur einen Parameter heran und sagt beispielsweise: Wenn eine Nektarsammlerin herausbekommen möchte, wie gut sie im Dienste des Volkes sammelt, schaut sie, wie viel Zeit vergeht, bis sie eine Empfängerbiene findet, die ihr die Ladung abnimmt. Wenn eine Pollensammlerin sehen will, wie wichtig der Pollen gerade für das Volk ist, befragt sie sich einfach selbst danach, wie hungrig sie auf Eiweiß ist. Das genügt für sie als Indikator, da sie Proteine über andere Bienen aufnimmt, die sie aus dem Pollen extrahieren.

Tom Seely konnte mit ausgezeichneten Experimenten eine Fülle solcher einfachen Steuermechanismen herausfinden. Ich hege große Hochachtung vor ihm und seinen Forschungsergebnissen, nur frage ich mich in letzter Zeit häufiger, ob sich nicht die Verhaltensbiologen zu schnell mit der einfachsten Erklärung zufriedengeben. Wenn sie, sagen wir, einen statistischen Zusammenhang erhoben haben zwischen der Zeitspanne, bis eine Biene ihren Nektar losgeworden ist, und der Häufigkeit ihrer Tänze für die Stelle, an der sie ihn gefunden hat, dann neigen die Kollegen zu der Annahme, das sei jetzt die vollständige und erschöpfende Erklärung dieses Vorgangs. Ich hege da ernste Zweifel und denke, dass mit dieser eindimensionalen Beschreibung des Verhaltens gerade einmal ein erster Schritt getan ist und wir uns eher am Anfang des Verständnisses solch komplexer Vorgänge befinden, wie sie in einem Superorganismus wie dem Bienenvolk vor sich gehen.

Vielleicht wird mit einem Gedankenexperiment deutlicher, in welche Richtung meine Überlegungen gehen. Nehmen wir an, ein intelligentes Wesen einer uns unbekannten Art hätte es sich auf dem Mond bequem gemacht und würde von dort mit einem leistungsstarken Teleskop das Treiben in einer Großstadt beobachten. Es würde sehen, wie sich jeden Morgen zur selben Zeit massenhafte Ströme von Fahrzeugen in Bewegung setzen, die meist an denselben Stellen ins Stocken geraten und sich dann wieder auflösen. Wenn der Außerirdische näher heranzoomt und die Nummernschilder der Fahrzeuge registriert, wird er herausfinden, dass die meisten an fünf Tagen hintereinander den gleichen Weg fahren und dann zwei Tage aussetzen, um ihr Treiben dann wieder aufzunehmen. Wie sollte dieser Beobachter vom Mond intelligenzbegabte Wesen als Insassen der Autos annehmen? Im Gegenteil, er würde wohl eher von programmierten Robotern ausgehen, die unter strengen und sehr einfachen Regeln die Fahrzeuge manövrieren. Nach einiger Zeit könnte er eine Liste dieser Regeln zusammenstellen: Bei Rot muss man stehenbleiben. Bei Grün kann man fahren. Wenn jemand vor einem steht, darf man ebenfalls nicht fahren. Wenn man ausschert, blinkt man. Zur Erklärung der Wirkung dieser einfachen Signalketten würde der intelligenzbegabte Außerirdische weder eine Gehirntätigkeit noch die Möglichkeit freier Entscheidungen oder den Gebrauch einer Sprache heranziehen, wenn er denn ebenfalls von Occams Rasiermesser wüsste. Alle Abweichungen vom regelhaften Verhalten würden einfach als Streuung gedeutet. In dieser Weise, so ist mein Eindruck, schauen Verhaltensbiologen auf das Bienenvolk. Erst wenn sich jener intelligente Außerirdische auf die Erde herabbegeben und mit den Menschen in den Autos reden würde, könnte er feststellen, wie wenig er vom Mond aus von der Intelligenz der Fahrzeugführer auf der Erde mitbekommen hatte. Diesen Schritt, mit den fremden Wesen ins Gespräch zu kommen, aber können im Fall der Bienen eigentlich nur die Neurowissenschaftler leisten, da sie die Einzigen sind, die ins Hirn hineinschauen können. Wenn wir beispielsweise herausfinden würden, dass eine Nachfolgerin die gleichen neuronalen Zustände hat, egal, ob sie nur den Tanz verfolgte oder selbst hinausflog, dann wäre das ein schlagender Beweis für mentale Zustände der Biene. Die Entdeckung der Existenz einer kognitiven Karte im Bienenhirn hat die Tür zur Untersuchung solcher Phänomene bereits ein Stück weit aufgestoßen. Vor diesem Hintergrund könnte man noch ganz neue Dimensionen dessen ergründen, was wir Superorganismus nennen. Der wäre dann nicht mehr mit einem Apparat zu vergleichen (und sei er auch noch so kompliziert), in dem jeder Bestandteil seine programmierte Funktion erbringt, sondern dann könnten Phänomene wie Individualität, Intelligenz und Freiheitsgrade miteinbezogen werden. Das hieße aus meiner Sicht nicht, dass die Beschreibung des Superorganismus, wie ihn Hölldobler und Wilson geben, falsch ist. Natürlich können wir auch die menschliche Gesellschaft, wie gesehen, als die Summe roboterhafter Verhaltensweisen begreifen. Doch das trifft eben nur eine Ebene und spiegelt nicht die Reichhaltigkeit der Beziehungen, Motive und Reflexion wider.

So findet man etwa bei Bienen Formen der Individualität, die nicht ins mechanistische Schema passen. Nehmen wir nur die von Martin Lindauer beobachteten und so benannten Patrouillenläufer. Das sind zumeist Sammelbienen, die in den Stock laufen, nachdem sie ihre Beute abgegeben haben. Anstatt wieder auszufliegen, tun sie vor allem zwei Dinge: Sie schlafen und sie laufen herum, ja, sie gehen regelrecht im Stock spazieren. Da dieses Verhalten oft auftritt, muss es irgendeinen Sinn und Nutzen haben. Denn während dieser Zeit fällt die Sammelleistung der betreffenden Bienen für den Stock aus. Meine Hypothese ist es nun, dass sich diese Bienen auf ihren Patrouillengängen in ähnlich systematischer Weise einen Überblick über die Verhältnisse in ihrem Nest verschaffen, wie sie es bei den ersten Ausflügen hinsichtlich der Landschaft tun. Wenn dem so wäre, würden sie die anstehenden Entscheidungen nicht mehr nur anhand eines Parameters treffen, der ihr Verhalten programmiert, sondern vor dem Hintergrund ihrer Erfahrungen. Für die Beantwortung von Fragen wie »Fliege ich wieder aus?«, »Lasse ich mich für eine andere Futterstelle abwerben?«, »Wechsle ich zum Pollensammeln?« oder »Gehe ich auf den Tanzmarkt?« würde die Biene ihre spezifische Individualität mit heranziehen und nicht nur reflexhaft auf die vom Volk ausgesandten Reize reagieren. Die Untersuchungen, bei denen nur ein Teil der Nachfolgerinnen zur vorgetanzten Futterstelle fliegt, während die anderen die Tatsache des Tanzes zum Anlass nehmen, ihre alten Futterstellen zu besuchen (**siehe Abb. 37, S. 277**), sind für mich ein weiteres Indiz für individuelle Abwägungen aufgrund gemachter Erfahrungen.

Haben Bienen ein Was-wann-wo-Wissen?

Wenn Erfahrungen für die Entscheidungsfindung eine Rolle spielen, kann man durchaus von »Nachdenken« sprechen, da ja mehrere Optionen zur Verfügung stehen, zwischen denen aufgrund der individuellen Geschichte verglichen wird, bevor eine Handlung erfolgt. Dazu ist eine Form des Erinnerns nötig, die wir beim Menschen »autobiografisches« oder »episodisches« Gedächtnis nennen. Dieses Was-wann-wo-Wissen um die Zeitlichkeit der eigenen Existenz hebt uns Menschen nach geläufiger Meinung vom Tierreich ab. Vielleicht aber unterschätzen wir die Tiere da auch. Eichelhäher verstecken Futter zum Teil über Monate und holen es sich, sobald sie hungrig sind. Wenn zu ihrem Vorrat leicht verderbliches Futter, wie die Larven von Mehlkäfern, gehört, achten sie darauf, diese zuerst zu fressen und danach zu weniger verderblichem Futter, wie etwa Nüssen, überzugehen. Wenn man experimentell dafür gesorgt hat, dass sie durstig sind, wählen sie zielstrebig ihre saftigen Vorräte. Der Eichelhäher weiß also, ebenso wie andere Vögel und Eichhörnchen, was er wo und wann versteckt hat. Dieses Was-wann-wo-Wissen schließt das eigene Tun mit ein und könnte ein tierisches Äquivalent des episodischen Wissens sein. Wir nennen es deshalb englisch »episodic-like« (»dem episodischen ähnlich«).[51] Im Folgenden verwende ich dafür den deutschen Begriff »quasi-episodisch«. Auch bei Bienen sprechen Indizien für die Ausbildung eines solchen quasi-episodischen Wissens. Wenn Bienen zu einer bestimmten Tageszeit an einer Futterstelle belohnt werden und zu einer anderen Zeit an einer anderen, dann lernen sie, zur richtigen Zeit zum richtigen Ort zu fliegen. Bis zu vier verschiedene Zeiten und Orte kann sich eine Biene merken. Dabei kommt sie übrigens stets ungefähr fünf Minuten früher, was kein Hinweis auf die Ungenauigkeit ihrer inneren Uhr ist, sondern auf ihre Strategie hinweist, möglichst die Erste zu sein. Dieses Verhalten spricht allerdings – für sich alleine genommen – noch nicht für ein quasi-episodisches Wissen, denn die Eigenschaften der Futterstellen sind ja von ihrem eigenen Tun unabhängig, obwohl sie ein Was-wo-wann-Wissen haben könnte.

Wenn eine Biene im Experiment rasch ihr Besuchsverhalten an die zu erwartende Futtermenge anpasst, ist das eine erstaunliche Leistung. Jedoch wird damit ebenfalls kein Beweis für ein quasi-episodisches Wissen geliefert, da die Tiere in vielen Besuchen gelernt haben könnten, dass sie weniger Nektar bekommen, wenn sie nicht größere Zeitabstände abwarten. Allerdings ist das Ergebnis von ihrem eigenen Tun abhängig und damit schon recht nahe an einem quasi-episodischen Wissen. Wenn eine Biene aus dem Trend der Erhöhung oder Verringerung der von ihr aufgenommenen Futtermenge Erwartungen entwickelt, wie dieser Trend in der Zukunft weitergehen wird, dann kann man schließen, dass sie das Was-wann-wo-und-Wie einer Futterstelle in Erwartungen umsetzt.[52]

Schließlich sind da noch die Bienen, die nachts spontan im Stock zu tanzen beginnen. Warum sie das tun, wissen wir noch nicht, aber vielleicht hat es damit zu tun, dass sie sich ihre Erfahrungen vom Tag in Erinnerung rufen. Diese Erinnerung kann man auch stimulieren, indem man genau den Duft in den Stock hineinbläst, bei dem sie gesammelt haben. Wurden sie am Vormittag an einem anderen Ort belohnt als am Nachmittag, dann tanzen sie vor Mitternacht für die Nachmittagsstelle und nach Mitternacht für die Vormittagsstelle (**Abb. 39, S. 285**). Das ist ein ganz erstaunlicher Befund, da die Bienen in dieser Situation weder das Ziel haben, Stockgenossinnen loszuschicken noch selbst hinauszufliegen. Ich kann nicht umhin zu sagen, sie denken über ihre Sammelstelle nach, sobald sie daran erinnert werden. Es ist offensichtlich, dass sie dabei das Was, das Wann und das Wo im Sinn haben. Vielleicht sind es diese »Spontan«- oder, wie von Frisch sagte, »Marathon«-Tänzerinnen, die uns am meisten über das quasi-episodische Wissen der Bienen mitteilen können und werden.

Auf jeden Fall wird mir immer deutlicher, dass wir mit der Beschreibung, die Hölldobler und Wilson von den »vorprogrammierten Reaktionen der Organismen« gegeben haben, eher am Anfang des Verständnisses sozialer Lebensgemeinschaften stehen. Es wäre unglaublich spannend, wenn wir Mittel zur Verfügung hätten, die es uns erlaubten, die individuellen Erfahrungen eines jeden Tieres im Stock zu kennen und in die Erklärung der Vorgänge im Superorganismus einzubeziehen. Das gestaltet sich zurzeit jedoch bei über 50 000 Tieren pro Volk noch sehr schwierig, obwohl es bereits erste Ansätze gibt (**siehe Farbteil 1, FAbb. 1-1c**). Immerhin kann ein raffiniertes Programm zusammen mit einer hochauflösenden Digitalkamera die Barcodes auf dem Rücken von ca. 2000 Bienen fortlaufend über viele Tage lesen und so ihre Tätigkeiten erfassen.[53] Uns ist es in der letzten Zeit gelungen, von einer frei in einem kleineren Volk herumlaufenden Biene neurophysiologische Registrierungen der Neuronen im Ausgang des Pilzkörpers durchzuführen[54]. Ein solcher Zugang wird uns helfen, dem inneren Tun, also dem Nachdenken, und seinen neuronalen Entsprechungen näher zu kommen. Wir erwarten, dass sich dann auch die Einzelbiene im Volk als ein intelligentes Wesen herausstellt, die einen spezifischen Beitrag zur sozialen Gemeinschaft leistet. Ihre Erfahrungen, ihre aktuellen Bedürfnisse und ihre Individualität werden, so nehmen wir an, eine große Rolle spielen im Konzert der emergenten Eigenschaften des Superorganismus Bien. Denn die Gehirne der Einzeltiere sind es schließlich, die den Superorganismus intelligent machen.

Insofern würde ich auch den Konzepten der Verhaltensbiologen widersprechen, die Insektengehirne lediglich als Schaltzentralen kleiner Roboter sehen. Nach dieser Vorstellung treffen Außenweltreize wie Farben oder polarisiertes Licht auf die entsprechenden Rezeptoren, die daraufhin eine spezifische Verarbeitung der Signale leisten. Aus dem Ergebnis dieses Prozesses resultiert dann über die Aktivierung eines motorischen Programms eine bestimmte Reaktion. So gesehen wird das Verhalten der Insekten durch einzelne sensorisch-motorische Verknüpfungen gesteuert, die wie aus einem Werkzeugkasten hervorgeholt werden, wenn sie gebraucht werden. Deshalb nennt man diese Vorstellung auch »Toolbox-Modell«. Dieses Konzept konzentriert sich auch in erster Linie auf die Routinen, was daher kommen mag, dass die Ethologen vornehmlich angeborene Verhaltensweisen und erlernte Reflexe studieren und deswegen nur am Rande nach der Gedächtnisstruktur fragen. Die Gehirntätigkeit wird aus dieser Perspektive auf den Vorgang der Auslösung der in der Tool-

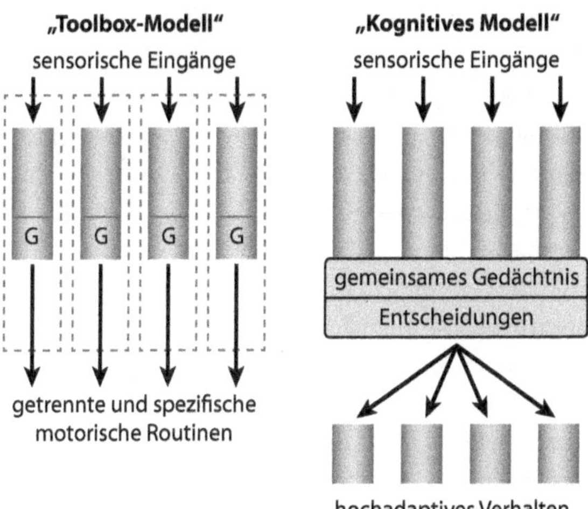

Abb. 43 *Schematische Darstellung der beiden Vorstellungen über die Organisation des Insektengehirns. Das Toolbox-Modell nimmt an, dass die verschiedenen Verhaltensweisen über spezifische Sinneseingänge ausgelöst werden, die unabhängig voneinander das Verhalten kontrollieren. Jede dieser Verknüpfungen hat ihr eigenes beschränktes und spezialisiertes Gedächtnis, das – im Rahmen der angeborenen und speziell für diese Aufgaben gelernten Instruktionen – eine Anpassung der jeweiligen Verknüpfung auf der Grundlage von Erfahrungen beeinflusst. Das kognitive Modell geht dagegen von der Annahme aus, dass vielfältige sensorische Eingänge zusammenwirken und zu einem gemeinsamen reichhaltigen Gedächtnis führen. Dieses Gedächtnis hat eine Struktur, die es erlaubt, Verhaltensoptionen aufzurufen, die möglichen Folgen des Verhaltens – ohne tatsächlich ausgeführtes Verhalten – auf der Grundlage des relevanten Gedächtnisses zu prüfen und dann Entscheidungen zu treffen. Auf diese Weise ist hochadaptives Verhalten möglich.*

box abgelegten Programme reduziert (**Abb. 43**). So ist es nicht weiter verwunderlich, dass sich die Ethologen, die solche Konzepte entwickeln, in der Regel nicht mit dem Gehirn und seinem Gedächtnis beschäftigen.

Aus neurowissenschaftlicher Sicht ergibt sich ein anderes Konzept. Demzufolge führen die vielen verschiedenen Arten sensorischer Eingänge nicht zu je spezifischen Werkzeugen einer Toolbox, sondern gehen in eine gemeinsame Verarbeitungsinstanz ein. Das Gehirn erstellt auf Grundlage der Sinnesdaten eine bewertete Abbildung der Umwelt und erzeugt ein gemeinsames Gedächtnis, mit dessen Hilfe Verhaltensmöglichkeiten zur Verfügung gestellt werden (**Abb. 43**). Welche der Optionen schließlich gewählt wird, ergibt sich im Gehirn auf der Grundlage von Entscheidungsprozessen, in die ein Erwartungshorizont miteingeht. Welches Verhalten schließlich gewählt wird, ist Resultat neuronaler Verhandlungsvorgänge.

Verhaltensbeobachtungen unter natürlichen Bedingungen und deren genaue Analyse sind entscheidende Voraussetzungen für das Verständnis von Tieren. Fast immer allerdings findet man für dieselbe Verhaltensweise unterschiedliche Erklärungen. In diesem Fall hat sich die Wissenschaftlergemeinde darauf geeinigt, getreu der Methode des Occam'schen Rasiermessers (**siehe S. 306**) die jeweils einfachere Erklärungsweise heranzuziehen. Nur ist nicht immer klar, was im speziellen Fall »einfacher« bedeutet. Was wir mit unserem menschlichen Gehirn als einfacher betrachten, muss ja nicht zwangsläufig auch die einfachere Lösung für das Gehirn eines anderen Tieres sein. Hier passt eine Analogie zum Computer gut. Alle Rechnungen mit 0 und 1 durchzuführen, ist für den Computer die einfachste Lösung, für unser Gehirn aber sicher nicht, sonst hätten wir nicht das Dezimalsystem entwickelt. Ähnlich problematisch ist es, nur auf der Basis von Verhaltensanalysen eine Vorstellung davon zu entwickeln, was sich im Gehirn eines Tieres abspielt. Die Geschichte der Verhaltensbiologie ist – wie die aller wissenschaftlichen Disziplinen – voll von gescheiterten Konzepten, aus denen man Schlüsse ziehen muss. Da braucht man nur an die Thesen der Behavioristen wie B. F. Skinner zu denken, der ausschließlich die Anpassung durch Lernen sah, oder an die von Ethologen wie Konrad Lorenz, für die es wiederum nur angeborene Verhaltensweisen gab. Lernvorgänge etwa als »durch Erfahrung modulierte angeborene Reaktionen« zu definieren, wie dies klassische Ethologen wie Konrad Lorenz und Nikolaas Tinbergen taten, wird – wie wir heute wissen – der innovativen Kapazität von Lernvorgängen nicht gerecht. Die Verhaltensanalysen sowohl der Behavioristen wie auch der Ethologen waren stets großartig und wichtig, aber die Erklärungsansätze blieben recht limitiert. In diesem Dilemma kommt uns die kognitive Neurowissenschaft zu Hilfe. Damit will ich nicht sagen, dass sie alle Probleme lösen kann, aber sie stellt uns ein zusätzliches Instrumentarium zur Verfügung, mit dem wir zumindest in Teile des Gehirns hineinschauen können, während die Prozesse ablaufen, die zur Planung und Durchführung von Verhalten führen. Allerdings ist die Neurowissenschaft blind ohne eine hochwertige Verhaltensanalyse. Für das Verständnis der Verhaltensweisen der Bienen bedeutet dies, dass geeignete Zugänge zum Bienengehirn entwickelt werden müssen, um die wirklich brennenden Fragen stellen zu können. Wie plant dieses kleine Gehirn? Wie entscheidet es zwischen möglichen Zielen? Wie verarbeitet es soziale Signale so, dass ein harmonisches Sozialgefüge entsteht? Diese generellen Fragestellungen der kognitiven Neurowissenschaft lassen sich an einem nicht allzu komplexen Gehirn wie dem der Biene besonders gut bearbeiten. Wir können mittlerweile die Aktivität von Neuronen im Gehirn einer Biene registrieren, während sie sich ungehindert in ihrem Volk bewegt, soziale Kontakte aufnimmt, ein- und ausfliegende Bienen beobachtet und sich in die Gruppe jener Tiere einordnet, deren Aufgabe es ist, die Königin zu betreuen. Unter diesen Bedingungen finden wir Aktivitätsmuster, die – über mehrere Neurone verteilt – das jeweilige Verhalten gut widerspiegeln. Dies ist ein erster Ansatz. Auf längere Sicht wird er dazu führen, die Arbeitsweise des Bienengehirns besser zu verstehen.

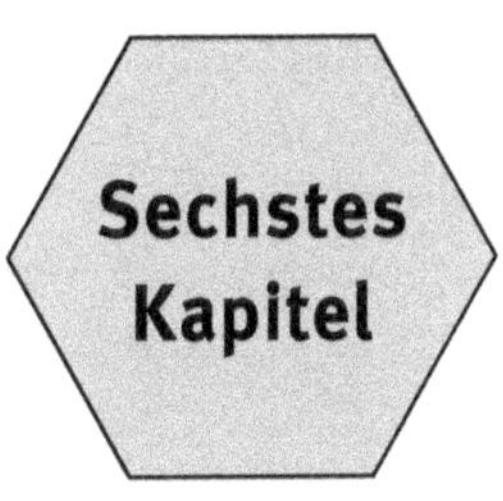

Biene und Umwelt

Nervengifte im Pflanzenschutz – Navigationsprobleme,
oder: Wenn die Chemie nicht stimmt –
Freie Forschung mit frei verkäuflichen Giften –
Vom Umweltopfer zum Umweltspäher

Nervengifte im Pflanzenschutz

Es war ein Schock, als im Frühjahr 2008 im Oberrheingraben 300 Millionen Bienen zugrunde gingen. Verursacht wurde dieses Massensterben von 7000 Völkern durch den Einsatz von Pflanzenschutzmitteln in der industriellen Landwirtschaft. Wobei »Pflanzenschutzmittel« in meinen Ohren reichlich euphemistisch klingt für einen Stoff, mit dem nur ein Ziel verfolgt wird: Insekten zu vernichten. Damals hatten die Bauern eine Substanz aus der Gruppe der Neonicotinoide eingesetzt. Diese Stoffe haften – dank einer speziellen Beizmethode – bereits dem Samen an und breiten sich während des Wachstums in der gesamten Pflanze aus. Beim Säen herrschte Trockenheit und Wind. Außerdem verwendeten die Bauern Maschinen, die den Samen lediglich verstreuten, statt ihn in die Erde zu drücken. Der dabei entstehende Abrieb wurde vom Wind in Obstplantagen geweht, von den dort sammelnden Bienen aufgenommen und in die Stöcke getragen. Innerhalb weniger Tage waren die Völker tot.

Beim Thema Neonicotinoide bin ich als Neurowissenschaftler gefragt, denn dabei handelt es sich um ein Gehirngift. Einer der Rezeptoren in den Neuronen ist der nicotinische Acetylcholinrezeptor. Bei der Biene findet man ihn besonders häufig in den Nervenzellen am Eingang des Pilzkörpers, jener Region also, die mit Lernen und Gedächtnis sowie der Bewertung der Daten aus den sensorischen Bereichen zu tun hat. Die Neonicotinoide verhalten sich in diesem Zusammenhang als »Agonisten«, das heißt, sie haben dieselbe Wirkung wie Acetylcholin. Damit kommt es zu einer starken Erregung in den nachfolgenden Neuronen, was wiederum zur Folge hat, dass diese übererregt werden und dann blockieren. Die Ionenkanäle öffnen sich, und Natrium strömt in einer nicht mehr bewältigbaren Weise ein. Letzten Endes wird die Zelle durch diese Fehlregulation reaktionsunfähig. Sie kann keine synaptische Verarbeitung mehr leisten, so dass jede Möglichkeit der Signal- und Informationsweiterleitung unterbunden ist. Daran stirbt das Tier in kurzer Zeit. Das Bundesamt für Verbraucherschutz und Lebensmittelsicherheit verbot den Verkauf des Nervengiftes nach dem großen Bienensterben. Leider jedoch nur für zehn Tage: Vom 15. bis 25. Mai 2008 durften Neonicotinoide nicht gehandelt werden. Danach erfreuten sie sich bei den Bauern wieder großer Beliebtheit, so dass Milliarden mit diesen Nervengiften umgesetzt werden. Über die Jahre gab es viele vergleichbare Katastrophen auch in anderen europäischen Ländern. Daher setzte die Europäische Kommission den Einsatz von drei Neonicotinoiden ab 2013 für zwei Jahre aus. Allerdings werden weiterhin solche Pestizide eingesetzt, vor allem Thiacloprid, der Wirkstoff, der unter anderem in dem Produkt »Calypso« von Bayer CropScience enthalten ist. Bis heute. Und diese Substanzen werden sogar als »nicht bienengefährlich« angepriesen.

Gleichwohl stellen die Neonicotinoide einen Fortschritt dar, vergleicht man sie mit chemischen Keulen wie DDT, die letztlich auch zu Vergiftungen von Säugetieren und Menschen führen und Krebs verursachen. Neonicotinoide wirken dagegen recht selektiv, weil sie sich speziell an die Form des bei Insekten auftretenden nicotinischen Acetylcholinrezeptors heften und beim Menschen erst in sehr hoher Konzentration Effekte hervorrufen. Kleine Wassertiere, wie meine geliebten Planktontiere, sind sehr empfindlich für diese Gifte, was wiederum schlimme Folgen für Fische, Frösche und Vögel hat. Ein weiterer »Vorteil« der Neonicotinoide ist ihre Wasserlöslichkeit und ihre Haftbeständigkeit an Blättern und Samen. Außerdem erweisen sie sich als chemisch sehr stabil und werden nur langsam abgebaut. Neonicotinoide haben eine Halbwertzeit von etwa 100 Tagen. Das ist gut für die Pflanzen, die diese Stoffe aufnehmen und so gegen sogenannte Schädlinge wie den Maiswurzelbohrer geschützt sind. Sehr gut ist es außerdem für die Herstellerfirmen wie Bayer CropScience oder Syngenta, die mithilfe ihrer gewaltigen Lobby die Bauern davon überzeugen konnten, dass der Einsatz von Neonicotinoiden den Ertrag enorm steigert und dabei den Arbeitsaufwand reduziert. Weniger gut ist das allerdings für viele Organismen und eben auch die Bienen. Wenn sie zur Kühlung des Stockes Wasser benötigen und nach einem Regen aus den Lachen auf einem Feld trinken, können sie wegen der hohen Konzentration der Wirkstoffe gleich vor Ort sterben.

Navigationsprobleme, oder: Wenn die Chemie nicht stimmt

Ich selbst habe nur ein einziges Mal mit der Industrie zusammengearbeitet. 2001 gab es die Radartechnologie für die Untersuchung von Bienen bereits, aber mein Institut verfügte noch nicht über ein eigenes Gerät, so dass wir uns für viel Geld eines mieten mussten. Da bot mir eine Firma, deren Nennung mir ein vielseitiges juristisches Schriftstück verbietet, 20 000 D-Mark an, wenn ich bei meinen Feldversuchen die Wirkung mehrerer in der Entwicklung befindlicher Substanzen testen würde. Dabei handelte es sich um sogenannte Pflanzenschutzmittel, deren mögliche Wirkung auf die Bienennavigation untersucht werden sollte. Ich bekam verschiedene, nur mit Ziffern beschriftete Röhrchen inklusive einer Anweisung, wie man die Substanzen verdünnt, sowie das Geld, das mit zur Miete des Radargeräts beitrug. Dann begannen die Merkwürdigkeiten. Ich sollte mir vom Unternehmen nämlich den geplanten Versuchsablauf genehmigen lassen. Die Zuständigen dort sprachen immer von einer »Zertifizierung«, die notwendig wäre, damit sie sicher sein könnten, dass ich die Versuche auch richtig durchführte. Diesbezüglich wechselten einige von beiden Seiten aus im Ton etwas harschere E-Mails den Empfänger. Ich pochte auf die Freiheit der Wissenschaft als verbrieftes Grundrecht und auf meine damals über dreißigjährige Erfahrung mit Bienenexperimenten, ihre Argumente kreisten um den Vertrag und das geflossene Geld. Letztlich brachen wir ohne Zertifikat der Industrie, aber mit den 20 000 D-Mark und großer Neugier auf die Navigationsexperimente mit dem geliehenen Radargerät auf.

Während ich mich intensiv um meine eigenen Fragestellungen kümmerte, vertraute ich die Durchführung der Versuchsreihen im Auftrag der Industrie zwei Studenten an, die ihre Arbeit unter meiner Anleitung und Verantwortung hervorragend erledigten. Die Resultate waren eindeutig. Die Bienen bekamen bereits nach dem Kontakt mit niedrigen Dosen der Präparate des Unternehmens erhebliche Probleme bei der Navigation. Sie fanden wesentlich schlechter zum Stock zurück als die Kontrolltiere. In Versetzungsversuchen verirrten sich viele der Bienen, die von den Mitteln getrunken hatten, völlig, nachdem sie bei gelernten Landmarken die falschen Entscheidungen getroffen hatten. Ich fasste unsere Ergebnisse in einem Bericht zusammen und schickte sie dem Unternehmen. Meine Ansprechpartner hatten offensichtlich einen anderen Ausgang der Experimente erhofft. Nun begann eine weitere nervenaufreibende Korrespondenz, die sich bis ins Jahr 2002 hinzog. Zuerst wurden die Protokolle angezweifelt, dann sollte ich die Auswertung ausführlicher fassen, und schließlich verlangte man mit Verweis auf den Vertrag die Herausgabe der Originaldaten und deren anschließende Vernichtung in meinen Unterlagen. Das gestaltete sich jedoch schwierig, weil die Rohdaten ohne die von uns entwickelte computergestützte Auswertung ohne Bedeutung waren. Als ich das zu erklären suchte, wurden die Firmenvertreter immer ärgerlicher. Dann bekam ich noch einmal ein offizielles Schriftstück, in dem man mich ausdrücklich darauf hinwies, dass ich die in ihrem Auftrag erhobenen Daten in keiner Weise verwenden durfte. Weder für eine Publikation noch für einen Vortrag, nicht einmal für eine institutsinterne Besprechung. Alles sei strengstens geheim. Ob ich wohl dieselben Auflagen bekomme hätte, wenn unsere Experimente keinerlei Störung der Bienennavigation ergeben hätten?

Wir fanden schließlich eine Form, in der wir unsere Originaldaten übermitteln konnten. So waren wir unseren Pflichten nachgekommen und wurden in Ruhe gelassen. Ich zog aus dieser Geschichte zwei Schlussfolgerungen. Erstens schwor ich, nie wieder mit der Industrie zusammenzuarbeiten. Zweitens grub sich in meinen Hinterkopf (eigentlich müsste man vom Vorderkopf sprechen, denn dort sitzt vor allem unsere Fähigkeit zum Nachdenken) ein tiefes Misstrauen gegen die Machenschaften der chemischen Industrie ein. Ich wusste, dass an Stoffen gearbeitet wurde, die verheerende Folgen für die Bienen hatten, für Organismen also, die keinerlei Gefahr für die Pflanzen darstellten, die geschützt werden sollten. Waren also noch andere Tierarten in Gefahr?

Mein Misstrauen wühlte andere biografische Erfahrungen wieder auf. Während meines Studiums habe ich eine Zeit lang als Abwasserbiologe im Labor der Merck AG in Gernsheim am Rhein gearbeitet. Dort wurde das Schädlingsbekämpfungsmittel »Jacutin« hergestellt, dessen Wirkstoff Hexachlorzyklohexan (Lindan) zu zweifelhaftem Ruhm gelangte. Mit meinen Analysen des Rheinwassers hätte ich damals beweisen können, dass Merck hochgiftige Abfallprodukte aus der Jacutinproduktion direkt in den Rhein abließ. Allerdings hätten meine Beweise niemanden interessiert, da es jeder wusste, der es wissen wollte. Offensichtlich sogar die staatlichen Prüfstellen. Jedenfalls kündigte die zuständige Behörde des Umweltministeriums in Wiesbaden jeweils zwei Tage vorher an, wenn sie die Wasserqualität überprüfen wollte. Mein Chef informierte dann den Produktionsleiter über den bevorstehenden Besuch, und die Schieber wurden geschlossen, bis das Schiff der Prüfstelle wieder weg war. Doch nicht nur der Rhein wurde krank, auch viele Arbeiter bei Merck, mit denen ich in der Feuerwehrkapelle zusammen musizierte, kämpften mit massiven gesundheitlichen Problemen bis hin zu Karzinomen – auffallend häufig Hautkrebs.

Als ich mir meine Exkursionen in die Rheinwiesen in Erinnerung rief, realisierte ich, auf welche Artenvielfalt ich in den vierziger und fünfziger Jahre noch gestoßen war. Sogar das eigenwillige Nervensystem der Schwämme konnte ich am Ufer des Rheins studieren. Die Bauern erklärten uns damals den Sinn der Vierfelderwirtschaft, während wir mit ihnen die Kartoffelkäfer absammelten, Rüben vereinzelten oder Heu einbrachten. Wenn wir Hunger hatten, brachen wir uns einfach Maiskolben ab und aßen sie. Als ich meinen Kindern in den siebziger Jahren die Orte meiner Kindheit zeigte, gab es diese ganze Welt nicht mehr. Keine Kleewiesen, keine Schwämme, kaum Insekten auf den Feldern, nur noch Monokulturen, und nachdem wir Maiskolben gegessen hatten, wurden wir krank. All diese Facetten meiner Erinnerung tauchten nach meinem unseligen Kontakt mit der Industrie wieder auf. Ich fühlte mich sowohl als Neurowissenschaftler wie auch als Biologe herausgefordert.

Freie Forschung mit frei verkäuflichen Giften

Als wir schließlich ein eigenes Radargerät besaßen, konnten wir weitere Untersuchungen in dieser Richtung durchführen, ohne auf finanzielle Unterstützung aus der Industrie angewiesen zu sein. Im Rahmen einer Doktorarbeit haben wir mit drei verschiedenen Neonicotinoiden gearbeitet, darunter auch mit dem in jedem Baumarkt unter dem Namen »Calypso« erhältlichen Thiacloprid. Wir konnten noch einmal definitiv nachweisen, dass die Navigation der Bienen durch Neonicotinoide gestört wird.[1] Wir haben nun mit dem Radar gesehen, dass sie unter den geringen von uns verwendeten Mengen der drei Neonicotinoide anfänglich relativ präzise ihrer Fluganweisung folgen. Das heißt, sie können gut fliegen, den Sonnenkompass verwenden und die

Entfernung abschätzen. Wenn sie aber in Versetzungsversuchen herausfinden sollen, wo sie sind und auf welchem Weg es nach Hause geht, sind sie häufig verloren. Somit scheint das unmittelbare Arbeitsgedächtnis von einer geringen Dosis Neonicotinoide nicht in seiner Funktion beeinträchtigt zu sein, während die Tiere auf das weiter zurückliegende Gedächtnis, das sie in den ersten Erkundungsflügen gebildet haben, nicht mehr zurückgreifen können.

Nun konnten wir unsere in freier Forschung gewonnenen Ergebnisse auch publizieren. Sie stützten die ohne Radar getätigten Untersuchungen einer französischen Forschergruppe von der Universität Avignon[2] und eine Reihe weiterer Untersuchungen, die schließlich dazu führten, dass die Europäische Behörde für Lebensmittelsicherheit (EFSA) der Europäischen Kommission vorschlug, den Einsatz von drei Neonicotinoiden zu verbieten. Das Verbot trat 2013 zunächst für zwei Jahre in Kraft. Das Neonicotenoid Thiacloprid blieb von diesem Verbot ausgenommen, weil es seine tödliche Wirkung erst in einer wesentlich höheren Dosis entfaltet. Mit dieser Begründung bekam »Calypso« von der zuständigen Risikobewertungstelle des Bundes in Braunschweig sogar das Siegel »nicht bienengefährlich«. Diese Begründung hält keiner rationalen Überlegung stand, da die Wirkung des Pestizids gegen die vom Kleingärtner als Schädlinge behandelten Insekten erst bei hohen Dosen einsetzt und deshalb auch höhere Konzentrationen sowie wiederholtes Sprühen dafür sorgen, dass sich viel Thiacloprid auf den Pflanzen befindet, was dann natürlich auch die Bienen massiv schädigt. Die Bauern sprühen das Gehirngift ebenso auf ihre Felder. Wie kommt die Biologische Bundesanstalt für Land- und Forstwirtschaft, die im Julius-Kühn-Institut Braunschweig beheimatet ist, dazu, dieses Siegel zu vergeben? Es ist ein eher offenes Geheimnis, dass eben diese Stelle für Zuwendungen aus der Industrie empfänglich ist, denn die zahlt ja für die notwendigen Untersuchungen, was sich nach meinen Erfahrungen über kurz oder lang als ein Pakt mit dem Teufel entpuppt.

Wir haben uns das Argument der Dosis in weiteren Untersuchungen noch einmal genauer vorgenommen. Wenn wir den Bienen eine sehr geringe Dosis Thiacloprid über einige Tage anboten, brauchten sie immer höhere Zuckerkonzentrationen, um ihre Sammelaktivität überhaupt aufrechtzuerhalten. Außerdem stellten sie ihre Tanzaktivitäten ein. Während die Kontrolltiere sofort zu tanzen begannen, sobald wir ihnen an einer Stelle mehr Zucker anboten, ließen sich die unter der Wirkung von Thiacloprid stehenden Tiere nicht dazu bewegen, andere Bienen im Schwänzeltanz anzuwerben. Eine langfristige Aufnahme hat weitreichende Effekte, auch bei sehr geringen Dosen. Das ist eine Regel der Toxikologie, die häufig vergessen wird. Für die Neonicotinoide ist dies besonders dramatisch, weil sie so stabil sind. Da diese Wirkstoffe im Insektenkörper über entgiftende Enzyme abgebaut werden, führt der massive Einsatz auch zur Entstehung resistenter Schadinsekten, was wiederum höhere Konzentrationen sowie die Entwicklung von noch wirksameren Substanzen nötig macht.

Vom Umweltopfer zum Umweltspäher

Im Labor testeten wir außerdem die Wirkung von Thiacloprid im Rahmen von Lernexperimenten. Dabei fanden wir bereits bei 64 Nanogramm (64 Milliardstel Gramm!) pro Tier massive Schädigungen der Gedächtnisbildung und des Gedächtnisabrufs. Die chronische Dosis, die unter anderem zur Einstellung des Schwänzeltanzes führte, lag bei 170 Nanogramm pro Sammelflug. Da die Tiere den größten Teil ihres Sammelgutes im Stock abliefern, nahmen sie nur ca. 2 Nanogramm pro Flug in ihren Köper auf. Diese Zahlen werden beredt, wenn man sie mit der Giftigkeit von Thiacloprid vergleicht. Dieser Wert (LD 50), der angibt, welche Dosis gebraucht wird, um die Hälfte aller Tiere einer Population umzubringen, liegt für Bienen bei 15 000 Nanogramm pro Tier.

Das zeigt eindrücklich, was in der Toxikologie wohl bekannt ist: Chronische Wirkungen eines Giftes haben im Prinzip überhaupt keine Schwelle. Wenn die Umwelt der Bienen mit langlebigen Gehirngiften kontaminiert ist, werden die Bienen nachhaltig geschädigt. Im Superorganismus betrifft das nicht nur die einzelnen Sammlerinnen, die mit den Stoffen direkt in Kontakt kommen, sondern das ganze Volk. Denn je nach Flugdauer werden etwa 90 Prozent des belasteten Nektars im Stock abgeladen und verteilt. Der gesamte Superorganismus wird also von den Giften belastet, was sich zuerst in der Kommunikation der Bienen zeigt.

Nun kam uns eine Idee! Wir wissen mittlerweile, dass die Informationsübertragung im Schwänzeltanz wesentlich mithilfe elektrostatischer Felder geleistet wird (siehe S. 159ff. und 271ff.). Da wir diese Felder gut messen können, hätten wir mit solchen Daten ein objektives Maß für die Gesundheit des gesamten Stocks, wir könnten gewissermaßen ein Elektro-Encephalogramm (EEG) des Bienenvolks erstellen. Sobald die Bienen giftige Stoffe eintragen, die zu Verhaltensänderungen im Tanz führen, könnten wir das über die Veränderung der elektrostatischen Felder registrieren. Wenn unser System empfindlich genug wäre, bereits kleinste Abweichungen wahrzunehmen, könnten die Imker sofort reagieren und ihre Stöcke an einen anderen Ort schaffen. Zuvor aber wäre es noch möglich, die Quelle der Vergiftung auszumachen, weil man aufgrund der Entfernungsangaben in den ersten gestörten Schwänzeltänzen feststellen kann, wo die Sammlerin das Gift aufgenommen hat.

Wenn es uns gelingt, die Fehler zu systematisieren, die den Sammlerinnen anfänglich unterlaufen, bevor sie ihre Tanzaktivität ganz einstellen, dann könnten wir sie am Computer herausrechnen und angeben, auf welchen Feldern gerade Gift gesprüht wird. Auf diese Weise könnte die Biene für unsere ländlichen Ökosysteme das werden, was die Ökologen als »Leitorganismen« oder »Bioindikatoren« bezeichnen. Das sind Tiere, die in einer besonders markanten Weise auf Veränderungen in der Umwelt, wie Sauerstoffmangel im Wasser oder Schwefeldioxidanreicherung der Luft, reagieren. Die Bienen scheinen uns als Leitorganismen sehr geeignet, durch die industrielle Landwirtschaft in die Natur eingebrachte Giftstoffe anzuzeigen. Deswegen bezeichnen wir das von uns entwickelte System auch als »Umweltspäher«, dessen Prototyp im Sommer 2015 von sieben Imkern eingesetzt wurde. Sollten sich unsere Hoffnungen erfüllen, hätten wir in absehbarer Zeit ein Instrument in der Hand, mit dem überall, wo es Bienen gibt, die Umweltbelastungen durch Gehirngifte registriert und in einer Zentrale ausgewertet werden könnten. Dies sollte dann ein Ort sein, der erstens mit juristischer Autorität ausgestattet ist und zweitens nicht von der Wirtschaft unterstützt wird. Man sollte meinen, dass die staatlichen Stellen, die biologische Bundesanstalt, das Julius-Kühn-Institut und die jeweils zuständigen Einrichtungen für Risikobewertung solche Stellen wären. Leider sind sie es nicht. Hier hilft in einer demokratischen Gesellschaft nur ein Aufstand der Betroffenen, und das sind wir alle, zusammen mit den Honigbienen, den Hummeln und den Wildbienen. Wir sollten alle Mittel einsetzen, um das Bewusstsein für die von der industriellen Landwirtschaft erzeugten Gefahren zu steigern und sowohl die direkten als auch die indirekten Schäden in unserer Umwelt aufzeigen. Neonicotinoide werden in Bäche, Flüsse, Teiche und Seen gespült. Dort töten sie die Planktonorganismen, die Fischen als Nahrung dienen. Schwärme von Kiebitzen flogen noch vor 15 Jahren über unsere Köpfe. Ihre Vorliebe für mit Pestiziden behandelten Mais hat ihnen den Garaus gemacht. Dass demnächst noch mehr Vögel aus unserer Landschaft verschwinden, weil sie weder Insekten noch Wassertiere fressen können, darf uns dann nicht wundern. Seit 1970 hat sich die Zahl der Tierarten auf unserem Planeten bereits halbiert.[3] Wollen wir wirklich in solch einer öden Umwelt leben?[4]

Natürlich tragen viele Faktoren zum Aussterben von Arten bei, und der Pestizideinsatz ist nur einer davon. Doch alle diese Faktoren werden vom Menschen verursacht: die globale Erwärmung durch die ungebremste Verbrennung von Öl und Gas, die Vernichtung großer Habitate wie der tropischen Regenwälder, der Korallenriffe oder der Tundren durch menschliche Nutzung sowie giftige Abfälle.[5] Wir Erdbewohner tragen die Verantwortung für diese globalen Zerstörungen. Aber wir brauchen gar nicht in die Ferne schweifen. Die Nahrungsproduktion findet gleichsam direkt vor unserer Tür statt. Wir können sehen, wie sie erfolgt. Dann sollten wir uns fragen, ob wir in unserer unmittelbaren Nachbarschaft einen derartigen Verlust von Lebensqualität – ja von schlichten Überlebensmöglichkeiten – für viele Lebewesen und nicht zuletzt für uns selbst zulassen wollen.

Vielleicht kommt man sich oft machtlos vor angesichts global operierender Wirtschaftsunternehmen. Doch wir haben große Macht. Denn wir Verbraucher können entscheiden, welche Produkte wir kaufen. Wäre es also nicht lohnenswert, etwas mehr für unsere Ernährung auszugeben und vorzugsweise Produkte zu kaufen, die unter Ausschluss von umweltzerstörenden Chemikalien produziert werden? Dann würden vielleicht auch die Verfechter der industriellen Landwirtschaft umdenken und den Gifteinsatz stark reduzieren oder sogar ganz aufgeben. Die Bienen und viele ihrer Leidensgenossen danken es uns bestimmt.

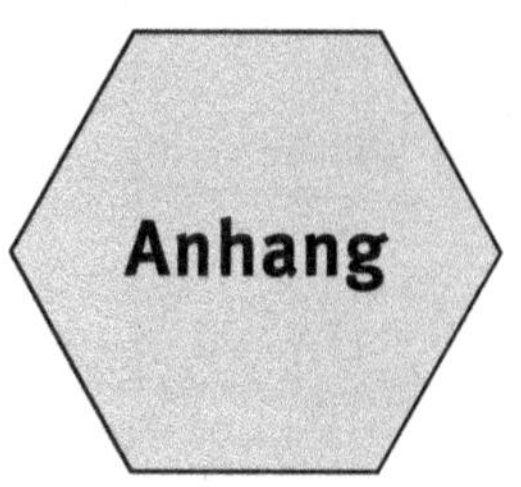

Anhang

Anmerkungen

1. Kapitel – Annäherung. Wie man mit Bienen ins Gespräch kommt

1. Aristoteles: *Tierkunde*, Paderborn, 1949, S. 423
2. Bernd Heinrich: *Bumblebee Economics*, Cambridge 1979, S. 169 (deutsche Ausgabe: *Der Hummelstaat*, München, 1994)
3. Karl von Frisch: Über die ›Sprache‹ der Bienen: Eine tierpsychologische Untersuchung. Sonderabdruck aus *Zoologische Jahrbücher. Abteilung für Allgemeine Zoologie und Physiologie*, 40. Band, 1923, S. 1–186, Tafel 1
4. John Dalton, in: *Memoirs of the Manchester Literary and Philosophical Society*, vol. 5. 1798, S. 28
5. Die Tafeln stammen aus: *HRR Pseudoisochromatic Plates*, 4th Edition. Richmond Products, Albuquerque, NM. (www.richmondproducts.com)
6. Carl von Hess: Experimentelle Untersuchungen über den angeblichen Farbensinn der Bienen. *Zoologische Jahrbücher*, Jena, 1913, 34. Band, Heft 1
7. Thomas Nagel: Wie es ist, eine Fledermaus zu sein, in: P. Bieri: *Analytische Philosophie des Geistes*. Königstein/Taunus, 1981, S. 264
8. Nach Natalie Hempel-De Ibarra, Misha Vorobyev, Randolf Menzel: Mechanisms functions and ecology of colour vision in the honey bee. *J Comp Physiol* 200 (2014) 411–433, Fig. 5
9. Prof. R. Rojas und Dr. T. Landgraf, Institut für Informatik, freie Universität Berlin.

2. Kapitel – Einblicke ins Bienengehirn, oder der andere Weg zur Intelligenz

1. Karl von Frisch: Dialects in the Language of the Bees. *Scientific American* 207 (1962) 78–89; doi:10.1038/scientificamerican0862-78, S. 78
2. Karl von Frisch: *Tanzsprache und Orientierung der Bienen*. Heidelberg, 1965
3. Die Überlegungen zum nächsten Abschnitt wurden in Diskussionen mit meinem Kollegen Raul Rojas und mit Herrn Stefan Klein entwickelt.
4. Abbildungen aus: Robert von Lendenfeld: *Die Spongien der Adria*. Leipzig, 1891, Tafel 13. Weitergehende Information zur Funktion der Nervenzellen in Schwämmen, insbesondere zu den Synapsenproteinen, unter: http://www.plosone.org/article/info:doi/10.1371/journal.pone.0000506

5. Emil du Bois-Reymond: *Über die Grenzen des Naturerkennens*. Leipzig, 1872, S. 51
6. Nach H. J. Jerison: The evolution of neural and behavioral complexity. In: *Brain, Evolution and Cognition*. G. Roth and M.F. Wullimann (Hrg.). New York 2000, S. 523–553, Fig. 18.3
7. Karl von Frisch: Insekten – die Herren der Erde. *Naturwiss Rundschau* 10 (1959) 369–375, S. 371
8. Dies wurde in zwei sehr aufschlussreichen Arbeiten gezeigt: (1) Nunez J, Almeida L, Balderrama N, Giurfa M: Alarm pheromone induces stress analgesia via an opioid system in the honeybee. *Physiol Behav* 63 (1997) 75–80. (2) Nunez J, Maldonado H, Miralto A, Balderrama N: The stinging response of the honeybee: effects of morphine, naloxone and some opioid peptides. *Pharmacol Biochem Behav* 19(1983): 921–924
9. Félix Dujardin: Memoire sur le systeme nerveux des insects. *Ann Sci Nat Zool* 14 (1850) 195–206

3. Kapitel – Was wir über die 7 Sinne der Bienen wissen

1. In dem Artikel von Kuno Kirschfeld: Linsen- und Komplexaugen: Grenzen ihrer Leistung. *Naturwiss Rundschau* 37 (1984) 352–362, werden die Leistungen von Linsen- und Komplexaugen sehr anschaulich verglichen. Es stellt sich heraus, dass ein Komplexauge, das die gleiche räumliche Auflösung hätte wie die beste Auflösung im menschlichen Auge (in der Region der Fovea), einen Durchmesser von 12 Metern haben müsste. Da die Auflösung unseres Auges außerhalb der Fovea sehr viel schlechter ist als in der Fovea, hätte ein Komplexauge mit der mittleren Auflösung unseres ganzen Auges nur einen Durchmesser von 1 Meter und wäre mit 1 Million Einzelaugen ausgestattet. Interessanterweise wäre ein Linsenauge mit der Auflösung des Komplexauges der Biene nicht größer als ihr Komplexauge, hätte aber natürlich nur eine sehr begrenzte Sicht.
2. Die Entdeckung der drei Farbrezeptoren im Bienenauge gelang Hans-Jochem Autrum und Vera von Zwehl Anfang der 1960er Jahr am Zoologischen Institut in München. Die beiden wichtigsten Publikationen dazu sind: Autrum H, Zwehl Vv: Die Sehzellen der Insekten als Analysatoren für polarisiertes Licht. *Z vergl Physiol* 46 (1962) 1–7, und Autrum H, Zwehl Vv: Ein Grün-Rezeptor im Drohnenauge (*Apis mellifera*). *Naturwiss* 22 (1963) 698. Zu dieser Zeit war durch die Verhaltensexperimente von Karl Daumer bereits bekannt, dass Bienen ein trichromatisches Farbensehsystem mit UV-, Blau- und Grün-Rezeptoren haben. (Daumer K: Reizmetrische Untersuchung des Farbensehens der Bienen. *Z Vergl Physiol* 38 (1956) 413–478). Die Methode der intrazellulären Registrierung der Belichtungspotentiale in einzelnen Photorezeptoren im Insektenauge wurde im Institut von Hans-Jochen Autrum von Dietrich Burkhardt entwickelt.
3. Heute weiß man, dass nicht alle Einzelaugen die gleiche Ausstattung haben und dass es zwei Typen von Grün-Rezeptoren gibt, so

dass die meisten Einzelaugen 6 Grün-Rezeptoren aufweisen. Manche Einzelaugen haben nur einen UV- und einen Blau-Rezeptor und manche neben den Grün-Rezeptoren nur 2 UV- *oder* 2 Blau-Rezeptoren. Das lässt sich nachweisen, indem man die RNA für die drei verschiedenen Opsine, die Proteinanteile der Sehfarbstoffe, in den Zellen nachweist. (Wakakuwa M, Kurasawa M, Giurfa M, Arikawa K: Spectral heterogeneity of honeybee ommatidia. *Naturwissenschaften* 92 (2005) 464–467)

4. Eine sehr aufschlussreiche Darstellung dieser Zusammenhänge findet man bei Kirschfeld: *Neural Principle of Vision.* Heidelberg, 1976; siehe auch: Kirschfeld Kuno: Linsen und Komplexaugen: Grenzen ihrer Leistung. Naturwissenschaftliche Rundschau 37 (1984) 352–364
5. Wehner R: The hymenopteran skylight compass: matched filtering and parallel coding. *Journal of Experimental Biology* 146 (1989) 63–85, Fig. 1
6. Aus dem Polarisationsmuster von kleinen Sehbereichen des Himmels lässt sich die Position der Sonne und der Großkreise mit der Sonne nicht eindeutig bestimmen, denn es gibt meist mindestens zwei Stellen am Himmel, die die gleiche Polarisationsrichtung aufweisen. Hier kommt der Biene ihre Fähigkeit zum Farbensehen zu Hilfe, denn wenn sie den Farbgradienten des Himmelsflecks bestimmt, lässt sich diese Zweideutigkeit auflösen. Unter natürlichen Bedingungen, wenn also die Sonne unter dem Horizont oder hinter Bergen steht, und Wolken am Himmel sind, werden häufig mehrere Stellen von blauen Himmelsflecken sichtbar sein. In diesem Fall ist stets eine genaue Bestimmung ihres Großkreises möglich. Eine sehr anschauliche Diskussion dieser Zusammenhänge findet man in folgenden Publikationen: Wehner R: Astronavigation in Insects. *Annu Rev Entomol* 29 (1984) 277–298; Wehner R: Neurobiology of polarization vision. *Trends in Neurosciences* 12 (1989) 353–359; Wehner R: Orientierung und Navigation. Visuelle Navigation: Kleinstgehirn-Strategien. *Verh Dtsch Zool Ges* 84 (1991) 89–104
7. Menzel R, Snyder AW: Polarised light detection in the bee, *Apis mellifera. J Comp Physiol* 88 (1974) 247–270
8. Mit elektronenmikroskopischen Schnittserien durch die in den Himmel schauende Region des Bienenauges stellte sich heraus, dass sich alle drei UV-Rezeptoren über die ganze Länge des Einzelauges erstrecken und dass diese Einzelaugen nicht verdrillt sind. Daraus muss man schließen, dass sie ihre Polarisationsempfindlichkeit behalten. Da die Membranröhrchen in zwei der UV-Rezeptoren die gleiche Richtung einnehmen und die im dritten in einem Winkel von 90 Grad dazu ausgerichtet sind, enthält jedes Einzelauge zwei Polarisationsdetektoren. Mit diesen vermag die Biene den gesamten Himmel hinsichtlich seines Polarisationsmusters zu analysieren. Da sich das Muster der beiden Polarisationsdetektoren in benachbarten Einzelaugen des oberen Bienenauges graduell ändert, wurde angenommen, dass das daraus entstehende Muster eine Art Passung mit dem mittleren Polmuster entlang des Streifens 90 Grad zur Sonne dar-

stellt (Wehner R: Orientierung und Navigation. Visuelle Navigation: Kleinstgehirn-Strategien. *Verh Dtsch Zool Ges* 84, 1991, 89–104). Dies ist eine bestechende Idee, aber eine solche Passung ist gar nicht notwendig, und Indizien dafür wurden weder im Gehirn der Biene noch bei anderen Insekten (wo die Information der Polarisationsdetektoren verarbeitet wird) gefunden.

9. Die Ergebnisse der spektralen Vermessung von Photorezeptoren in den Komplexaugen von 50 verschiedenen Bienenarten werden in dieser Publikation mitgeteilt: Peitsch D, Fietz A, Hertel H, de Souza J, Ventura DF, Menzel R: The spectral input systems of hymenopteran insects and their receptor-based colour vision. *J Comp Physiol* [A] 170 (1992) 23–40

10. Im Verlauf unserer Untersuchungen wurden mehrere Modellrechnungen zur Darstellung von Farben in einem Rezeptorraum durchgeführt. Zuerst führte Werner Backhaus Farbunterscheidungstests durch, extrahierte daraus mit Hilfe der multidimensionalen Skalierung Wahrnehmungsdimensionen und interpretierte diese auf der Grundlage unserer Kenntnisse über die Farbrezeptoren (Backhaus W, Menzel R: Color distance derived from a receptor model of color vision in the honeybee. *Biol Cybern* 55, 1987, 321–331). Dann wurden die Ergebnisse der multidimensionalen Skalierung auf das Gegenfarben-System übertragen, wobei die Befunde über die Eigenschaften von Gegenfarben-Neuronen hilfreich waren (Backhaus W: Color opponent coding in the visual system of the honeybee. *Vision Res* 31, 1991, 1381–1397). Der nächste Schritt bestand darin, das Farbsehmodell nur auf die Eigenschaften der Farbrezeptoren zurückzuführen und zu prüfen, ob sich die im Verhalten gemessene Farbunterscheidungsfunktion damit quantitativ beschreiben lässt. Neben der spektralen Empfindlichkeit sind die Rauscheigenschaften der Farbrezeptoren von entscheidender Bedeutung (Vorobyev MV, Brandt R, Peitsch D, Laughlin SB, Menzel R: Colour thresholds and receptor noise: behaviour and physiology compared. *Vision Res* 41, 2001, 639–653). Die Vorhersagen dieses »Rezeptor-Rausch-Modells« für die spektrale Unterscheidung passten sehr gut, nicht nur für die von uns durchgeführten Messungen, sondern auch für solche von Helversen Ov: Zur spektralen Unterschiedsempfindlichkeit der Honigbiene. *J Comp Physiol* 80 (1972) 439–472. Dieses Rezeptor-Rausch-Modell ist zur Zeit das beste Modell des Farbensehens der Biene. Eine aktuelle und aufschlussreiche Zusammenfassung zu dieser Thematik findet man bei Hempel de Ibarra N, Vorobyev M, Menzel R: Mechanisms, functions and ecology of colour vision in the honeybee. *J Comp Physiol A Neuroethol Sens Neural Behav Physiol* 200 (2014) 411–433

11. Ganz so einfach, wie ich es hier dargestellt habe, ist es nicht. In den optischen Ganglien findet man stets auch die jeweils entgegengesetzten Gegenfarben-Paare: also sowohl UV+/B–/G– wie auch UV–/B+/G+, und UV+/B–/G– sowie UV–/B+/G–. Das darf nicht verwundern, denn es kommt hier nicht auf das Vorzeichen (Erregung oder Hemmung) an sich an, sondern auf den Antagonismus, also den Vorzei-

chenunterschied. Dies bedeutet aber auch, dass im Gehirn der Biene jedes Neuron stets genau »weiß«, von welcher Art anderem Neuron es seinen Eingang bekommt. Die antagonistische Verschaltung im Nervensystem aller Tiere und auch in dem des Menschen ist ein grundsätzliches Prinzip der kategorialen Zuordnung. Sie findet sich in allen Sinnessystemen und in der Steuerung der Motorik ebenfalls.

12. Srinivasan MV, Lehrer M, Zhang SW, Horridge GA: How honeybees measure their distance from objects of unknown size. *J Comp Physiol* [A] 165 (1989) 605–613
13. Nach Giurfa M, Vorobyev MV, Kevan PG, Menzel R: Detection of coloured stimuli by honeybees: minimum visual angles and receptor specific contrasts. *J Comp Physiol* [A] 178 (1996) 699–709, Fig. 1
14. Nach: K. v. Frisch, 1965, 509 und 535; und nach E. H. Ericson, S. D. Carlson, M. B. Garment: A Scanning Electron Microscope Atlas of the Honey Bee, lowa University Press
15. Tatsächlich sind die zellulären Vorgänge in den Riechrezeptoren etwas komplizierter. Viele (vielleicht alle) Riechorgane übertragen das Geruchsmolekül erst auf ein Überträgermolekül, das sich im Lymphraum um den Dendriten befindet. Dieses Überträgermolekül bindet dann an Rezeptormoleküle in der Dendritenmembran, die entweder selbst einen Ionenkanal darstellen oder direkt mit einem Ionenkanal verbunden sind. In diesen Fällen wird kein intrazellulärer Botenstoff (z. B. cAMP) eingesetzt. Eine weitere Komplizierung besteht darin, dass neben dem Rezeptormolekül für die Duftsubstanz auch noch ein sogenannter Korezeptor in der Dendritenmembran vorhanden ist. Beide Moleküle bilden einen Komplex, der ein Ionenkanal sein kann.
16. Die bildliche Darstellung der Duftcodierung im Antennallobus der Bienen zeigte zum ersten Mal, dass Riechen im Nervensystem dem gleichen Prinzip folgt wie Sehen, Hören und Fühlen. Verschiedene Reize werden in einer Karte neuronaler Erregung niedergelegt. In diesem Fall war es die Glomerulikarte im Antennenlobus der Biene. Joerges J, Küttner A, Galizia CG, Menzel R: Representation of odours and odour mixtures visualized in the honeybee brain. *Nature* 387 (1997) 285–288. Inzwischen weiß man, dass dieses Prinzip auch für andere Riechsysteme gilt. Im Säugergehirn entspricht dem Antennenlobus der Insekten der olfaktorische Bulbus (Riechkolben), der ebenfalls eine Glomerulistruktur aufweist.
17. Einen sehr aufschlussreichen Vergleich des Aufbaus und der Arbeitsweise von Riechsystemen findet man bei Hildebrand JG, Shepherd GM: Mechanisms of olfactory discrimination: converging evidence for common principles across phyla. *Annu Rev Neurosci* 20 (1997) 595–631. In dieser Publikation wird gezeigt, dass die Strukturen der ersten Verarbeitungsstufen im Riechsystem der Tiere die Grundlage sind für die Unterscheidung von Düften, und dass dies auf einer kartenartigen Repräsentation der Düfte beruht.
18. Die Aspekte der zeitlichen Codierung von Düften werden in dieser Übersichtsarbeit in ganzer Breite und Tiefe dargestellt: Laurent GJ,

Stopfer M, Friedrich RW, Rabinovich MI, Volkovskii A, Abarbanel HDI: Odor encoding as an active, dynamical process: experiments, computation, and theory. *Annu Rev Neurosci* 24 (2001) 263–297

19. Nach J. Dudel, R. Menzel, R. F. Schmidt (Hsg.): *Neurowissenschaft. Vom Molekül zur Kognition*. 2. Aufl. Berlin, 2001, S. 204, Abb. 8.12
20. Rene Descartes: *Die Leidenschaften der Seele*. Hamburg, 1996, S. 69
21. Die Codierung von Düften im lateralen Protocerebrum wurde in dieser Arbeit mit Ca-Imaging-Experimenten untersucht: Roussel E, Carcaud J, Combe M, Giurfa M, Sandoz JC: Olfactory coding in the honeybee lateral horn. *Curr Biol* 24 (2014) 561–567
22. Eine Darstellung der verschiedenen Vorstellung über diese beiden Bahnen findet man bei Giovanni Galizia und Wolfgang Rossler: Parallel Olfactory Systems in Insects: Anatomy and Function. *Ann Rev. Entomology* 55 (2010) 399–420
23. Die unterschiedlichen Codierungseigenschaften des inneren und des äußeren Traktes vom Antennallobus zum Pilzkörper hinsichtlich der Konzentration, der Identität und der Mischung von Düften werden in dieser Arbeit dargestellt: Yamagata N, Schmuker M, Szyszka P, Mizunami M, Menzel R: Differential odor processing in two olfactory pathways in the honeybee. *Front Syst Neurosci* 3 (2009) 16
24. Nach Kirschner S, Kleineidam CJ, Zube C, Rybak J, Grunewald B, Rossler N: Dual olfactory pathway in the honeybee, *Apis mellifera. J Comp Neurol* 499 (2006) 933–952, verändert
25. Nachgewiesen wurde dies in einer großen Studie von Guerrieri F, Schubert M, Sandoz JC, Giurfa M (2005): Perceptual and neural olfactory similarity in honeybees. PLoS Biol 3(4):e60. Dazu wurden Verhaltensexperimente zur Duftunterscheidung durchgeführt und ein Maß für die Ähnlichkeit der Glomeruli-Aktivitätsmuster für die verschiedenen Düfte entwickelt. Diese beiden Maße, das Unterscheidungsmaß und das Ähnlichkeitsmaß der Glomeruli-Muster, passen sehr gut.
26. Nach Sachse S, Galizia CG: The Role of Inhibition for Temporal and Spatial Odor Representation in Olfactory Output Neurons: A Calcium Imaging Study. *Journal of Neurophysiology* 87 (2002) 1106–1117, kombiniert und verändert
27. Die Abhängigkeit der Stärke der Glomerulus-Aktivierung vom Lernen des Duftes wurde zum ersten Mal in dieser Arbeit nachgewiesen: Faber T, Joerges J, Menzel R: Associative learning modifies neural representations of odors in the insect brain. *Nature Neuroscience* 2 (1999) 74–78
28. Diese spannenden Experimente werden in dieser Arbeit dargestellt: Fernandez PC, Locatelli FF, Person-Rennell N, Deleo G, Smith BH: Associative conditioning tunes transient dynamics of early olfactory processing. *J Neurosci* 29 (2009) 10191–10202. Das Lernen von Düften führt zu Glomerulimustern, die sich stärker unterscheiden, so dass also Lernen zu einer besseren Differenzierung der gelernten Düfte führt.
29. Zur Ortung von Schallquellen im Raum wird nicht nur der Zeitun-

terschied zwischen dem Eintreffen des Lautes in den beiden Ohren ausgewertet, sondern auch der Intensitätsunterschied. Beide Eigenschaften führen im Gehirn zu einer Raumkarte von Schallquellen.

30. Karl von Frisch verfasste eine lesenswerte Studie über »Duftgelenkte Bienen im Dienst der Landwirtschaft und Imkerei«, die 1947 im Springer-Verlag, Wien, erschienen ist. Darin beschreibt er nicht nur die vielen, meist erfolglosen Bemühungen in dieser Richtung, sondern teilt auch eigene Experimente dazu mit. Er kommt zu dem Schluss, dass der entscheidende Faktor das Herstellen der Duftlauge ist. Darunter versteht er die Extraktion des Duftes aus den zu besuchenden Blüten. Weil dies so schwierig ist und häufig nicht recht gelingt, empfiehlt er, frische Blüten zu nehmen und diese unterhalb des Stockes so in einem Kasten anzuordnen, dass der Duft dieser – immer frisch gehaltenen – Blüten durch die Konvektionsluft in den Stock aufsteigen kann.
31. Karl von Frisch: *Tanzsprache und Orientierung der Bienen*. Heidelberg, 1965, S. 533
32. Den Zusammenhang zwischen genetischer Disposition und Pollensammeln hat die Arbeitsgruppe um Robert Page herausgearbeitet: Page RE Jr., Fondrk MK: The effects of colony-level selection on the social organization of honey bee (*Apis mellifera* L.) colonies: colony level components of pollen hoarding. *Behav Ecol Sociobiol* 36 (1995) 135–144. Die unterschiedlichen Reaktionen von Pollen- und Nektarsammlerinnen auf Zuckerlösung wird in dieser Arbeit beschrieben: Ricarda Scheiner, Robert E. Page, Joachim Erber: Sucrose responsiveness and behavioral plasticity in honey bees (*Apis mellifera*). *Apidologie* 35 (2004) 133–142
33. Die elektrophysiologischen Registrierungen von Zuckerrezeptoren an den Spitzen der Antennen wurden von Shuichi Haupt durchgeführt: S. Shuichi Haupt: Antennal sucrose perception in the honey bee (*Apis mellifera* L.): behaviour and electrophysiology. *J Comp Physiol A* 190 (2004) 735–745
34. Die Verbesserung der Gedächtnisbildung für einen Duftreiz durch Koffein wurde in dieser Arbeit nachgewiesen: G. A. Wright, D. D. Baker, M. J. Palmer, D. Stabler, J. A. Mustard, E. F. Power, A. M. Borland, P. C. Stevenson: Caffeine in Floral Nectar Enhances a Pollinator's Memory of Reward. *Science* 339 (2013) 1202–1204. Der Titel trifft nicht ganz, was untersucht wurde, weil nämlich nicht die Erinnerung an die Belohnungsstärke getestet wurde, sondern das Erinnerungsvermögen am nächsten Tag an den Duft, der die Belohnung anzeigt.
35. Die Karte des Johnston-Organs im Gehirn der Biene wurde erst kürzlich entdeckt. Mit einer raffinierten Methode hat der japanische Forscher Hiro Ai die Gebiete im unteren Teil des Gehirns ausfindig gemacht, die von den Axonen der halbkugelförmigen Anordnung der Mechanorezeptoren im Johnston-Organ versorgt werden. Hiroyuki Ai, Hiroshi Nishino, Tsunao Itoh: Topographic Organization of Sensory Afferents of Johnston's Organ in the Honeybee Brain. *J Comp Neurol* 502 (2007) 1030–1046

36. Nach Ai H, Nishino H, Itoh Topographic organization of sensory afferents of Johnston's organ in the honeybee brain. *J Comp Neurol* 502 (2007) 1030–1046, verändert
37. Das Phänomen, dass fliegende Insekten sich im Flug elektrisch aufladen, ist schon lange bekannt. Bereits 1929 beschrieb Heuschmann dieses Phänomen, als er die Abbiegung von Haaren auf dem Insektenkörper beobachtete (Heuschmann O: Über die elektrischen Eigenschaften der Insekten Haare. *Z vergl Physiol* 10, 1929, 594–664). Später fand Warnke, dass der Bienenkörper elektrostatisch geladen ist (Warnke U: Effects of electric charges on honeybees. *Bee World* 57, 1976, 50–56). Die Literatur zu dem Phänomen wird in unserer Publikation diskutiert: Greggers U, Koch G, Schmidt V, Durr A, Floriou-Servou A, Piepenbrock D, Gopfert MC, Menzel R: Reception and learning of electric fields in bees. *Proc Biol Sci* 280 (2013) 20130528
38. Allerdings könnte das magnetische Feld wirken, weil ja ein starker Strom durch diese Kabel fließt, der sich nicht ganz zwischen den Kabeln aufhebt. Weiter unten werden wir über die Wahrnehmung des Erdmagnetfeldes sprechen. Es könnte also sein, dass Bienen durch solche Starkstromkabel in ihrer Magnetfeldorientierung gestört werden.

4. Kapitel – Lernen und Gedächtnis – zwei Seiten einer Medaille

1. Seine Doktoranden waren Lore Grünbaum, Andree Fiala, Herbert Hildebrandt.
2. Die Arbeiten zur Erstellung eines Standardatlasses des Bienengehirns und die Methoden, wie einzelne gefärbte Neurone in den Atlas eingefügt werden, werden in dieser Publikation mitgeteilt: Brandt R, Rohlfing T, Rybak J, Krofczik S, Maye A, Westerhoff M, Hege H-C, Menzel R: A three-dimensional average-shape atlas of the honeybee brain and its applications. *J Comparative Neurology* 492 (2005) 1–19
3. An den Arbeiten über die olfaktorische Codierung in den Projektionsneuronen waren Regina Abel und Dirk Müller beteiligt.
4. An diesen spannenden Untersuchungen waren Martin Hammer, Juliane Mauelshagen, Bernd Grünewald, Ulrike Schröter, Dirk Müller, Gisela Manz und Uwe Greggers beteiligt.
5. An den Untersuchungen der Arbeitsgruppe Langzeitgedächtnis waren Susanne Wittstock, Daniel Wüstenberg und Dorothea Eisenhardt beteiligt.
6. Zusammen mit Jana Klein, Bertram Gerber und Frank Hellstern.
7. Beteiligt waren: Misha Vorobyev, Dagmar Peitsch, Natalie Hempel de Ibarra, Werner Backhaus, Lars Chittka, Annette Werner, Jan Kunze, Andreas Gumbert.
8. Jones S, Martin R, Pilbeam D (Hsg.): *The Cambridge Encyclopedia of Human Evolution*. Cambridge, UK, 1992, S.123
9. Die Zusammenhänge zwischen dem auffallend großen und strukturierten Pilzkörper der Honigbiene im Vergleich zu dem von nicht sozialen Bienen und anderen Insektenarten wurden bereits in der Mit-

te des 19. Jahrhunderts gefunden und dann immer wieder bestätigt. Der französische Forscher Félix Dujardin führte den Namen (»corps pédoncules«) ein und machte sogar die erste Photographie des Pilzkörpers im Bienengehirn. Er beschrieb diese eigentümliche Struktur mit folgenden Worten: »Ces corps, que je nomme les *corps pédonculés*, sont symétriquement placés à la partie supérieure du cerveau, et se composent d'un pédoncule épais et court, bifurqué en bas pour se terminer par les deux tubercules dont je vais parler tout à l'heure, et portant en haut les lobes a circonvolutions, ou les disques radiés qui rappellent ainsi, par leur forme et par leur insertion, certains Champignons ou la fructification des Lichens. Des deux tubercules qui terminent le pédoncule, l'un, tout à fait interne, est dirigé vers le tubercule corresponantes de l'autre corps pédonculé.« Als ich mich gleich nach Abschluss meiner Doktorarbeit für den Pilzkörper zu interessieren begann, begeisterte ich mich für eine Publikation des Insektenanatoms Hans von Alten, der 1910 eine Fülle von verschiedenen Bienenarten im Hinblick auf Größe und Struktur ihrer Gehirne und insbesondere der Pilzkörper untersuchte. 1975 erschien eine bemerkenswerte Studie (Howse PE: Brain structure and behavior in insects. *Annu Rev Entomol* 20, 1975, 359–379), in der die relative Größe (also auf die Körpergröße bezogene Größe) der Pilzkörper von verschiedenen Insektenarten mitgeteilt wurde. Demnach haben die Honigbiene und die Hummel die größten Pilzkörper.

10. Die besonders großen Pilzkörper der Hummelkönigin werden verständlich, wenn man bedenkt, dass die Hummelkönigin alle Arbeiten erledigen muss, vom Nestfinden, Futtersammeln und Verteidigen bis hin zum Brutpflegen und Eierlegen. Die Honigbienenkönigin dagegen »delegiert« viele dieser Zuständigkeiten an die Arbeiterinnen.
11. Die entwicklungsbiologischen Befunde dieser Zeit wurden in folgenden Arbeiten publiziert: Malun D: Early development of mushroom bodies in the brain of the honeybee *Apis mellifera* as revealed by BrdU incorporation and ablation experiments. *Learn Mem* 5 (1998) 90–101; Schroter U, Malun D: Formation of antennal lobe and mushroom body neuropils during metamorphosis in the honeybee, *Apis mellifera*. *J Comp Neurol* 422 (2000) 229–245; Ganeshina OT, Schafer S, Malun D: Proliferation and programmed cell death of neuronal precursors in the mushroom bodies of the honeybee. *J Comp Neurol* 417 (2000) 349–365; Malun D, Moseleit AD, Grünewald B: 20-Hydroxyecdysone inhibits the mitotic activity of neuronal precursors in the developing mushroom bodies of the honeybee, *Apis mellifera*. *J Neurobiol* 57 (2003) 1–14
12. Unsere Untersuchungen über die Alters- und Erfahrungsabhängigkeit des Pilzkörper-Calyx wurden in dieser Arbeit mitgeteilt: Durst C, Eichmuller S, Menzel R: Development and experience lead to increased volume of subcompartments of the honeybee mushroom body. *Behav Neural Biol* 62 (1994) 259–263. Gleichzeitig und unabhängig hat eine andere Arbeitsgruppe solche Studien durchgeführt: Withers GS,

Fahrbach SE, Robinson GE: Selective neuroanatomical plasticity and division of labour in the honey bee (*Apis mellifera*). *Nature* 364 (1993) 238–240. In beiden Studien wird gezeigt, dass sich die Erfahrung beim Übergang von Innendiensttieren und Sammlerinnen auf das Volumen des Calyx auswirkt und dass sich diese Volumenänderungen von einem Alterseffekt unterscheiden lassen. Später fanden wir, dass sich die Erfahrung auf die feine Verschaltung in besonderen Regionen des Calyx (den Mikroglomeruli) auswirkt, was darauf hindeutet, dass die synaptische Aktivität diese Anpassungen bewirkt; die zugehörige Publikation ist: Krofczik S, Khojasteh U, de Ibarria NH, Menzel R: Adaptation of microglomerular complexes in the honeybee mushroom body lip to manipulations of behavioral maturation and sensory experience. *Dev Neurobiol* 68 (2008) 1007–1017. In den darauffolgenden Jahren erschien eine ganze Reihe weiterer Arbeiten zu dieser erfahrungsabhängigen Plastizität des Pilzkörpers. All diese Untersuchungen belegen die strukturelle Plastizität des Pilzkörper-Calyx.

13. Die Trennung zwischen Altersabhängigkeit und Erfahrungsabhängigkeit gelingt durch ein einfaches Vorgehen. Man stellt ein kleines Bienenvolk zusammen, das aus gleich alten Arbeiterinnen besteht. In einer solchen Kohortenkolonie übernehmen einige Tiere den Innendienst und andere werden vorzeitig zu Sammlerinnen.
14. Die Ergebnisse dieser Experimente werden in folgenden Publikationen mitgeteilt: Erber J, Masuhr T, Menzel R: Localization of short-term memory in the brain of the bee, *Apis mellifera. Physiol Entomol* 5 (1980) 343–358; Menzel R, Erber J, Masuhr T: Learning and memory in the honeybee. In: Barton-Browne L (ed), *Experimental analysis of insect behaviour*. Berlin, 1974, S. 195–217
15. Kupfermann I, Kandel ER: Neuronal Controls of A Behavioral Response Mediated by Abdominal Ganglion of Aplysia. *Science* 164 (1969) 847–851
16. Wer sich in diese spannende Thematik einlesen will, dem seien folgende Arbeiten empfohlen: Seymour B, O'Doherty JP, Dayan P, Koltzenburg M, Jones AK, Dolan RJ, Friston KJ, Frackowiak RS: Temporal difference models describe higher-order learning in humans. *Nature* 429 (2004) 664–667; Tobler PN, O'Doherty JP, Dolan RJ, Schultz W: Reward value coding distinct from risk attitude-related uncertainty coding in human reward systems. *J Neurophysiol* 97 (2007) 1621–1632
17. Menzel R, Giurfa M: Cognitive architecture of a mini-brain: the honeybee. *Trends in Cognitive Sciences* 5 (2001) 62–71
18. Eine lesenswerte Darstellung über die Bedingungen, unter denen Lernen beim Menschen gefördert werden kann, ist Overhoff J: Vom Glück, lernen zu dürfen. Stuttgart, 2009. Ich habe mir darüber Gedanken gemacht, was die Neurowissenschaft zu dem Verständnis der allgemein anerkannten pädagogischen Regeln beitragen kann: Randolf Menzel: Zweitausend Jahre Regeln des Wissenserwerbs im Licht der Neurowissenschaft. Erschienen als 3. Kapitel in dem Buch *Wissenschafts- und Technikausbildung auf dem Prüfstand*. Hrsg. Uwe Pfenn-

ing und Ortwin Renn. Bd. 28 der Berlin-Brandenburgischen Akademie der Wissenschaften, 2012 (ISBN 978-3-8329-6698-0)

19. Das VUMmx1-Neuron gehört zu einer Gruppe von 15 Neuronen mit ähnlicher Gestalt. Alle diese Neurone haben ihren Zellkörper in der unteren Mitte des Unterschlundganglions, und alle haben den Transmitter Octopamin. Sie gehören also zu einem einheitlichen System der neuronalen Modulation. Leider wissen wir von keinem dieser anderen Neurone, ob es ebenfalls zur Belohnung beiträgt. Ein Neuron, das VUMmd1, hat die gleiche Gestalt wie das VUMmx1. Die anderen Neurone projizieren nur in den Antennallobus oder in die Antennen. Die Gestalt dieser Neurone wird in dieser Arbeit beschrieben: Schröter U, Malun D, Menzel R: Innervation pattern of suboesophageal ventral unpaired median neurones in the honeybee brain. *Cell Tissue Res* 327 (2007) 647–667
20. Mobbs PG: Neural networks in the mushroom bodies of the honeybee. *J Insect Physiol* 30 (1984) 43–58; Mobbs PG: The brain of the honeybee *Apis mellifera*. I. The connections and spatial organization of the mushroom bodies. *Phil Trans R Soc Lond B* 298 (1982) 309–354
21. Die Befunde wurden in dieser Arbeit publiziert: Hussaini SA, Menzel R: Mushroom body extrinsic neurons in the honeybee brain encode cues and contexts differently. *J Neurosci* 33 (2013) 7154–7164
22. Die Abbildung entstammt den Veröffentlichungen von Bernd Grünewald, in denen er die Gestalt und die Reaktionseigenschaften der PCT-Neurone beschreibt: Grünewald B: Morphology of feedback neurons in the mushroom body of the honeybee, *Apis mellifera*. *J Comp Neurol* 404 (1999) 114–126; Grünewald B: Physiological properties and response modulations of mushroom body feedback neurons during olfactory learning in the honeybee *Apis mellifera*. *J Comp Physiol [A]* 185 (1999) 565–576
23. Filla I, Menzel R: Mushroom body extrinsic neurons in the honeybee (*Apis mellifera*) brain integrate context and cue values upon attentional stimulus selection. *J Neurophysiol* 114 (2015) 2005–2014
24. Mit diesen Beobachtungen habe ich Bernd Heinrich bestätigt, sein Buch *Bumblebee Economics*, Harvard University Press, 2004, ist eine lohnende Lektüre (siehe dort S. 11).
25. Dieses Experiment wird beschrieben in Greggers U, Mauelshagen J: Matching behavior of honeybees in a multiple-choice situation: The differential effect of environmental stimuli on the choice process. *Anim Learn Behav* 25 (1997) 458–472; Greggers U, Menzel R: Memory dynamics and foraging strategies of honeybees. *Behav Ecol Sociobiol* 32 (1993) 17–29
26. Hammer M, Menzel R: Multiple sites of associative odor learning as revealed by local brain microinjections of octopamine in honeybees. *Learning & Memory* 5 (1998) 146–156
27. Zwei aufschlussreiche Artikel über diese spannenden Untersuchungen: Born J, Rasch B, Gais S: Sleep to remember. *Neuroscientist* 12 (2006) 410–424; Diekelmann S, Born J: The memory function of sleep. *Nat Rev Neurosci* 11 (2010) 114–126

28. Hanna Zwaka, Ruth Bartels, Jacob Gora, Vivien Franck, Ana Culo, Moritz Götsch, Randolf Menzel: Context Odor Presentation during Sleep Enhances Memory in Honeybees. *Current Biology* 25 (2015) 2869–2874
29. Über diese Ergebnisse haben wir in folgender Publikation berichtet: Beyaert L, Greggers U, Menzel R: Honeybees consolidate navigation memory during sleep. *The Journal of Experimental Biology* 215 (2012) 3981–3988
30. Dies wird in dieser Arbeit mitgeteilt: Klein BA, Klein A, Wray MK, Mueller UG, Seeley TD: Sleep deprivation impairs precision of waggle dance signaling in honey bees. *Proc Natl Acad Sci USA* 107 (2010) 22705–22709
31. Darüber berichten: Klein BA, Seeley TD: Work or sleep? Honeybee foragers opportunistically nap during the day when forage is not available. *Animal Behaviour* 82 (2011) 77–83
32. Klein BA, Olzsowy KM, Klein A, Saunders KM, Seeley TD: Caste-dependent sleep of worker honey bees. *J Exp Biol* 211 (2008) 3028–3040; Eban-Rothschild AD, Bloch G: Differences in the sleep architecture of forager and young honeybees (*Apis mellifera*). *J Exp Biol* 211 (2008) 2408–2416
33. Wilson MA, McNaughton BL: Reactivation of hippocampal ensemble memories during sleep. *Science* 265 (1994) 676–679
34. Müller U: Inhibition of nitric oxide synthase impairs a distinct form of long-term memory in the honeybee, *Apis mellifera. Neuron* 16 (1996) 541–549; Müller U, Hildebrandt H: NO/cGMP-mediated protein kinase A activation in the antennal lobes plays an important role in appetitive reflex habituation in the honeybee. *J Neurosci* 22 (2002) 8739–8747
35. Diese beeindruckenden Experimente werden in dieser Publikation mitgeteilt: Müller U: Prolonged activation of cAMP-dependent protein kinase during conditioning induces long-term memory in honeybees. *Neuron* 27 (2000) 159–168
36. Fiala A, Müller U, Menzel R: Reversible downregulation of PKA during olfactory learning using antisense technique impairs long-term memory formation in the honeybee, *Apis mellifera. Journal Neuroscience* 22 (1999) 10125–10134
37. Die Gedächtnismutante *dunce* war die erste von vielen weiteren, mit der an Drosophila die Bedeutung der cAMP-abhängigen Proteinkinase A für Lernen und Gedächtnisbildung gezeigt wurde: Dudai Y, Jan YN, Byers D, Quinn WG, Benzer S: *dunce*, a mutant of *Drosophila* deficient in learning. *Proc Natl Acad Sci USA* 73 (1976) 1684–1688; Quinn WG: Neurobiology: memories of a fruitfly. *Nature* 439 (2006) 546–548
38. Wittstock S, Kaatz H-H, Menzel R: Inhibition of brain protein synthesis by cycloheximide does not affect formation of long-term memory in honeybees after olfactory conditioning. *J Neurosci* 13 (1993) 1379–1386; Wüstenberg D, Gerber B, Menzel R: Long- but not medium-term retention of olfactory memories in honeybees is impaired by Actinomycin D and Anisomycin. *Eur J Neurosci* 10 (1998) 2742–2745
39. Inzwischen sind Indizien für Strukturveränderungen im Pilzkörper als Folge der Langzeitgedächtnisbildung gefunden worden: Hour-

cade B, Muenz TS, Sandoz JC, Rossler W, Devaud JM: Long-term memory leads to synaptic reorganization in the mushroom bodies: a memory trace in the insect brain? *J Neurosci* 30 (2010) 6461–6465

40. Inzwischen wurden auch andere Befunde bekannt, dass die damalige Auffassung zu eng ist und Langzeitgedächtnis auch erst nach 24 Stunden entstehen kann. Das war wohl eher eine Voreingenommenheit der Gutachter und kein allzu ernst genommenes Dogma der Naturwissenschaft.
41. Die Arbeitsgruppe um Frederic Mery studierte den Energiebedarf für Lernen und Gedächtnisbildung unter verschiedenen Versuchsbedingungen und fand dass manche Gedächtnisphasen einen geringeren Energiebedarf haben als andere. Solche Untersuchungen sind auch unter evolutionsbiologischen Betrachtungen sehr spannend, aber eine abschließende Bewertung, wie viel Energie verschiedene Gedächtnisphasen benötigen, ist noch nicht möglich. Diese Zusammenhänge werden sehr anschaulich in dieser Arbeit dargestellt: Burns JG, Foucaud J, Mery F: Costs of memory: lessons from ›mini‹ brains. *Proc Biol Sci* 278 (2011) 923–929
42. Die ursprüngliche Entdeckung des Rekonsolidierungseffekts bei Ratten und anderen Tieren und die mögliche Anwendung auf den Menschen wird in dieser Publikation dargestellt: Nader K: Memory traces unbound. *Trends in Neurosciences* 26 (2003) 65–72
43. Stollhoff N, Menzel R, Eisenhardt D: One retrieval trial induces reconsolidation in an appetitive learning paradigm in honeybees (Apis mellifera). *Neurobiol Learn Mem* 89 (2008) 419–425; Stollhoff N, Menzel R, Eisenhardt D: Spontaneous recovery from extinction depends on the reconsolidation of the acquisition memory in an appetitive learning paradigm in the honeybee (*Apis mellifera*). *J Neurosci* 25 (2005) 4485–4492
44. Eisenhardt D, Menzel R: Extinction learning, reconsolidation and the internal reinforcer hypothesis. *Neurobiol Learn Mem* 87 (2007) 167–173
45. Faber T, Joerges J, Menzel R: Associative learning modifies neural representations of odors in the insect brain. *Nature Neuroscience* 2 (1999) 74–78
46. In dieser Übersichtsarbeit werden die Vorstellungen über die Verschaltung, die Codierung von Düften sowie die lernabhängigen Veränderung im Pilzkörper der Fruchtfliege Drosophila sehr anschaulich dargestellt: Heisenberg M: Mushroom body memoir: from maps to models (Review). *Nature Reviews Neuroscience* 4 (2003) 266–275
47. Szyszka P, Galkin A, Menzel R: Associative and non-associative plasticity in Kenyon cells of the honeybee mushroom body. *Frontiers in Systems Neuroscience* 2 (2008) 1–10; Szyszka P, Ditzen M, Galkin A, Galizia CG, Menzel R: Sparsening and temporal sharpening of olfactory representations in the honeybee mushroom bodies. *J Neurophysiol* 94 (2005) 3303–3313
48. Die Vorstellungen über die Eigenschaften der auslesenden Neurone aus dem Pilzkörper werden in diesen beiden Publikationen ausführlich diskutiert: Menzel R: The honeybee as a model for under-

standing the basis of cognition. *Nature Reviews Neuroscience* 13 (2012) 758–768; Menzel R: In search of the engram of the honeybee brain. In: Menzel R, Benjamin PR (Hsg.): *Invertebrate Learning and Memory*. Amsterdam, 2013, S. 397–415

49. Giurfa M, Eichmann B, Menzel R: Symmetry perception in an insect. *Nature* 382 (1996) 458–461
50. Giurfa M, Zhang SW, Jenett A, Menzel R, Srinivasan MV: The concepts of ›sameness‹ and ›difference‹ in an insect. *Nature* 410 (2001) 930–933
51. Solche Lernaufgaben, bei denen es um die Unterscheidung zwischen den Elementen und den zusammengesetzten Komplexen (konfigurale Stimuli) aus den Elementen geht, wurden in der Zusammenarbeit mit dem Psychologen Harald Lachnit erarbeitet: Deisig N, Lachnit H, Sandoz JC, Lober K, Giurfa M: A modified version of the unique cue theory accounts for olfactory compound processing in honeybees. *Learn Mem* 10 (2003) 199–208; Deisig N, Lachnit H, Giurfa M: The effect of similarity between elemental stimuli and compounds in olfactory patterning discriminations. *Learn Mem* 9 (2002) 112–121; Giurfa M, Schubert M, Reisenman C, Gerber B, Lachnit H: The effect of cumulative experience on the use of elemental and configural visual discrimination strategies in honeybees. *Behav Brain Res* 145 (2003) 161–169; Schubert M, Francucci S, Lachnit H, Giurfa M: Nonelemental visual learning in honeybees. *Animal Behaviour* 64 (2005) 175–184. Aus einer Reihe von zusätzlichen Befunden wurde geschlossen, dass das Erlernen konfiguraler Reizkomplexe eine Leistung des Pilzkörpers ist: Lachnit H, Giurfa M, Menzel R: Odor Processing in Honeybees: Is the Whole Equal to, More Than, or Different from the Sum of Its Parts? In: Slater PJG, Rosenblatt JS, Roper TJ, Snowdon CT, Brockmann HJ, Naguib M (Hsg.): *Advances in the Study of Behavior*. Vol. 34. Amsterdam, 2004, S. 241–264
52. Ein sehr schönes Experiment zur Frage der transitiven Inferenz wurde von diesen Autoren mit visuellen Reizen durchgeführt: Benard J, Giurfa M: A test of transitive inferences in free-flying honeybees: unsuccessful performance due to memory constraints. *Learn Mem* 11 (2004) 328–336
53. Avargues-Weber A, Deisig N, Giurfa M: Visual recognition in social insects. *Annu Rev Entomol* 56 (2011) 423–443
54. Nach A. Avargues-Weber, G. Portelli, J. Bernard, A. Dyer, M. Giurfa: Configural processing enables discrimination and categorization of face-like stimuli in honeybees. *J Exp Biol* 213 (2010) 593–601
55. Die aversive Konditionierung des Stachelherausstreckens wurde in der Arbeitsgruppe von Martin Giurfa entwickelt. Dies sind die wichtigsten Publikationen dazu: Roussel E, Carcaud J, Sandoz JC, Giurfa M (2009): Reappraising social insect behavior through aversive responsiveness and learning. PLoS ONE 4:e4197; Roussel E, Sandoz JC, Giurfa M: Searching for learning-dependent changes in the antennal lobe: simultaneous recording of neural activity and aversive olfactory learning in honeybees. *Front Behav Neurosci* 4 (2010) 155; Vargues-Weber A, de Brito Sanchez MG, Giurfa M, Dyer AG (2010): Aversive reinforcem-

ent improves visual discrimination learning in free-flying honeybees. Plos One 5:e15370; Vergoz V, Roussel E, Sandoz JC, Giurfa M (2007): Aversive learning in honeybees revealed by the olfactory conditioning of the sting extension reflex. PLoS ONE 2:e288

56. Vergoz V, Schreurs HA, Mercer AR: Queen pheromone blocks aversive learning in young worker bees. *Science* 317 (2007) 384–386

5. Kapitel – Superorganismus Bienenvolk: Wie sich Bienen verständigen, orientieren und organisieren

1. Degen J, Kirbach A, Reiter L, Lehmann K, Norton P, Storms M, Koblofsky M, Winter S, Georgieva PB, Nguyen H, Chamkhi H, Greggers U, Menzel R: Exploratory behaviour of honeybees during orientation flights. *Animal Behaviour* 102 (2015) 45–57
2. Über diese spannenden Experimente zum Nachweis der visuellen Entfernungsmessung wird in folgender Übersichtsarbeit berichtet: Srinivasan MV: Honey bees as a model for vision, perception, and cognition. *Annu Rev Entomol* 55 (2010) 267–284
3. Die Experimente mit seriell angeordneten Landmarken wurden zuerst von dem Doktoranden Lars Chittka und seinen Freunden durchgeführt: Chittka L, Geiger K: Can honeybees count landmarks? *Anim Behav* 49 (1995) 159–164; Chittka L, Geiger K: Honeybee long-distance orientation in a controlled environment. *Ethology* 99 (1995) 117–126. Später haben wir unser Radargerät eingesetzt und die Suchflüge der Testbienen aufgenommen: Menzel R, Fuchs J, Nadler L, Weiss B, Kumbischinski N, Adebiyi D, Hartfil S, Greggers U: Dominance of the odometer over serial landmark learning in honeybee navigation. *Naturwissenschaften* 97 (2010) 763–767
4. Tolman EC: Cognitive maps in rats and men. *Psychol Rev* 55 (1948) 189–208. Eine vergleichbare Vorstellung über die Navigation von Tieren hat zur gleichen Zeit Gustav Kramer entwickelt, als er die Navigationsleistung von Vögeln studierte: Kramer G: Experiments on bird orientation. *Ibis* 94 (1952) 265–285
5. Menzel R, Geiger K, Müller U, Joerges J, Chittka L: Bees travel novel homeward routes by integrating separately acquired vector memories. *Anim Behav* 55 (1998) 139–152
6. In einem solchen Experiment haben wir eine ganz neue Dressurmethode eingeführt, um auszuschließen, dass die Dressur zu einem weit entfernten Ort die Voraussetzung dafür ist, dass die Bienen solche gezielten »Short–cut«-Flüge zum Stock durchführen. Dazu wurden sie auf eine Futterstelle dressiert, die langsam in der Nähe des Stockes um den Stock herum kreist. In einem solchen Fall lernen sie keine Richtung und Entfernung zwischen dem Stock und der Futterstelle. Auch dann finden sie aus allen Richtungen zum Stock zurück und brauchen dafür kaum länger, als wenn sie diese Strecke nach einer Dressur direkt zurücklegen. Menzel R, Brandt R, Gumbert A, Komischke B, Kunze J: Two spatial memories for honeybee navigation. *Proc R Soc Lond B Biol Sci* 267 (2000) 961–968

7. J. R. Riley, A. D. Smith, D. R. Reynolds, A. S. Edwards, J. L. Osborne, I. H. Williams, N. L. Carreck & G. M Poppy: Tracking bees with harmonic radar. *Nature* 379, 29–30 (1996); doi: 10.1038/379029b0
8. Mit dieser Publikation teilen wir die ersten überzeugenden Befunde für eine kognitive Karte bei Bienen mit: Menzel R, Greggers U, Smith A, Berger S, Brandt R, Brunke S, Bundrock G, Hulse S, Plumpe T, Schaupp F, Schuttler E, Stach S, Stindt J, Stollhoff N, Watzl S: Honey bees navigate according to a map-like spatial memory. *Proc Natl Acad Sci USA* 102 (2005) 3040–3045
9. In dieser Arbeit ging es noch um eine ganze Reihe weiterer Aspekte der inneren Uhr. Es wurde nachgewiesen, dass auch der circadiane Rhythmus eines ganzen Volkes verstellt werden konnte. Außerdem wurden die molekularen Grundlagen der inneren Uhr studiert: Cheeseman JF, Winnebeck EC, Millar CD, Kirkland LS, Sleigh J, Goodwin M, Pawley MD, Bloch G, Lehmann K, Menzel R, Warman GR: General anesthesia alters time perception by phase shifting the circadian clock. *Proc Natl Acad Sci USA* 109 (2012) 7061–7066
10. Cheeseman JF, Millar CD, Greggers U, Lehmann K, Pawley MD, Gallistel CR, Warman GR, Menzel R: Way-finding in displaced clock-shifted bees proves bees use a cognitive map. *Proc Natl Acad Sci USA* 111 (2014) 8949–8954
11. Cheung A, Collett M, Collett TS, Dewar A, Dyer F, Graham P, Mangan M, Narendra A, Philippides A, Sturzl W, Webb B, Wystrach A, Zeil J: Still no convincing evidence for cognitive map use by honeybees. *Proc Natl Acad Sci USA* 111 (2014) E4396–E4397
12. Die Entkräftung des zweiten Einspruchs kostete mich mehrere Tage, um zu verstehen, wie hier argumentiert wurde. Eine Arbeitsgruppe aus Canberra (Australien) um Dr. Zeil hatte ein Computermodell entwickelt, mit dem sie die Orientierung von Ameisen in einem bewaldeten Areal beschreiben konnte. Dieses Computermodell beruht auf der bildhaften Wahrnehmung des Horizontprofils, das sich über einen großen Sehwinkelbereich erstreckt. Dieses Modell wandten sie nun auf das Horizontprofil in unserem Testgelände in den Überschwemmungsauen der Elbe bei Wittenberge in Brandenburg an. Wir hatten ja gerade dieses Gelände ausgesucht, weil der Horizont nicht über einen Sehwinkel von 2 Grad hinausgeht und Bienen solche Schwankungen mit ihren nicht sehr gut auflösenden Augen nicht als Bild wahrnehmen können. Tatsächlich sehen die Bienen das Horizontprofil dort nur mit einem Einzelauge, also mit einem Pixel ihres Komplexauges. Die Kollegen ließen ihr Programm auf die Helligkeitsmodulation eines solchen Bienen-Pixels los und schlossen daraus, dass sich die Bienen in unserem Experiment auch am Panorama hätten orientieren und dann mithilfe ihres Bildgedächtnisses den Heimweg finden können. Allerdings hatten sie die Bildinformationen in ihrer Simulation nur mit einem einzigen Pixel übersetzt und dann durch eine trickreiche Normierung aufgeblasen. Einer solchen Argumentation konnten wir natürlich nicht folgen, denn wie soll mit einer Ein-Pixel-Auflösung ein 360-Grad-Rundbild des Hori-

zontprofils entstehen? So konnten wir auch das zweite Argument mit guten Gründen zurückweisen. Cheeseman JF, Millar CD, Greggers U, Lehmann K, Pawley MD, Gallistel CR, Warman GR, Menzel R: Reply to Cheung et al.: The cognitive map hypothesis remains the best interpretation of the data in honeybee navigation. *Proc Natl Acad Sci USA* 111 (2014) E4398

13. *Schweizer Bienenfreund*, Band 2, Seite 81
14. Rossel S, Wehner R: Polarization vision in bees. *Nature* 323 (1986) 128–131
15. Die Ergebnisse dieser gemeinsamen Studien wurde in folgender Publikation dargestellt: Wehner R, Menzel R: Homing in the ant *Cataglyphis bicolor*. *Science* 164 (1969) 192–194. Rüdiger Wehner hat die Untersuchungen über die Navigation der Wüstenameise über mehrere Jahrzehnte außerordentlich erfolgreich weitergeführt und dabei eine ganze Reihe wichtiger Entdeckungen – insbesondere über die Wegintegration und über die Wahrnehmung des polarisierten Himmelslichtes – gemacht. Diese Arbeiten gehören zu den wichtigsten auf dem Gebiet der Navigation der Tiere.
16. Über unsere Navigationsexperimente schrieben wir einen Übersichtsbericht, in dem wir gemeinsam die These vertraten, dass Bienen ausschließlich über ein egozentrisches Navigationssystem verfügten: Wehner R, Menzel R: Do insects have cognitive maps? *Annu Rev Neurosci* 13 (1990) 403–414. Wie ich oben dargestellt habe, habe ich diese Auffassung später aufgrund eigener Daten revidiert.
17. Von Frisch K: *Tanzsprache und Orientierung der Bienen*. Heidelberg 1965
18. Als erstes Buch in der Reihe »Verständliche Wissenschaft« des Springer-Verlages 1927 erschienen. Ich las die Ausgabe von 1953, als ich begann, mit Bienen zu arbeiten.
19. Von Frisch K: Die Polarisation des Himmelslichtes als orientierender Faktor bei den Tänzen der Bienen. *Experientia* 5 (1949) 142–148
20. Srinivasan MV, Zhang SW, Altwein M, Tautz J: Honeybee Navigation: Nature and Calibration of the »Odometer«. *Science* 287 (2000) 817–853
21. Eine aufschlussreiche und spannend zu lesende Übersicht über die Auseinandersetzungen zwischen der Schule von Karl von Frisch und Wenner und Johnson findet man in dieser Publikation: Munz T: The bee battles: Karl von Frisch, Adrian Wenner and the honey bee dance language controversy. *Journal of the History of Biology* 38 (2005) 535–570
22. Wenner AM, Wells PH: *Anatomy of a Controversy: The Question of a ›Language‹ Among Bees*. New York, 1990
23. Menzel R, Greggers U, Smith A, Berger S, Brandt R, Brunke S, Bundrock G, Hulse S, Plumpe T, Schaupp F, Schuttler E, Stach S, Stindt J, Stollhoff N, Watzl S: Honey bees navigate according to a map-like spatial memory. *Proc Natl Acad Sci USA* 102 (2005) 3040–3045
24. Grüter C, Farina WM: The honeybee waggle dance: can we follow the steps? *Trends Ecol Evol* 24 (2009) 242–247
25. http://www.sueddeutsche.de/wissen/kommunikation-von-bienen-schwaenzeltanz-entzaubert-1.135555 (abgerufen am 3.12.2015)

26. Sherman G, Visscher PK: Honeybee colonies achieve fitness through dancing. *Nature* 419 (2002) 920–922
27. Seeley TD: *Honeybee democracy*. Princeton, N.J., 2011
28. In dieser klassischen Arbeit wird die genetisch bedingte Bereitschaft zum Pollensammeln dargestellt: Robinson GE, Page RE, Jr.: Genetic determination of nectar foraging, pollen foraging, and nest-site scouting in honey bee colonies. *Behav Ecol Sociobiol* 24 (1989) 317–323
29. Brandes C, Frisch B, Menzel R: Time-course of memory formation differs in honey bee lines selected for good and poor learning. *Anim Behav* 36 (1988) 981–985
30. Von Frisch (1965), S. 57, Abb. 44
31. Von Frisch (1965), S. 61, Abb. 50
32. Michelsen A, Andersen BB, Kirchner K, Lindauer M: Honeybees can be recruited by a mechanical model of a dancing bee. *Naturwiss* 76 (1989) 277–280; Michelsen A: Signals and flexibility in the dance communication of honeybees. *J Comp Physiol A Neuroethol Sens Neural Behav Physiol* 189 (2003) 165–174; Michelsen A, Towne WF, Kirchner WH, Kryger P: The acoustic near field of a dancing honeybee. *J Comp Physiol [A]* 161 (1987) 633–643
33. Die Frage, ob die Tanzkommunikation der Bienen als Sprache bezeichnet werden kann, habe ich über die Jahre mit dem Linguisten und Akademie-Kollegen Manfred Bierwisch diskutiert. Für diese Diskussionen bin ich Herrn Bierwisch sehr dankbar. Einige der hier vorgetragenen Argumente und Überlegungen entstammen diesen für mich so lehrreichen Diskussionen. Auch meinem Bruder Wolfram Menzel verdanke ich viele Anregungen zu der Frage, was eine Sprache, inklusive eine formale Sprache, kennzeichnet.
34. Von Frisch verwendet in vielen seinen Publikationen das Wort »Sprache« in Anführungszeichen, nicht aber das Wort »Tanzsprache«. Daraus wird ersichtlich, dass er insbesondere in seinen wissenschaftlichen Publikationen einen Vergleich mit der menschlichen Sprache vermeiden oder sogar ganz ausschließen wollte. In der englischen Ausgabe seines berühmten Buches (von Frisch, *The Dance Language and Orientation of Bees*, 1967) findet man das Wort »language« nur an einer Stelle (als es um die »Dialekte« bei verschiedenen Bienen-Arten geht) und nicht einmal im Index. Interessanterweise hat sich dennoch das Wort »language« für die Tanzkommunikation (besonders im englischen Sprachgebrauch) durchgesetzt, auch in wissenschaftlichen Publikationen und nahezu nie in Anführungszeichen.
35. Lindauer M: Über die Verständigung bei indischen Bienen. *Z vergl Physiol* 38 (1956) 521–557
36. Abbott KR, Dukas R: Honeybees consider flower danger in their waggle dance. *Animal Behaviour* 78 (2009) 633–635
37. Wray MK, Klein BA, Mattila HR, Seeley TD: Honeybees do not reject dances for »implausible« locations: reconsidering the evidence for cognitive maps in insects. *Animal Behav* 76 (2008) 261–279
38. Ich verwende diese Begriffe hier ausschließlich zur Verkürzung der Darstellung und nicht, um irgendeinen Zusammenhang mit der

menschlichen Gesellschaft herzustellen. Solche anthropomorphen Begriffe leiten sehr schnell in die Irre. Ich habe im ganzen Buch versucht, solche Begriffe, so gut es geht, zu vermeiden. Die Begriffe sind auch deshalb unangemessen, weil eine individuelle Biene nicht ihr ganzes Leben eine von diesen Tätigkeiten ausführt, sondern in einer altersabhängigen Entwicklung mehrere oder sogar alle. Vor allem aber verleiten die Begriffe dazu anzunehmen, die Bienengemeinschaft hätte vergleichbare Anforderungen an die Mitglieder wie die Menschengemeinschaft. Dies wird besonders deutlich, wenn Bienenlarven »Kinder« genannt werden, wenn Bienen als »Monopolisierer und Globalisierer« bezeichnet werden, ihre Waben den Titel »wabenweites Netz« (in Anspielung an das World Wide Web) erhalten, die Bienenkolonie mit einem »Säugetier in vielen Körpern« verglichen wird, und vieles mehr, was uns nur in die Irre führen kann. Die Faszination für die einzelne Biene und den Bien, das ganze Volk, ist stark genug und benötigt keine Verniedlichung und Vereinnahmung durch »Biene Maja«-Wörter.

39. Richard Dawkins: *Das egoistische Gen*. Heidelberg, 1994
40. Vergoz V, Schreurs HA, Mercer AR: Queen pheromone blocks aversive learning in young worker bees. *Science* 317 (2007) 384–386
41. Zitiert nach Wilhelm Rüdiger: *Ihr Name ist Apis. Kleine Kulturgeschichte der Biene*. Verlag Mack, 1974, S. 44 und 45. Ebenda, S. 44 und 45
42. Lindauer M: Schwarmbienen auf Wohnungssuche. *Z vergl Physiol* 37 (1955) 263–324
43. Lindauer 1955, zitiert nach von Frisch, 1965, S. 271
44. Greggers U, Schoning C, Degen J, Menzel R: Scouts behave as streakers in honeybee swarms. *Naturwissenschaften* 100 (2013) 805–809. Diese Publikation enthält eine anschauliche Animation, mit der die schnellen Flüge von zwei Späherbienen und der langsame Flug des ganzen Schwarmes gezeigt werden.
45. Krause J, Ruxton GD, Krause S: Swarm intelligence in animals and humans. *Trends Ecol Evol* 25 (2010) 28–34
46. Seeley TD: *Honeybee democracy*. Princeton, N. J., 2011
47. Gotthold Ephraim Lessing: *Werke und Briefe*. Frankfurt a. M., 2001, Bd. 10, S. 20
48. In dieser Arbeit wird die Brücke geschlagen zwischen einer formalen Beschreibung der Entscheidungsfindung im visuellen System des Primatengehirns und dem Bienenschwarm: Marshall JA, Bogacz R, Dornhaus A, Planque R, Kovacs T, Franks NR: On optimal decisionmaking in brains and social insect colonies. *J R Soc Interface* 6 (2009) 1065–1074
49. Seeley TD: *Honeybee democracy*, Kapitel 9
50. Hölldobler B, Wilson EO: *Der Superorganismus*. Heidelberg, 2009, S. 7
51. Die hier kurz skizzierten Beobachtungen über das quasi-episodische Wissen von Futter versteckenden Vögeln werden in diesen Arbeiten spannend beschrieben: Emery NJ, Clayton NS: The mentality of crows: convergent evolution of intelligence in corvids and apes. *Science* 306 (2004) 1903–1907; Clayton NS, Dally J, Gilbert J, Dickinson A:

Food caching by western scrub-jays (*Aphelocoma californica*) is sensitive to the conditions at recovery. *J Exp Psychol Anim Behav Process* 31 (2005) 115–124; Clayton NS, Bussey TJ, Emery NJ, Dickinson A: Prometheus to Proust: the case for behavioural criteria for ›mental time travel‹. *Trends in Cognitive Sciences* 7 (2003) 436–437

52. Gil M, De Marco RJ, Menzel R: Learning reward expectations in honeybees. *Learning & Memory* 14 (2007) 491–496
53. Diese Messungen wurden mir von Dr. Tim Landgraf vom Institut der Informatik an der Freien Universität Berlin mitgeteilt. Es besteht die große Hoffnung, mit noch leistungsfähigeren Rechnern tatsächlich die individuelle Erfahrungsgeschichte von einem großen Teil der Bienen in einem Stock zu speichern und dann so auszuwerten, dass ein Zusammenhang zwischen dem aktuellen Verhalten und der sozialen Erfahrung jeden einzelnen Tieres hergestellt werden kann.
54. Duer A, Paffhausen BH, Menzel R: High order neural correlates of social behavior in the honeybee brain. *J Neurosci Methods* 254 (2015) 1–9

6. Kapitel – Biene und Umwelt

1. Fischer J, Muller T, Spatz AK, Greggers U, Grunewald B, Menzel R (2014): Neonicotinoids interfere with specific components of navigation in honeybees. Plos One 9:e91364
2. Henry M, Beguin M, Requier F, Rollin O, Odoux JF, Aupinel P, Aptel J, Tchamitchian S, Decourtye A: A common pesticide decreases foraging success and survival in honey bees. *Science* 336 (2012) 348–350
3. Natalie Knapp: *Der unendliche Augenblick*. Reinbek 2015, S. 232
4. Die Vernichtung von Arten durch Pestizide, vor allem durch Neonicotinoide, ist inzwischen eindeutig belegt. Hier einige neuere Publikation dazu: Francisco Sánchez-Bayo: Chronic exposure to widely used insecticides kills bees and many other invertebrates. *Science* 346 (2014): 806; Hallmann CA, Foppen RPB, van Turnhout CAM, de Kroon H, Jongejans E: Declines in insectivorous birds are associated with high neonicotinoid concentrations. *Nature* 511 (2014) 341–346; Tennekes H: *The Systemic Insecticides: A Disaster in the Making*. ETS Nederland BV, Zutphen, 2010; Tennekes H: *Das Ende der Artenvielfalt: Neuartige Pestizide töten Insekten und Vögel*. Hrsg. v. BUND. Berlin, 2010; Brühl CA, Schmidt T, Pieper S, Alscher A: Terrestrial pesticide exposure of amphibians: an underestimated cause of global decline? *Scientific Reports* 3 (2013) Art. nr. 1135; www.nature.com/articles/srep01135 (abgerufen am 4.12.2015); Vijver MG, van den Brink PJ (2014) Macro-Invertebrate Decline in Surface Water Polluted with Imidacloprid: A Rebuttal and Some New Analyses. *Plos One* 9; Rundlof M, Andersson GK, Bommarco R, Fries I, Hederstrom V, Herbertsson L, Jonsson O, Klatt BK, Pedersen TR, Yourstone J, Smith HG: Seed coating with a neonicotinoid insecticide negatively affects wild bees. *Nature* 521 (2015) 77–80
5. Eine besonders eindringliche und anschauliche Darstellung dieser Problematik findet man in dem Buch von Edward O. Wilson: *The Diversity of Life*. New York, 1992

Bildnachweis

Abbildungen im Text

Abb. 1: RM.
Abb. 2: RM.
Abb. 3: R. v. Lendenfeld: Die Spongien der Adria, Bd. 1. Leipzig 1891, Tafel 13.
Abb. 4: Knaus Verlag (Stefan Dangl, München), nach: Lexikon der Biologie, Bd. 9. Heidelberg 2002, S. 151.
Abb. 5: nach H. J. Jerison: The evolution of neural and behavioral complexity. In: Brain, Evolution and Cognition. G. Roth, M. F. Wullimann (Eds). New York 2000, pp. 523–553, Fig. 18.3.
Abb. 6: Knaus Verlag (Stefan Dangl, München), nach: Lexikon der Biologie, Bd. 11. Heidelberg 2003, S. 323.
Abb. 7: kommt aus: Randolf Menzel (2012) The honeybee as a model for understanding the basis of cognition. Nature Reviews Neuroscience 13, 758–768. Box 1 Fig. a.
Abb. 8: K. Kirschfeld: Neural Principles of Vision, F. Zettler (Ed). Berlin 1976.
Abb. 9: li. oben, re. unten: RM; li. unten: R. Menzel, Polarization sensitivity in insect eyes with fused rhabdoms. In: A. W. Snyder, R. Menzel (Eds): Photoreceptor Optics. Berlin 1975, p. 375, Fig. 2.
Abb. 10: Rechteinhaber unbekannt.
Abb. 11: nach J. Dudel, R. Menzel, R. F. Schmidt (Eds): Neurowissenschaft. Vom Molekül zur Kognition. Berlin 2001, S. 204, Abb. 8.12.
Abb. 12: G. Neuweiler: Vergleichende Tierphysiologie, Bd. 1. Berlin 2003, S. 525, Abb. 9.121 a.
Abb. 13: oben: RM; unten: nach K. v. Frisch: Tanzsprache und Orientierung der Bienen. Berlin 1965, S. 391, Abb. 331b.
Abb. 14: nach R. Menzel, Polarization sensitivity in insect eyes with fused rhabdoms. In: A. W. Snyder, R. Menzel (Eds): Photoreceptor Optics. Berlin 1975.
Abb. 15: gemeinfrei.
Abb. 16: nach (oben) J. Dudel, R. Menzel, R. F. Schmidt (Eds): Neurowissenschaft. Vom Molekül zur Kognition. Berlin 2001, S. 400; unten: RM.
Abb. 17: RM.
Abb. 18: kommt aus: Vorobyev, M.V., Marshall, J., Osorio, D., Hempel de Ibarra, N., and Menzel, R. Colourful objects through animal eyes. Colour Research and Application 26, 214–217 (2001), Fig. 3.
Abb. 19: nach K. v. Frisch: Tanzsprache und Orientierung der Bienen. Berlin 1965, S. 509, Abb. 432a, und S. 535, Abb. 435, und E. H. Ericson, S.

D. Carlson, M. B. Garment: A scanning electron microscope atlas of the honeybee. Ames, Iowa, 1986.
Abb. 20: J. Dudel, R. Menzel, R. F. Schmidt (Eds): Neurowissenschaft. Vom Molekül zur Kognition. Berlin 2001, S. 204, Abb. 8-12b.
Abb. 21: R. Menzel et al.: The mushroom body in the honeybee: from molecules to behavior. In: K. Schildberger, N. Elsner (Eds): Neural Basis of Behavioral Adaptation. Stuttgart 1994, S. 84, Abb. 2a.
Abb. 22 oben: RM
Abb. 22: unten: nach U. Greggers et al.: Reception and learning of electric fields in bees. Proc R Soc Lond B 280(1759) (2013): 20130528, p.4, Fig. 2 C.
Abb. 23: nach S. Jones, R. Martin, D. Pilbeam (Eds): The Cambridge Encyclopedia of Human Evolution. Cambridge, UK, 1992, S. 123.
Abb. 24: RM.
Abb. 25: M. Hammer: An identified neuron mediates the unconditioned stimulus in associative olfactory learning in honeybees. Nature 366 (1993):59–63, Fig. 1.
Abb. 26: RM.
Abb. 27: oben: M. Hammer: An identified neuron mediates the unconditioned stimulus in associative olfactory learning in honeybees. Nature 366 (1993):59–63, Fig. 3; unten: R. Menzel, M. Giurfa: Cognitive architecture of a mini-brain: the honeybee. Trends in Cognitive Sciences 5 (2001): 62–71, Fig. 1.
Abb. 28: Rybak, J., and Menzel, R. (1998). Integrative properties of the Pe1-neuron, a unique Mushroom body output neuron. Learning & Memory 5, 133–145. Fig. 1 A.
Abb. 29: M. Giurfa, B. Eichmann, R. Menzel: Symmetry perception in an insect. Nature 382 (1996) 458–461, Fig. 2.
Abb. 30: nach A. Avargues-Weber et al.: Configural processing enables discrimination and categorization of face-like stimuli in honeybees. J Exp Biol 213 (2010) 593–601, Fig. 5.
Abb. 31: RM.
Abb. 32: Knaus Verlag (Stefan Dangl, München) nach RM.
Abb. 33: RM.
Abb. 34: nach R. Menzel et al.: A common frame of reference for learned and communicated vectors in honeybee navigation. Current Biology 21 (2011): 645–650, Fig. 1, 3, 4.
Abb. 35: K. v. Frisch: Tanzsprache und Orientierung der Bienen. Berlin 1965, S. 137, Abb. 119.
Abb. 36: RM.
Abb. 37: Knaus Verlag (Stefan Dangl, München).
Abb. 38: links: K. v. Frisch: Tanzsprache und Orientierung der Bienen. Berlin 1965, S. 57, Abb. 44; rechts: RM.
Abb. 39: Knaus Verlag (Stefan Dangl, München) nach RM.
Abb. 40: W. Rüdiger: Ihr Name ist Apis. Kleine Kulturgeschichte der Biene. Verlag Mack 1974, S. 44–45.
Abb. 41: nach RM und einer Tabelle aus K. v. Frisch: Tanzsprache und Orientierung der Bienen. Berlin 1965, S. 271, Abb. 238.

Abb. 42 Knaus Verlag (Stefan Dangl, München).
Abb. 43 Knaus Verlag (Stefan Dangl, München), nach: R. Menzel, M. Giurfa: Cognitive architecture of a mini-brain: the honeybee. Trends in Cognitive Sciences 5 (2001): 62–71, Fig. 1.

Dank

Mein Dank gilt den vielen engagierten Mitarbeitern, mit denen ich die Freude hatte, über Jahrzehnte zusammen zu arbeiten. Nur mit ihrer Hilfe konnten wir manchem Geheimnis der Honigbiene auf die Schliche kommen.

Meiner Frau Mechtild und meinen Kindern Sabine, Julia, Rebecca und Simon danke ich für ihre Geduld mit einem häufig nicht auffindbaren Vater.

Randolf Menzel

Sachregister